東洋文庫 859

沖縄物産志

附・清国輸出日本水産図説

河原田盛美 著
増田昭子 編
高江洲昌哉
中野 泰 校注
中林広一

平凡社

装幀　原　　弘

凡例

『沖縄物産志』

一、国文学研究資料館所蔵の自筆草稿を底本とした。

一、底本は漢字片仮名交じり文であるが、漢字は旧字体を新字体に改め、片仮名は、名詞を除いて平仮名にし、仮名づかいはそのままとした。適宜、句読点を加え、濁点で読まれるべき仮名には濁点を付した。また合字、異体字、変体仮名は現行の通常表記に改めた。

一、書名は『　』でくくった。底本の割注は（　）、校訂者の注記は〔　〕でくくり、本文より一回り小さい字で組んだ。片仮名の振り仮名は底本のもので、校訂者による振り仮名を現代仮名づかいの平仮名で加えた。また底本の欄外の注記は、頭注としてその項目の末尾に組んだ。

一、漢文の引用については、校訂者が読み下し文にしたが、著者による返り点、読み仮名のある場合はそれを優先した。

一、『沖縄物産志』の校訂は中林広一が、注釈は高江洲昌哉が担当した。

『清国輸出日本水産図説』

一、国立国会図書館所蔵本を底本とした。

一、漢字は旧字体を新字体に改め、仮名づかいはそのままとした。適宜、句読点を加え、濁点で読まれるべき仮名には濁点を付した。また異体字、変体仮名は現行の通常表記に改めた。□は判読不明の字である。

一、書名は『　』でくくった。底本の割注は（　）、校訂者の注記は〔　〕でくくり、本文より一回り小さい字で組んだ。なお底本はほぼ総振り仮名であるが、適宜はぶいて、特殊な言葉を除き、現代仮名づかいにした。現行の振り仮名と異なるもののうち、現在の通例に修正した場合がある。

一、巻末の統計資料は省略した。

一、図版中の文字は、巻末に「図版キャプション一覧」としてまとめた。

一、『清国輸出日本水産図説』の校訂・注釈は中野泰が担当した。

目次

凡例……3
沖縄物産志……9
清国輸出日本水産図説……113
解説（増田昭子・高江洲昌哉・中野泰・中林広一）……351
編者あとがき……374

沖縄物産志

附・清国輸出日本水産図説

河原田盛美　著
増田昭子　編
高江洲昌哉
中野泰　校注
中林広一

沖縄物産志

明治十七年八月廿二日起稿着手　　河原田盛美

我が南瀛中、八重山、宮古、沖縄、奄美、屋久等大小七十余島もて南島と名づく。之を分けて五座と為し、一に先島と名づけ、二に琉球群島と名づけ、三に奄美群島と名づけ、四に土噶喇群島と名づけ、五に大隅群島と名づく。五座、気脈相連なり、串球の如し。人口は大約三十五万。支那の東海路を逆路す也。

目次

巻の一　天産部
穀類　13
蓏類　19
菜蔬類　21
草類　27
蔓草類　40
菌類　43
巻の二　天産部
木類　46
果物類　67
竹類　72
巻の三　天産部
海魚類　74
淡水魚類　80

亀類　80
介類　82
海虫類　88
海草類（并に苔）　89
海樹類　92
家禽　92
野禽　93
水鳥　94
家獣　95
野獣　97
海獣　98
昆虫類　98
水火土石　100

巻の四　工芸部

織物類　104

注　107

巻の一　天産部

穀類

コメ　方言クメ　米

　島民は常食甘藷なれば、米穀を作る甚だ少く、二十八島にて一年の収獲凡三万二千石余に止れり。米に粳米、餅米あり。首里旧王府及那覇港上等社会の人にあらざれば米を常食とする者曽てなし。如何なる富家と雖ども、皆甘藷を以てす。故に恣に畑を水田となすを免さず。廃藩以前、那覇港に奇〔寄〕留する鹿児島商人は常に飯米を内地より輸入せり。価は大坂よりも抵〔低〕価なること多しと雖ども、之を購求することならざるによる。米の品位は三十二島の中に於て久米島を第一とし、宮古之に亜ぎ、沖縄島之に亜ぐ。八重山島の如きは米を産する甚少く、粟国島は粟を産すれども一粒の米を産せず。鳥島に至ては硫磺を産するのみにして穀類を産せず。○水田は甘藷畑より抵〔低〕価なり。○米は年に二度の収獲あり。十一月に種を蒔き（此時コトサキ祭り(1)あり）、五、六月に収め、二度び其刈たる根より生ずるものを十月末に収む。○稲種は凡五種あり。「カラ、アカー」、「カラギヤー」、「オフアカイ子」（大赤稲）、「シルヒケー」（白髦）、「モチイ子」。○米質は粒揃て色白くして美麗なれども、粘りなく、味南京米に似たり。○各島水田と為す可き土地甚多く、沖縄島中海畔曲湾の容易に開墾し得べき地、凡十二万三千二百五十余丁歩、久米島に三千余丁歩あり。皆共に水利の便あり。往古宮古島にて米を産する甚少く、其島中央山岡をなし、而して水に乏し。正徳年中、該藩有名の経済家三司官具志頭親方（性〔姓〕は蔡、名は温、(2)久米村の人なり）、計画により山の中段に堤塘を築かしめ、天水を溜めて全島に水利の便を与しより水田大に起り、島民大に幸福を得るに至れり。○此地の農家は培養を知らず。是れ肥料に乏しきが故なり。人糞は豚（家猪）の食料となり、漁業を勉めざる故に魚介、海藻を肥料となすを知らず。

頭注　○カラ、アカとは赤米なるべし。○慶良間島にて田畑六坪を一合と云。六十坪を「チュハチ」と云、一「チュハチ」より米二斗余を得。○稲扱器具を用る。稀れにして穂を手にて扱とるなり。

アワ（方言アワー）　粟（阿和と訓ず）　粱米

粟は八重山島、鳥島の外、多少産せざるはなし。就中宮古、粟国島を多しとす。全管内一年の産額凡二万六千余石、宮古島より沖縄島に輸送するもの一年凡一万三千余石、八重山島より同凡四千石余。○アカマルあり。○シルモチキヤあり。○サクーあり。

ムキ（方言モケ）　麦　一名首種（『礼記』月令）　香穪（『詞林海錯』）　六田之首（李商隠「瑞雪表」）　稞（『字典』）

大麦（方言オフモケ）、小麦（コモケ）の二種なり。○イナモギあり。大麦なり。○オフモキ、大麦なり。◯ハタカー、小麦なり。元来麦の種類は少なく良種なし。全管中にて一年に産する所凡五、六千石に止れり。◯十一月、十二月に播種し、四月上旬に実るを常とす。

ダイズ（方言ラヱジ）　大豆（『広雅』）　菽（同）　角果（梵文）　飯豆（『農書』）

肥料を施さず、数年良種の交換なきが故に甚粗悪なり。内地より良種を移植し、培養の法を施さば、其殖利少からざるべし。全管内にて一年に得るところ凡二万五、六千石。◯本大豆（方言ホンラヱゼ）あり。◯白大豆（方言ハクラヱジ）あり。◯唐豆（方言タウマアミ）あり。◯青豆（方言アウマアミ）あり。◯下大豆（方言シラヱゼ）あり。◯クロマメあり。島民豆腐及び味噌汁を嗜まざるものなし。如何なる避〔僻〕村、弧〔孤〕島と雖ども豆腐屋に二里の歎なし。故に大豆を消費する甚多量なり。

頭注　◯アンダー◯ヤマトー◯シルギー◯シラキヤー◯アカマミ◯ホラウ◯オクマミあり。

アヅキ（方言アカジ）　赤小豆

大豆にひとしく品位麁悪なり。収獲も亦少し。

エンドウ（方言）　碗豆　野豆（源　順『和名』に乃良末女とす）

赤白の二種あり。共に品位麁悪なり。一ヶ年の収獲凡五、六十石なりと云ふ。◯島人は莢の儘煮食することなし。

キビ（方言チビ）　黍　黍稷　大糖（『詩経』）　普淖（『儀礼』）

キビにマキビ（真黍、方言マチビ）、キビ（黍）の二種あり。マキビは粟キビ、キビは小黍なり。一年の収獲二百五、六十石なりと云へり。

ゴマ　胡麻（一に）巨勝子（又）油麻

黒白の二種あり。一年凡千三百五十石を収獲すと云ふ。

ナタ子（方言ナラ子）　菜種

アブラナ、蕓薹の実なり。一ヶ年の収獲三、四百石に止れり。島民、油浴を嗜むこと多量なれども、豚脂を用ひ、灯油も都会の外、松火等にて消費も少しと雖ども、需用に充つるに足らずして、薩摩より輸入するもの少からず。

トウキビ（方言カウレイキビ）　玉蜀黍　一名南蛮黍（俗）

各地に産すれども、甚僅少なり。

ヒヱ　稗

ヒヱを作る者甚だ少しなり。此地元来常食の甘藷を作るを勉めて、雑穀を作るに粗なり。蕎麦の如きは各島作るものなし。但し豚肉と共に食すれば死すと云伝ふ。是如何なる原因よりかゝる誤りを伝しや。

ヤヱナリ（土言ロクズー）　縁〔緑〕豆（本邦京都にて文豆と称す）

小花を開き、莢（さや）赤小豆の如し。粒も亦（また）然り。色縁〔緑〕なり。島人、夏月煮て砂糖を和して食す。

サヽケ　大角豆　一名白角豆　和名散散介（サヽケ）

僅（わずか）に菜園に植（うえ）るのみ。

ケシ　芥子　罌粟

其（その）茎、長（ながさ）七、八尺に生長し、花殊に美にして実し。然れども僅々庭園に作るのみ。〇此（この）地にて阿片をとり薬用に供せば、利を得らるべし。

ロソンマメ　一名イチコクマメ　呂宋豆　一石豆

熱帯の産にして数年枯れず。一株一石の豆実るとて一石豆の名あり。享和年間(3)、呂宋（ルソン）(4)人持来（もちきた）りしより呂宋豆の名あり。豆腐、味噌、煮豆、等になして味佳なり。〇沖縄島西原間切石嶺村弁ヶ嶽なる弁才山智福院と云（いう）寺の庭前の岡には、三十年来成木し目通（めどおり）の尺回（しやくまわり）もあるべき豆木、数十本あり。此（この）地は首里王府より戊〔戌〕亥の方十五丁にあり、さまでの高山と云（い）ふにはあらざれ共（ども）、琉球名山五嶽の一にして勝連（カッチン）、与那原（ヨナバル）、等の湾を一目すべく三方の海を眺望し、海面より高きこと凡そ一里半なれども、

ロソンマメ　一名、一石マメ

此所は北緯二十六度十二分、東経百二十八度の暖地にして終歳雪霜を見ず。極寒の候と雖ども、寒温器五十五度より下らず。○智福院住職栢州長老曰、此まめは豆腐、味噌、煮豆、等にして味佳なり、と。則此まめにて造りたる味噌汁を出す。試食するに果して佳なり。

頭注　○弁ヶ嶽、一に冕嶽。

ラクチショウ　落花生

各島之を作る。熬りて食し、又いりて皮を剝き、細き竹串に貫き、赤麹にて赤く染め、酒肴とす。実熟豊かなるものを貢租とす。殊に熟したるを旧藩王の食料に供せり。十二月に種を蒔き、三月に熟す。○『典籍便覧』云、藤、蔓、茎〔、葉〕、扁豆に似たり。花を開きて地に落つ。一花地に就けば、一菓を結ぶ。大なること桃の如し。深秋に取りて食ふ。味甘にして美し。人共に之を貴ぶ。今按ずるに、『本草約言』、東垣、『食物本草』等の諸書に出たり。『本草綱目』に之を載せず。豆の類なり。○『近代世事談』に元禄末に渡るとあれども普く世に伝わらず。

校注　〔　〕は『典籍便覧』によってこれを補った。

蓏類

マクハ　アマウリ（琉）　甜瓜

瓜の長さ概ね四、五寸、文微に弁瓤あり。黄色なり。○『閩書』に黄瓤瓜と呼とせり。

スイクワ　西瓜

形状肥大にして水分多く、味甘美なり。○貝原篤信曰、日本僧義堂『空花集』第一に西瓜に和すの詩あり。其の詩に云、西瓜今見る東海に生ずることを、剖破して玉露の濃なるを含む。今按に、此の種、寛永年中初めて異邦自り来たる。義堂、後小松院時の人、此の時西瓜未だ有る可からずして、何物を以て之を称するかを知らず。若は古ありて、其の種亡て近年又来るやいぶかし云々。○『本朝世事談』に曰ふ、西瓜、寛永年中琉球より薩摩へわたる。慶安の頃漸長崎にあり。僧義堂の『空花集』に西瓜に和すの詩あり。西瓜今に東海に生ずるを見る。剖破して玉露濃なるを含む。義堂は寛永の頃の人なり。承応年中、藤堂家の呉服所菱屋某、長崎にて〔此の種を求め、〕勢州〔津に〕至り〔て〕太守にささぐ云々。

校注　〔　〕は『本朝世事談』によってこれを補った。

センナリ　チブロ（方言）

センナリ、瓢にして煮て食す。熟したるは中心を去り、ヒサコとす。

カボチヤ　ボウフラ（方言）

ナスビ　ナシビ（方言）　茄

所在之を作るも、皆長ナスのみ〔に〕て他の「ナスビ」はなし。下種は概十二月頃なれども終歳種るを得べし。其木数年を保つべし。

頭注　〇二年目の茄木には子の付こと少しとて皆ぬき去り、余、明治八年在琉の時、人糞を肥料としたるに大に子なりたり。

キウリ　胡瓜

白あり、黄あり。白は味、黄にまされり。煮て食し、又酢和にして食す。

トウグワン

終歳熟す。肥大なるものは四、五貫目に及ぶ。

菜蔬類

ダイゴン（方言デーグ）

「ダイゴン」に二種あり。「アマデーク」あり。是(これ)は東京の子(ネ)リマ大根に似たり。「カラデーク」あり。是(こ)れは東京の夏大根なり。○又薩摩桜島大根の種を移殖〔植〕したるものあり。甚(はなはだ)巨大にし〔て〕、味佳なり。

カブラナ

内地の「カブラナ」に似たるものなり。

カライモ（方言カライモ、又カラモー）　甘藷　蕃薯（『閩書』）

蕃薯、凡(およそ)十余種あり。○ナハヤー○カヂヤー○ナガハマー○クラガシ○イシグラ○サラダソー○アカヒヂヤー○シヂウニチイモ○アカモー（赤藷）○チーモー（黄藷）○シルモー（白藷）○ムラサチモ（紫藷）等なり。此中(この)「アカヒヂヤー」を最上品とす。各島人民の常食品にして、民命の係る処「カライモ」にあり。故に藷畑(いもばたけ)は水田よりも貴しとす。○藷(いも)を作るに苗を仕立

甘藷花　凡三分一

ることなく、植るに時なし。四季の差別なく年芽を摘み採りて挿植し、年々日々の食を畑より堀〔掘〕り得て、洗ひ煮食す。○花の咲くは十一月頃より十二月、一月頃迄なり。其花に淡紅色、白色、紫色、黄色なるあり。其花「アサカホ」に似たり。○常食の外に焼酎（イモセウチウと云ふ）に作ることあるも、僅々たるものなり。澱粉を採り製したるを「イモクズ」、「モークヂ」と称し、往古より清国に輸出せり。○藷葉は汁（味噌汁にもスマシにも用）のみ〔実〕となし、又ひたしものとして食し、又豚の養食となす。○元来甘藷は本地の旧産にあらずして、往古の常食は重も粟を以すと云ふ。旧記録及び古老の口碑に伝ふる所、古しへ呂宋より渡りしこともあれども、良種を移殖〔植〕したるは清国福州より進貢船に積来りしものなり。故「カライモ」の名あり。○『閩書』に曰、蕃薯、万暦中閩人之を外国に得。瘠土・砂礫の地、皆以て種う可し。用て以て歳を支え、貧下に益する有り。予嘗て蕃薯の頌を作る。以て其の概を知る可き也。頌に曰う、閩海を度て而して南に呂宋国有り。国海を度て而して西て西洋と為す。多く金銀を産し、銀を行うこと中国の銭を行うが如し。西洋諸国の金銀皆此れに転載して、以て通商す。故に閩人多く呂宋に賈う焉。其の国朱薯有り。野に被い山に連なる。而るに是れ種殖を待たず、夷人率取りて之を食す。其の茎葉は蔓生すること瓜蔞、黄精、山薬、山蕷の属の如くして、而して潤沢たりて食す可し。或いは煮て、或いは磨りて粉と為す。其の根の山薬、山蕷の如き、蹲鴟の如き者は、其の皮薄くして、而して朱たり。皮を去りて食す可く、亦之を食するに熟食す可き者に属す可し。〔属けて之を食す可し。熟食す可き者は〕亦生食す可く、亦醸して酒と為す可し。生食は葛を食すが如し。熟食は色、蜜の如くして、其の味、熟したる荸薺の如し。生もて之を貯うれば蜜気有り、香、室中に聞ぐ。夷人蔓生すと雖も、訾省せず。然れども怯みて而して中国の人に与えず。中国の人、其の蔓咫許りを截り取りて、小蓋中に挟みて以て是に来る。〔是に於いて〕吾が閩に入ること十余年なり矣。其の蔓、萎むと雖も、剪り挿て之を下地に種うれば〔剪りて之を挿種すれば、地に下して〕、数日して即ち栄ゆ。故に挟みて而して来たる可し。其の初めて吾が閩に入る時、吾が閩饑うるに値り、是れを得て而して人一歳に足る。其の種へたるや五穀と地を争わず、凡そ瘠鹵沙崗皆以て長ず可し。之を糞治すれば則ち大を加ふ。天に雨ふれば根益す奮満す。大旱に即きて糞治せざるも亦径寸の囲を失わず、泉人之を鬻ぐに、斤ごとに一銭に直らず、二斤にして而して飽く可し矣。是に於いて耄耆童孺、行道鬻乞の人皆以て食す可く、饑えども焉充つるを得、多けれども焉而れども傷めず、下は鶏犬に至りて、皆之を食す。是に於いて何子、鏡石山房樹陰の隙地を開きて、而して種う焉。而して之が頌を為して曰ふ、天沢を需めずして人工を冀はざるは能く困を守る者也。肥壌を争わざるは能く譲を守る者也。根無くして而して生じ、久しく枯萎せざるは能く気を守る者也。予、向に江北に行くに、天、大旱にして五穀登らず、民、草木の実を食すも厭う亡し。今乃ち五穀を佐くるは能く仁を助くる者也。以て粉とす可く、以て酒とす可く、祭とす可く、賓とす可くは能く礼を助くる者也。茎葉、皆棄つる可く無く、其の直、甚だ軽く、其の鉋〔飽〕かせて充ち易きは能く倹を助くる者也。耄耆之を食して而して哽噎を患らわざるは能く老を養う者也。童孺之を食し、其の啼を止むるは能く幼を慈しむ者也。行道齎乞の人、之を食するは能く平等たらしむ者也。下は鶏犬に至るは能く物に及ぶ者也。其の士君子に於いてや、以て匱に代うるは其の廉を固くする所以にして、以って施を広くするは其の恵を助くる所以にして、而して諸徳備はる矣。而して吾が邑の粱肉の家、猶ほ駭きて而して敢えて食さざるも之を食さば則ち窶しきと賤しきに同じいと謂う。是に於いて何子掘りて而して之を出し、之を清泉に浴し、之を潔鼎に薦め、之を陶匏に乗せ、沃するに濁酒を以てす。而して之が歌を為して曰ふ、珠をして沙の如からしむれば、人之を以て鵲に弾き、金をして泥の如からしむれば、人之を以て艧に塗る。朱薯をして玉山の禾、瑶池の桃の如からしめ、人之を以て不死の大薬と為すも不死の薬と雖ども五穀を佐くるに足らず、吾亦其の玉山に禾あり、瑶池に桃あるに忍びず。独り羽人に丹丘に従い、坐して下界の人を視、瘁餓啾啾たりて而して一嚼を得ず。[5]○『閩書』には穀食の属に出す。此編は菜蔬に加ふ。○明治八年、余、琉球藩内務省出張所に在勤せし時、藩庁に官達して調べたる所、一ヶ年の産額凡一億三千五百万斤なり。然るに一日一人三斤を食する時は一年に一千八十斤なれば、二十万口にては二億千六百万斤に至れり。此価一斤二厘にすれば、四拾二万千二百円にして一口二円拾六銭に当れり。以て土人の生活に易きを知るべし。○『近代世事談』曰、元禄の末、琉球より薩摩へわたる。煖土によろし。寒土に植れば生ず。『本綱』に云、南方の海人多寿なるは五穀を食せず甘藷を食するゆへなり云々。

頭注　○東山[6]曰ふ、甘藷之十徳。

校注　本条所引『閩書』の訓読には一部不適当な箇所が見受けられるため、〔　〕にて訂正を施した。

ミツバゼリ
ニカウリ　ゴーヤ（方言）
パンタマ
ウイキヤウ
チサ
ミソナ
トウカラシ　カウレイクス（方言）
ハスイモ
ニンジン
ゴボウ　ゴンボウ（方言）
センモト
ニラ

25　菜蔬類

ジヤカタライモ　馬鈴薯　一名甲州薯

此地に古しへより馬鈴薯を作ることなし。明治九年四月中、盛美官命にて在琉の時、英国風帆船系満津の暗礁に漂着し(7)該船に食料として積来りしものを乞請て、内務省公館内及び山田筑登之、屋嘉筑登之(8)の両名に植へせしめたるより漸次繁殖したるものなり。○此山田、屋嘉両名は琉藩の士族にして、琉藩より旧例を以て余に隷属せしむ（俗に御用頼と云ふ）。余、専ら物産採集等に使役し、公務の余暇には物産のことを講じ、筆記せしめたり。故に大に物産篤志者となれり。自ら余が門人と称するに至りしも亦可咲。

ハス　蓮

シソ　紫蘇

李中梓(9)曰、双面紫なる者、佳にして敢えて麻黄を用ひず。少を以て之に代う。〇チリメンシソ、葉の表裏鮮紫、香、味共に佳也。其葉、縮む。故に此名あり。〇アヲシソあり。淡緑色なり。チリメンに劣る。〇『大和本草』曰、チリメンシソ、其子朝鮮より来る。故に朝鮮紫蘇とも云とあり。

ラツキヤウ　ラツキヨ（方言）薤

各所之を作り、塩漬、酢漬、砂糖漬となし、毎戸之を貯ざるものなし。而して火酒の肴又は茶うけに出し、甘藷飯等の菜にも用ふ。

トウムヂ（方言）

形状ハスイモに似て、葉大に茎太し。根に芋なきことハスイモの如し。茎を輪切りに薄くして酢に漬け、魚肉の刺身と共に食す。

サトイモ　ムチ（方言）
内地の里芋に異なることなし。茎白し。

タムヂ（方言）
田に作る芋なり。形状里芋に同じ。〇ムヂとはイモのイを省き、モをムに転じ、モの乳と云ことならん。

チンノコ（方言）　一名角子
ムチに似て茎赤く、赤ヅイキに似たり。

草類

カヤ
山岡等各所にカヤ地ありて之を刈り、各島屋根を葺く。瓦を以てするは番所のみなり。慶良間、久米、宮古、八重山等は番所も皆カヤブキ(10)なり。

ハブサウ　望江南

各地の原野にあり。此草、飯匙倩にかまれたるに付て効ありと云。故に此名あり。

コジクハ　午時花（『沖縄志』）　夜落金銭（『大和本草』）

庭前に植て愛玩す。○『花鏡』曰、一名子午花。午の間に花を開き、子の時自ら落つ。二色有り。呉人紅き者を呼びて金銭と為し、白き者もて銀銭と為す。黄〔葉〕は黄蜀葵に類す。花、葉間に生ず。

校注　原文「黄」、『花鏡』は「葉」に作る。

シヤクヤク　芍薬

首里薬園に見るのみ。○『大和本草』曰、単葉、千葉、楼子の異有り。薬に入るるは単葉の根に宜しとあり。按ずるに単葉なるべし。

アシ　蘆

各地山谷川沢沼等の湿地に産す。○永万元年三月、為朝の至るや鬼島と云々、名づけて葦島と曰ふ。[11]蘆葦多が故なり云々。

ハギ　天竺花　萩（『万葉集』）　鹿鳴草（『漢語抄』）

『花史』云、観音菊、天竺花是れ也。五月開き、七月に至る。花頭細小にして、其の色純紫、枝葉は嫩柳の如し。其の幹の長さ人と等し。

アヲヒ　蜀葵

庭園に植ふ。○王氏『彙苑』云、成化甲午、倭人入貢し蜀葵花を見るも識らずして、何かなる名かを問ふ。人之を紿きて曰ふ、此れ一文紅也と。其の人紙を以て其の花を状し、題して云ふ。花は木槿の花に相似たり、葉は芙蓉の葉と一般なり。五尺の闌干遮るも尽きず、尚一半を留めて人に与て看せしむ。其の末に書きて云、異国にも亦此の詩を能くする者有り。○錦葵、一に銭葵（俗）。○向日葵（ヒフガアフヒ）、一名西番葵。○黄蜀葵あり。

シヤジン　砂仁

各地山間の谷に産し、内地の産に異り、葉甚大なり。十一月に実を結ぶ。

ツクヅクシ　チチフデ（方言）　土筆

山野間地に生ず。

マツリクワ　一名ムイパー　茉莉

『本草綱目』芳草門にあり。○此ものは福建より舶来す。花葉に茶蘭に似たり。○『大和本草』曰、或云ふ、本草の集解を考るに、近年異邦より来れる茶蘭なるべし。よくあへり。茶蘭は寒気ををそ〔恐〕る夏花なり。盆にう〔植〕ふべし。花の香、蘭の如し。葉は茶に似たりと。按に茶蘭と異れり。

ヒルカホ
オホハフウラン　ナゴラン（方言）
ヒヨドリバナ
ボウラン

イリモテラン　入表蘭　入面蘭

入表島の山中に多く生ず。山原、久米、宮古等の山中にも生ず。○四月下旬花満開なり。

ホウサイラン　大葉蘭（方言）　報歳蘭（漢名）　王者瑞（同上）　芝蘭（同上）

一月、二月頃花咲。○『大和本草』曰、葉は大葉の麦門冬に似て、花香し。本編に真偽を弁ず。日を畏れず、只甚旱を忌む。初て移植へたる時は水をしば〳〵そゝぐ。既に久ければ日を畏れず。春の寒風を忌む。此事『園史』にのせたり。○琉球にては皆清国福州より持来りしもの也。

チヤラン　茶蘭

元来清国より舶来したるものなれども、今は首里、那覇等各家にて盆栽とす。枝葉多く栄へ、花は一、二月頃咲。香気、蘭の如し。葉、茶の如くなし、花は黄色にして粟粒の如し。故に粟蘭、又金粟蘭の名あり。

マツハラン

ソシンラン　索芝蘭

是（これ）も清国より舶来せしものにて、報歳に似て、葉、小なり。蘭の最上品とす。

シキンラン　紫金蘭

ムーラン　木蘭（ムーラン）なり。

ビヤクキウ　シラン（方言）　白芨

ツルラン　チルラン（方言）　靏蘭

シヤウシツ

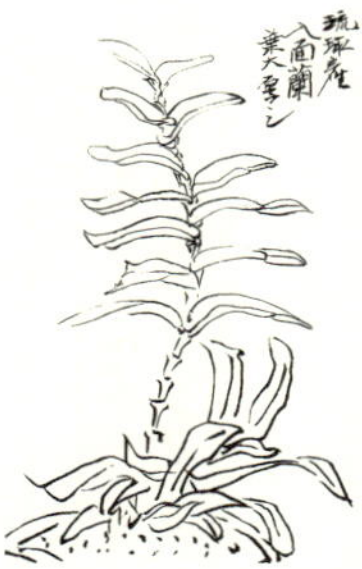

31　草類

琉球産入面蘭　葉大にして厚し

ユリ　百合

種類数々あり。○白百合の満開は四月下旬なり。其（その）外、四、五十日間にして生長して開く。故に終歳花あるが如し。

ヲシロイバナ　白粉花

葉は鶏冠花に似て枝節多く、繁茂す。花は丁子状をなし深紅色、又黄花あり。朝に開き、夕に萎む。実黒く、大さ胡椒の如し。内部に白粉あり。

谷ワタリ

タニワタリ

一根数葉を生ず。葉茎紫褐色、葉柄褐色、褐赤毛あり。葉面心にも褐赤毛あり。葉、長尺余より長きものは五、六尺に至。厚くして、葉の本、左右闊し。『質問本草』の水扒〔朳〕周也。

クワンザウ　萱草　一名鹿葱　宜男草

花、黄にして、葉は長く、蘭の如し。芽を摘みて羹として食す。

〔貼紙〕『斉民要術』鹿葱　花を黄花菜と云ふ　萱草（宋『嘉祐』）忘憂（『説文』）療愁（『綱目』）丹棘（『古今注』）鹿葱（『嘉祐』）鹿剣（『土宿』）妓女（『呉普』）宜男『風土記』曰ふ、宜男、草也。高さ六尺にして、花、蓮の如し。懐妊せる人帯佩すれば、必ず男を生む。陳思王の宜男花頌に云ふ、世人に女の男を求むる有れば、此の草を取りて之を食す、尤も良し（文萱花『中山伝信録』[12]）。稽含の宜男花賦序に云ふ、宜男花は荊楚の俗に号して鹿葱と曰ふ。以て宗廟に薦むべし。名を称うること則ち

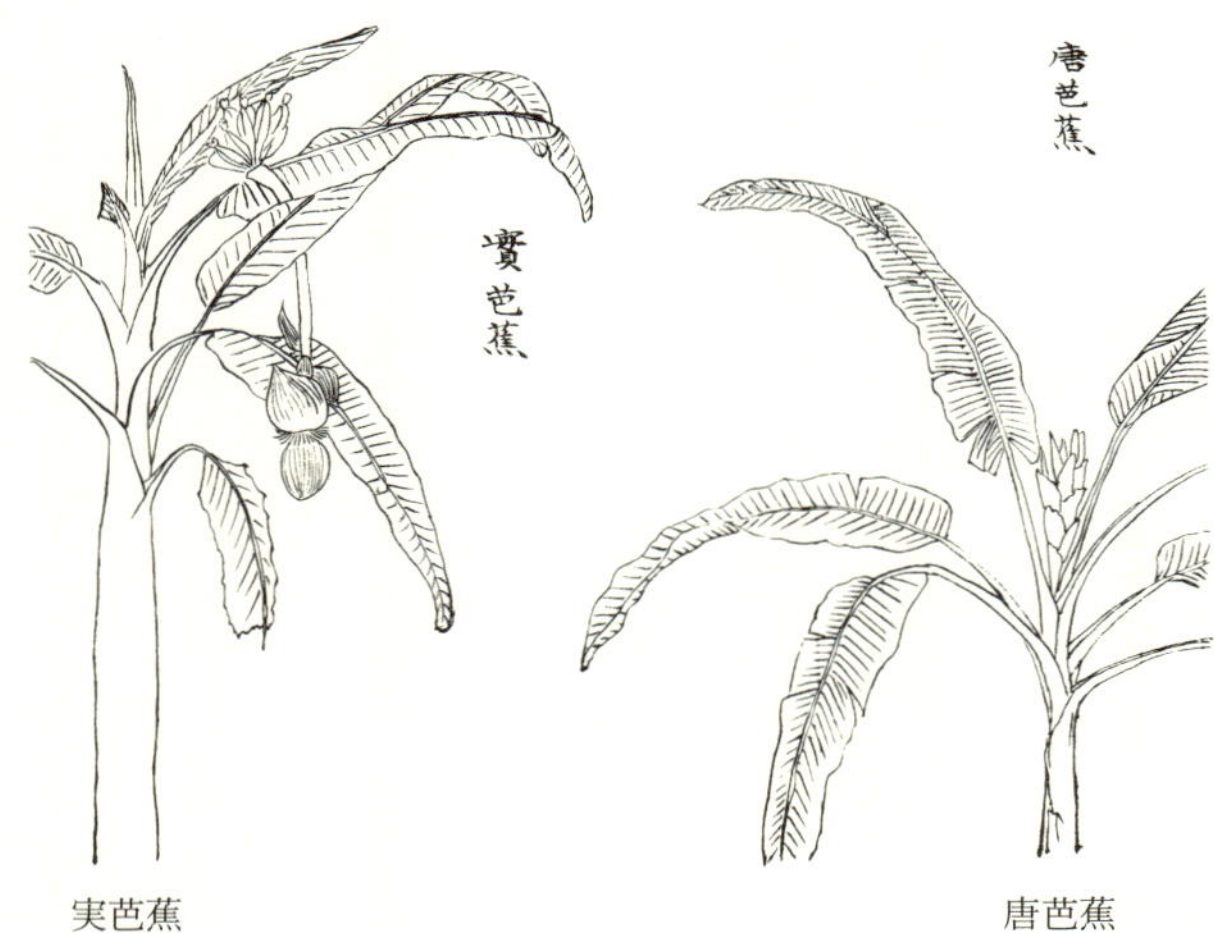

実芭蕉　　唐芭蕉

馬舄に過ぐるを義とす也。[13]

バセウ　バセウ（琉言）　芭蕉

　湿地温暖なる所に植て成長宜しきものなり。〇琉球地方に産するバセウに三種あり。一は花を愛すべく、一は実を食すべく、一は緑苧をとりて布となすなり。此布に織るものは毎戸必ず壱、二歩の畑に植ざるはなし。バセウを壱坪の畑に植、甘藷を作る時は衣食するに足れり。此中で花を愛すものは水蕉、一名牙蕉なり。花は紅緋色なり。琉球之を唐芭蕉と云ふ。○実を食するものの花弁は紫色にして、実、長大、熟して黄色。甘美の珍菓にして賞味す。是甘蕉と云ふ。清俗之を香蕉と云。琉球之を「ミバセウ」と云ふ。○『植物名実図考』に曰、甘蕉は嶺南北に生ずる者にして、花を開く。〔花〕苞に露有り。極めて甘し。通じて甘露と呼ぶ云々。○凡一ヶ年間に高さ八、九尺以上に生長す。一坪の畑に凡十本を植れば布一反を作るべし。○

蕉を刈るは八、九月をよろしとす。刈るべき十日程前に葉を刈り、一丈より刈とり、一重皮をはぎすて又一重づゝにはぎ、灰和して煮、苧となす。○蕉譜に芭蕉のことを載。詳なれども琉球三種のことなし。○従来日本にあるものは水蕉、一名牙蕉なりと云ふと『本草啓蒙図譜』、『草木図説』等に出づ。此者湿地の温暖なる所に植て盛長よろし。大なるものには花を出す。但し花あれば其株必ず枯るれども、一株に数本叢生するものなれば、枯れたとてさのみ寂寥となるにはあらず。暖地にては実熟すれば食べし云々。

校注　〔　〕は『植物名実図考』によってこれを補った。また原文「嶺南北」、同書は「嶺北」に作る。

ビジンセウ　ビジンソウ（方言）　紅蕉

○『本草綱目』曰ふ、一種に紅蕉あり。蕉葉〔葉は痩く〕、蘆箬に類す。花色は正紅たりて、榴花の如し。日に一両葉を折れば、其の端に一点の鮮縁〔緑〕有り。愛づ可し。春開き秋尽に至るも猶ほ芳し。俗に美人蕉と名づく。○『大和本草』曰、按に美人草蕉は初薩州、日州にあり、琉球より来れり。近年畿内処々にう〔植〕ふ。甚寒をおそる。九、十月に根をほり出し、日によくほし、南に向る屋下の土に埋み、上におほひをすべし。或は春より南に向ひ北ふさがりたる湿なき陽地にう〔植〕へ、其まゝをき、上に大なる箱或瓶を以掩ひ、寒風にあつべからず。然らざれば寒にあひてくさり枯る。冬は水をそそぐべからず。三月温になりてほり出しう〔植〕ふべし。又実をまくべし。○白楽天の東亭に閑坐すの詩に、緑樹もて佳客と為し、紅蕉もて美人に当つとあり。○琉球にては四季花あり。高さ六、七尺に及ぶ。又実を蒔きても忽ち生じ、其年の中に花を開く。

頭注　○『近代世事談』云、美人蕉、天和年中琉球よりわたる。薩摩、日向に多し。近年畿内、関東へ来る。花紅、春開く。秋に至つて猶芳し。湿地を忌、陽地にうゆべし。

校注　原文「蕉葉」、『本草綱目』は「葉」に作る。また原文「縁」、同書は「緑」に作る。また原文「美人草蕉」、『大和本草』は「美人草」に作る。

ノバセウ　野芭蕉　一名ノヤシ　野椰子　椰子科檳榔属

所在にあり。椰樹に似、又芭蕉に似たる所あり。

美人蕉

美人蕉

マーヤアサガホ

猫之を好て食ふ。猫を「マーヤ」（方言）と云ふ。故に此名あり。葉は「マルバルカウ」に似て、花は白色にして二、三分あり。

ヒージヤーマメ

原野、路傍等に繁茂す。野羊の飼養となすに、好て之を食ふ。「ヤギ」ヲ里俗ヒージヤーと云ふ。故に此名あり。

大蓼

ノイチビ
野茼麻の義。葉及花共に「イチビ」に似たり。山野に生ず。

ケイトウゲ　鶏冠花
花に黄、白、紅の三種あり。種を蒔き生、宿根より生ぜず。

オホタデ　水蓼
各地にあり。○『大和本草』曰、水蓼、涇草の下に載たり。水の旁に生ず。家蓼より大に、馬蓼より小なり。辛き事は家蓼にをと〔劣〕れり。家蓼の類なり。犬蓼と訓ずるは非也。

イヌタデ　馬蓼
原野、路傍等にあり。○『大和本草』曰、馬蓼、本草凡物の大者、馬を以て名くと云。日本にては物の相似て賤き物を犬と云ふ。犬蓼、犬山椒、犬黄楊など云。イヌタデは葉に黒点あり。又大なるは葒草なり。此類猶あり。○オホイヌタデ　葒草　『大和本草』曰、又水葒と云。又名は游龍。葉は犬蓼に似て大也。うらに毛あり云々。

ヤマク子ブ　山九年母草

山地に野生す。葉は薄荷に少しく似たり。陰乾して紙に包み、衣類櫃等に入るれば香よろし。○実は九年母の形に似て山茱萸の大きさなり。一名「油クスリ」と名く。油にて煮乾す時は香気殊によろし。首里の人は之愛賞せり。

ヲモト　万年青

種類極めて多し。庭園に植へ、盆栽となして愛玩すること内地に異ならず。○『三才図絵』曰、葉は芭蕉に似たり。隆くして冬に衰えず。其の多寿を以て故に名く。○『園史』曰、一に千年葢と名づけ、又葢と名づく。葉は闊くして叢生す。深緑色也。冬夏枯れず、宜しく春秋の二分の時に分ち種て陰処に置くべし。○『大和本草』曰、唐土には一切の祝儀に是を用るよし『花鏡』に見へたり云々。

セキコク　石斛

山中の岩石間に生ず。葉は竹葉状にして節の間に葉を生じ、紅花を開く。節の上に自根鬚を生ず。芭蕉の葉又は竹の皮、檳榔こば等に砂石を以て栽え、屋下に掛け釣りさげて愛玩せり。

ハゲイトウ　鴈来紅　一名老少年

其葉、紅色にして美麗なり。実を収めて蒔く。宿根よりは生ぜず。

ヨモキ　艾草
インチン
ヨメナ　鶏児腸
ニガナ
ウスベニニカナ
ヤブマヲ
シマニシキサウ
ヤマタ、サウ
ニンドウ
イソアヅキ
ハンゲ
ヨモキ　ヤートクサ（方言）
アゼトウナ
ソトハキ
ハマボツス
コンロンクワ
ハマヲモト

ムラサキヲモト
トクサラン
チガヤ
キンセンクワ　金盞花
庭園に植ふ。花に紅、赤、紫、班爛の数種あり。実、漸次に蒔く時は花四時あり。
ヒトモトス、キ
メガルカヤ
ナデシコ　瞿麦
野原にあり。又庭園にも植ふ。花に紅、白、紫、赤、班爛の数色あり。
タマシダ
コモチシダ
タンホ、　蒲公英
シノブ
ワラビ

スミレ

アカザ

スベリビユ

カラムシ　マーヲ（方言）　一名マヲ

ウコン[14]　鬱金

畑に作り、根は染物に用ゆ。○『大和本草』曰、鬱金、暹羅〔シャム〕より来る。サフランと云。染め物に用ゆ。唐人は魚肉の料理に用ゆ。寒を畏る。寒国に宜しからずとあり。琉球の産は何れより来りしやを伝ずと雖ども、往古暹羅と貿易したることあれば、是も或は該国より伝る乎。明治八年の調査産額、一歳三万三千斤。畑に作り、根を乾し、内地に販売せり。○一種アヲミウツキンあり。是は変化したるものにて、其根芋は白色なり。○此ものは土姓〔性〕のよろしき所を撰み、旧暦二、三月に植へ、十二月下旬より一月に収獲す。乾して藩庁に貢納せしは三、四月なり。八、九月頃花咲なり。

蔓草類

野葛

各所山のがけ崩れ等にあり。三葉榛葉に似て大也。

フヂ　藤

花に紫、白の二種あり。山中にも野生は稀なり。

土茯苓（サンキライ）　サンキ来（らい）　一名山帰来

形状、菝葜に異ならず。葉、大にして、茎に刺あるあり、刺なきあり。〇首里薬園にあるもの上品也。〇野生のもの下品なり。〇薬園にあるものは正徳年間支那より舶来す。此（この）植物は灌木状、蔓草にして宿根なり。野生のものは内地の野生に同じ。異漢名菝葜なりと云ふ。

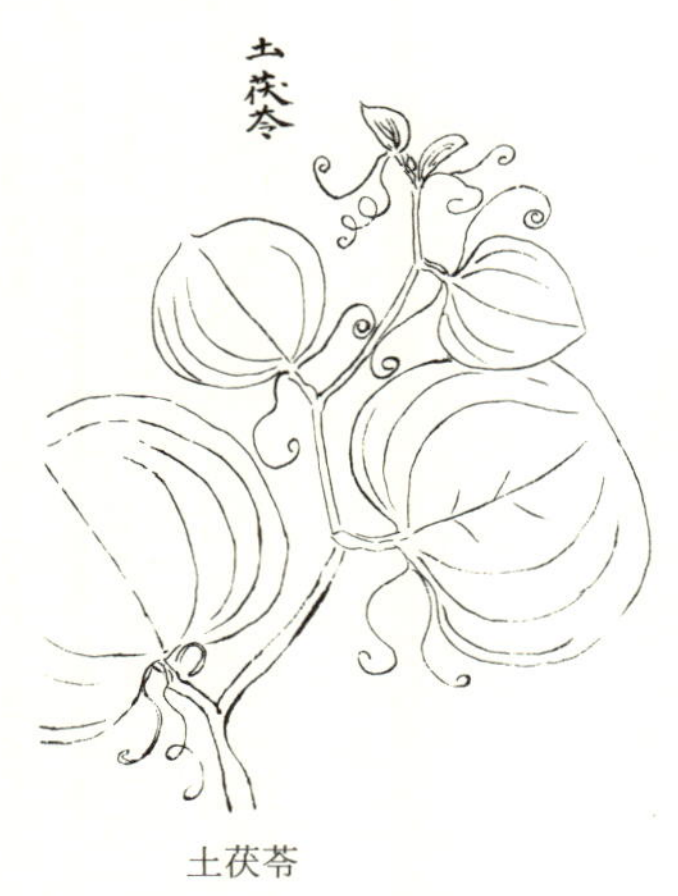

土茯苓

カウモリヅタ（方言チタ）

山原（ヤンバル）山中に生ず。蝙蝠ヅタ也。葉薄く、淡緑色。岐深からず。互生にして、葉柄、葉の心に附く。細茎出（だす）小黄白花、聚（あつま）り開く。其（その）根、黄色なり。

ヤマトウ　山藤

テンクワフン（方言）　天花粉

ヒメカヒソウ（方言）　姫貝草（俗）

天花粉　方言一にカナヂ、
日向、薩摩にてカナヅ、と云ふ

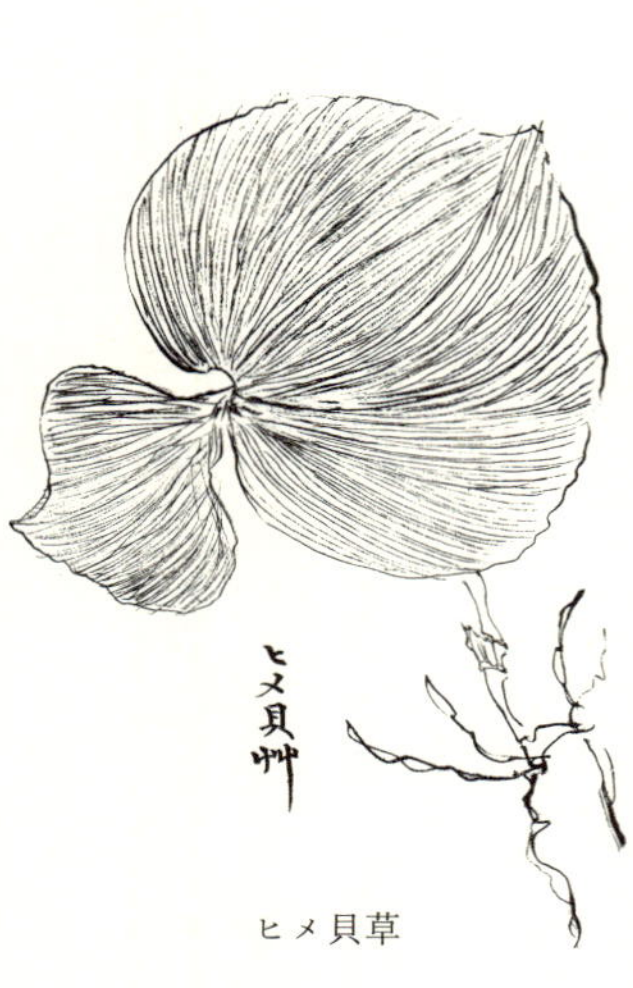

ヒメ貝草

山野に生ず。

シホデ　牛皮菜
所々原野の藪の中に生ず。新芽をつみと
う吸物の相和によろし。

ヤマノイモ（方言モウクンドウイモ）　山蕷
羹　玉杵羹（『表異録』）
砂地の藪の中に生ず。山原（ヤンバル）に尤（もっとも）多し。

イチコ　盆子
四、五月頃実熟す。

ノブドウ

エビツル　イヌヱビ　蘡薁

ツルソバ

ホド　土圞児　一名地栗子

山野の中に生ず。細茎蔓延し、葉は萁豆葉状をなし、微し尖状なり。根は土瓜児根に似て団く、味甜し。焼き又は煮て食す。

子ナシカヅラ

ヒルカホ　鼓子花

アケビ

ヲニトコロ

ツルレイシ　ゴーヤ（琉球）　ゴウリ（薩摩）　錦茘枝　一名苦瓜

　種子まき生ず。宿根よりは生ぜず。蔓大に繁茂し、一根一籬垣をなし、又は日覆の棚を作るに、一根数坪に蔓延す。『本草』蓏菜部にのせたり。其実、青き時採りて切り、豆腐と共に油熬りとし[15]、又生にて酢に漬食す。其実の形状、茘枝に似て長し。熟したるは黄色にして、皮開け破る。其中の子、紅にして甘し。小児好て食ふ。

菌類

シイタケ　椎耳

椎木に生ず。山原、久米島尤多く、内地産に比すれば形大にして肉厚く、香味佳なり。琉球能く割烹に用ひ、又従来之を清国福建に輸送せり。

ハツタケ　チメヂ（方言）

各所に産す。十一、十二月の頃に多し。

シメヂ　チーメ（方言）

キシメチ即黄ト地。[16]漢名金蕈なるもの多し。十二月頃生ず。シメヂの黄なるものにて松蕈の未だ開かざるに似て小なり。

ジミ、

地耳と云ふ義なり。十二月、一、二月の頃に庭前等の砂地に生ず。形状木耳に似たり。シラアヒ、ミソアヒ等となし食す。

キクラゲ　木耳

諸木の枯朽たるものに生ず。就中福木に生ずるもの多し。内地の産に比すれば形小なり。其形、色、支那産に似たり。

ブクレウ　茯苓
松樹多き原野、山中に生ず。

巻の二　天産部

木類

フクギ　福木（俗）

各島に繁殖す。葉丸くして厚く、木質堅硬にして用材に適し、家屋、船舟等多く福木を用ふ。能（よ）く地味に適し生長し、琉球家常用の必需の良材なり。此（この）ものは暖国の産にして鹿児島以北の地に見ることなし。〇此（この）実は食すべし。

アカキ　赤木(17)

各島に産す。其（その）葉円尖状、木質紅色にして家屋の用材とす。但し伐木して直（ただ）ちに板となせばわれやすし。此（この）木、大木あり。〇『延喜式』に曰く、太宰府南島を管し、方物は赤木を貢す。其（その）数は得るに随ふ。〇『南島志』に曰く、琉球に産す。其（その）性堅緻、紫紅色、白理あり。蓋（けだ）し櫚木の類、本朝式に所謂（いわゆる）南島貢する所の赤木、是（これ）なり（朝貢史伝のことは『沖縄志』に詳かなり）（文武天皇二年、務広弐文博士等八人兵を率ゐて南島に至り之を慰諭す。明年、南島人、博士等に随ひ方物を献す。因て位を授け禄を賜ふこと差あり）。

マツ　マチ（方言）　松

山岡に成長し、又路傍、並木概子松樹なり。土地石灰質なる故か、大木を見ず。但し成長速かにして丈長し。全島松樹は概子官林にして、みだりに伐木するを免さず。元来琉球、木材に乏しく、従来王城焼失等ありし時は用材を鹿児島に仰げり。然るに正徳、享保間の三司官具志頭親方蔡温、山林を経する秩然序あり。是より材木用に乏しからず。

福木　赤木　赤木　凡五分一

カズマル　榕樹（無花果科）

各島到る処にあり。蝩蜷樛結幹中に根を生ず。一木数畝に蔓延し、炎天には数百人を蔭するものあり。根を以て自然に門戸の構造をなすものあり。〇『閩書』曰ふ、榕樹、陰極めて広く、其の能く容るるを以て故に名づけて榕と曰ふ。『異〔海〕物異名記』に云ふ、或いは槦に作る。材の梓人に中らざるを言ふ也。二種有り、一種矮く而して盤桓、其の鬚地に着き、復た生じて樹と為る。一に赤榕と名づく。上は聳へて高大たり。

榕樹

此の樹、生ずること福州に至り而して止る。故に福州、号して榕城と為す。諺に云ふ、榕は剣を過ぎず。○『広東新語』曰ふ、榕、葉甚だ茂盛たり。柯条々節々たること藤の垂るるが如し。其の幹、三人の囲抱するに及び、則ち枝上に根を生じ、連綿として地を払ひ、土石の力を得て根又枝を生ず。此の如くすること四たびを数うれば、枝幹互に〔相〕聯属し、上下無くして皆連理を成す。其の始めたる也云々。

校注　〔　〕はそれぞれ『閩書』『広東新語』によってこれを補った。また、原文『異物異名記』は『海物異名記』の誤り。原文「柯条々」、『広東新語』は「柯条」に作る。

ウスク　一名「ウスクカズマル」

葉、尖円形にしてカズマルの葉より薄く、枝より生ずる根は小ひげの如きもの少しく生ずるのみなり。各島に繁茂せり。其実、能く岩石の間に生じ、数年枯れざること「カズマル」に同じ。岩石の間に生ずるものは成長し難しと雖ども、平旦〔坦〕に生ずるものは大木となるなり。

ヤラブ　一にヤラボ　屋良布（琉球）

其木、直立に成長し、小枝少く、枝やわらかにして折れ易し。木質白色にして粗なり。葉は小判形にして厚く、実は円形にして胡桃の生実に似たり。寺院の境内、庭園等に繁茂す。那覇孔聖廟[18]の境内等には数十本幷立して、境内蔭覆して暑を知らざらしむ。此木、山岳等には見ることなし。○呀喇菩（博物局にて琉球名と云）、ヒートリマナ（一名ヒータマナ、テリハノキ）藤黄樹科に属し、海浜、砂地に産するものとす（琉球にては山岳等にもあり）。四時常緑にして（琉球の草木は年中朽ることなく、悉く常緑なり）、葉は互生し、蛋形にて大さ三、四寸よ〔り〕五、六寸、葉脈、対鐇織るが如く、面、濃緑色にして甚光沢あり、頗る観賞あり。初夏、梅花の形ちに似たる白花を攢開す。清香遠く聞ゆ。庭前等に排栽し遮陰となし、兼て花を賞するに宜し。

ウスク　二十五分一

花後、円実を結ぶ。五、六顆若くは七、八顆朶をなす。一顆大さ七、八分許あり。皮、淡黄褐色にして肌滑なり。中に仁あり、白色にして枇杷仁に髣髴たり。脂油を含有す。之を製し油をとると雖ども、之を製するもの鮮少、価貴くして世用に供するに至らず、自家の灯用に已す。

○其材質、軟軽にして脆弱ならず。木理、若木は白太多し。新材は白色にして微褐を帯び、旧材は赤褐色にして較に堅実、紋理美麗にして、

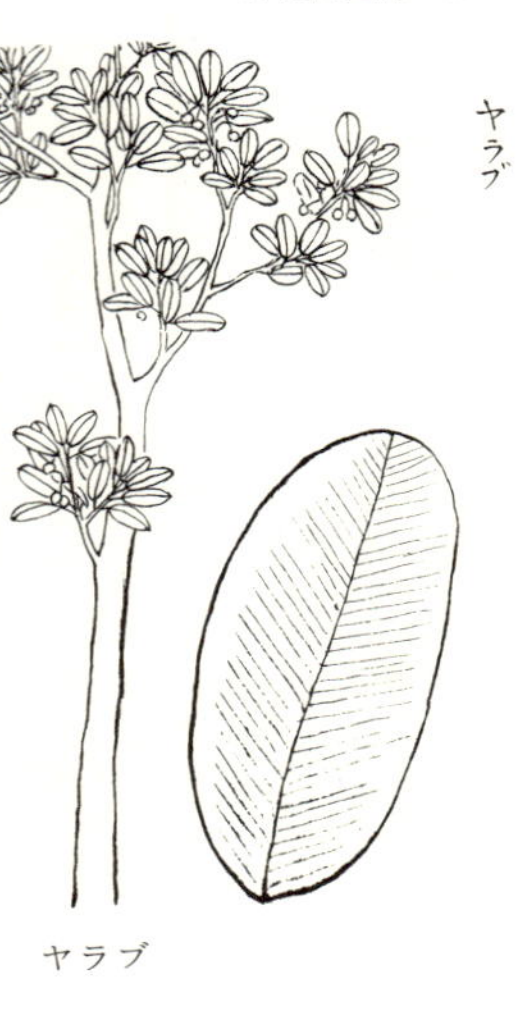

ヤラブ

其条理は殊に良品とす。品位、桑に優るものあり。此材、箱及指物に用ひ、又机案、家具等を製するに用ゆべし。○此樹は琉球諸島の外、内地には産せず。○『中山伝信録物産考』（田村藍水著）曰、一木有り、土名呀喇菩。葉、冬青樹の如くして対節、白花の梅に似たるを生ず。十一、二月実あり。君子樹と号す。葉紋の対縷は織るが〔如し〕。中辺、月〔日〕を映して明を通し、金黄色を作す。旧と〔鬪〕鏤樹と伝ふ。葉は橘の如くして、当に此れに即くべき也云々。

頭注　○各島所在にあり。樹高く直立して高さ三、四丈に聳へ、枝椏く分ち茂生し、葉は長卵形、厚く光沢あり。葉脈、密に排比し、恰も鳥翅の如く互生す。初夏、葉間に花を開き、実を生ず。李子の大さほどあり。生は緑、熟すれば黄色、果内在仁、枇杷子に類す。外皮褐色、至て堅固なり。此実より製するをヤラブの油と云ふ。

校注　〔　〕は『中山伝信録』によってこれを補う。また原文「月」、同書は「日」に作る。

シタン　一にシユタン　朱檀又紫檀　荳科の樹也

八重山島に産す（八重山とは石垣、入表、武富、黒島、上離、下離[19]、波照間、新城、内離、外離、与那国、

シユタン　自然形

鳩間、小浜、カヤニ島[20]、等大小の島嶼十四の総称にして、沖縄島那覇を距（へだて）る百四十里より二百里余にあり。此（この）中、石垣、入表の二島、較（やや）大、其（その）余小なり。俗に之を先島（サキシマ）と云（いふ）。宮古、八重山両先島と云（い）ひ、宮古以南は皆先（さ）キシマなり）。此（この）地は北緯二十四度二十分より二十二分の間ありと雖（いえ）ども、人口甚だ少（すくな）く、草木鬱蒼、夏尚ほ袷（な）を着る所あり。然れども往古より本朝に朝貢せり。『続日本紀』に石垣を信覚（シカキ）に作る。○明人は八重山の総称を太平山と称せり。村数四十九あり。○シユタンを生ずるは石垣島に多く、就中（なかんずく）該島野底村より伊原間村に跨る山林二、三里の間に大木多く繁茂せり。大なるもの周囲四尺に至る。往古は周囲一丈余のものありしも、今はなし。○此（この）樹は刃傷すれば丹汁を出すこと鮮血の如し。故に昔時は神木にして、山神の崇〔祟〕りありとして伐木するものなかりしも、内地人の渡航するに至りしより濫伐度（のり）なきに至るの勢ひあるを以て、先島山林保護条例案を草し之を某参議閣下に呈したることありしも、物故せられて其（その）効なきに至りしを遺憾とす。○此（この）樹は荳科に属し、東印度等の熱国に産する喬木なり。○葉、鰭状、互生にして概（おおむ）ね一柄九枚を着く。○材を伐（き）り見るに、古木は朱色の所多し。而（しか）して外層灰白色、内部赤褐色にして、其（その）色、殊に美観なり。

クロキ（琉球）　クロチー（琉球方言）　クロカキ

（同上）　クロカチー　（同上）　烏木　黒檀

此樹は柿樹科に属するものにて、琉球諸島中所在に生ずるものなれども、古き大木に非ざれば、黒色の材なし。沖縄島等のものは概ね若木なり。久米島、宮古島には少しく黒斑色のものあり。石垣、入表の産には皮付一、二寸を去れば悉く黒色にして光沢美麗のものあり。葉は内地の「シブカキ」、一に「マメカキ」[21]に似て小形なり。明治九年、予、此苗木を博物局に寄送したるものあり。一、二月に花咲き「マメカキ」の如き実を結べり。花も淡黄色にして「マメカキ」に似たり。○葉形、倒蛋形にして全緑〔縁〕厚質なり。

クロキ

キフジ

一種の喬木にして、樹、直立し、葉は藤の葉に似て大きく、海岸若くは山間川側等に生ず。沖縄島の内内、住吉社檀の前なる川側には盛んに花の咲くものあり。花の咲は概ね二、三月の頃なり。其花、大なるは三、四尺余の穂を抽き、流蘇状をなし、淡紅、藍色を交たる白花を開き、其美麗なること愛視して人を倦ざらしむ。

イス　檮

各島に自生あり。九州地方、大木あり。琉球には大木少(すくな)し。嫩木は材、良好ならず。老木の中心は堅実、美麗なり。櫛に用ふ。鹿児島のソンタ櫛は此(この)木なり。

オカバ

各島の山中にあり。

センナ木

原野に自生す。

ユウナ木

原野に自生す。

タカコバ

チコバ

シバキ

ツゲ　方言チゲ　黄楊

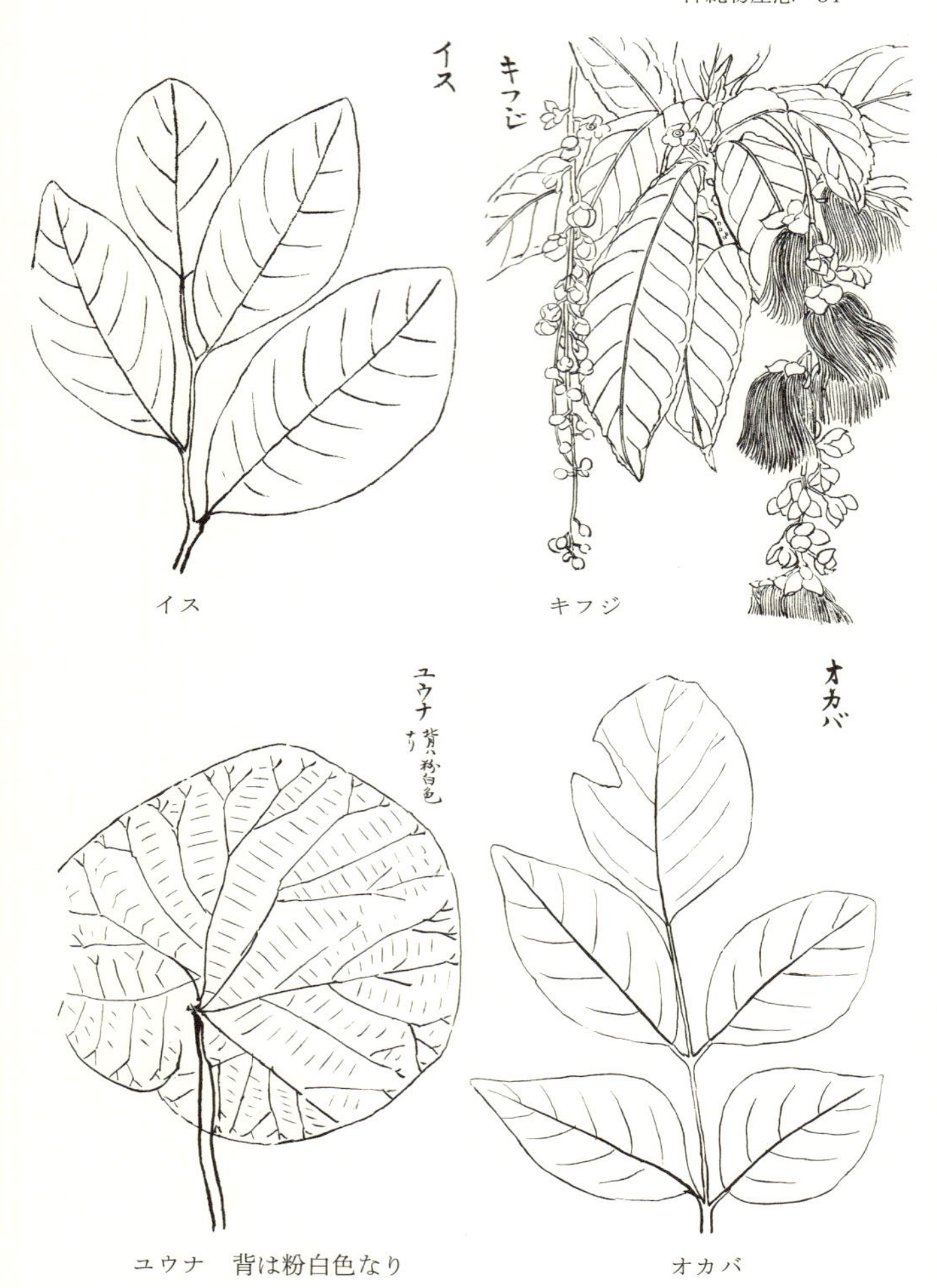

イス

キフジ

ユウナ　背は粉白色なり

オカバ

沖縄島の中、那覇、首里、及び読谷山間切（ヨンタンザンマキリ）、本部間切（モトブ）、浦添間切（ウラゾヘ）、名護間切（ナゴ）、国頭間切（クンジヤン）、等の中各所、又慶良間（ケラマ）諸島等農家の周囲に繁殖せり。久米、宮古等にはなし。明治八年の頃は之を伐（き）りて用材となすを知らず。余、黄楊樹の貴重なることを説き、之が需用と植付の法を示したりしに、植付の法は行われずして、伐木して大坂に出すこと明治九年以来同十三年の十月までに凡（およそ）十二万本余、価凡（およそ）六万円なり。大坂の価は三十万円余に及べり。元来樹木中、黄楊木の上に出るものなし。明治十三年の価、東京にて回り壱尺二寸、長（ながさ）壱尺二寸にて二円五拾銭、尺二寸回りにて長（ながさ）壱尺二寸のものは五拾円に及べり。回り壱尺二寸以下のものは櫛の用に立（たた）ざるより、十本壱結五十銭に出ざりしなり。夫（それ）琉球全島毎戸屋敷邸地等に植付、繁殖を謀らば、巨大なる利を収むるに至るべし。余、十三年に久米島人に説（とき）てケラマより移植せしめたるもの少しくあり。

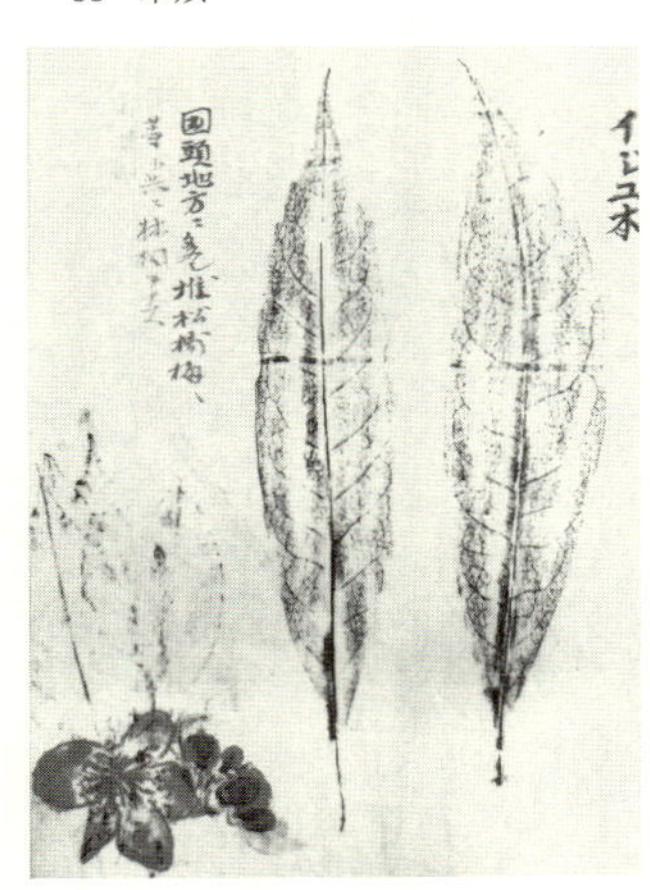

イジュ木　国頭地方に多し、椎、松、楊梅、等と共に林相をなす

ゲキツ　月橘

マキ

バンシヤウエン

チヤンカニー

シヤウベンノキ

ジンチヤウゲ　瑞香

沖縄物産志　56

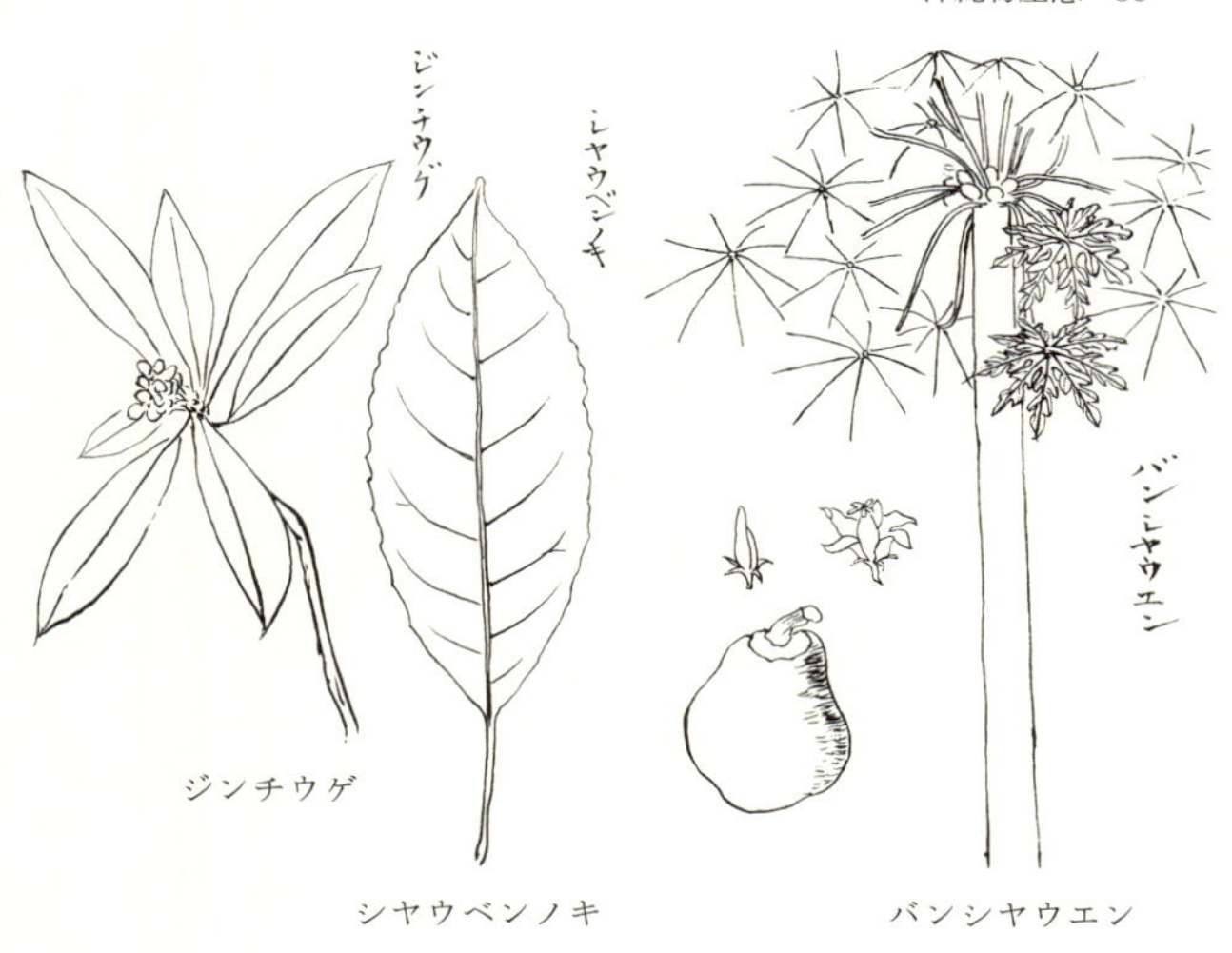

ジンチウゲ　シヤウベンノキ　バンシヤウエン

各所に野生もあり。〇『大和本草』曰、『本草綱目』芳草門に入。然れども草類に非ず。是樹なり。『本草集解』、時珍(22)説、亦木なり。是国俗の名づくる所の沈丁花也。時珍、誤て草類に入るなるべし。又白花の者あり。赤実を結ぶ。其の大さ南天燭子の如し。其の葉、紫花と異ならず。本草に黄、白、紫の三色有りと云り。又曰ふ、攣枝は花紫にして香烈し。其の節の攣曲すること断折の状の如し。今按ずるに本邦に在る所は是れ攣枝なる歟。

カツラ　肉桂木　カラキ（方言）

中皮を乾し、小児に食さしむ。甘辛。〇肉桂を洗ひたる水を香水に用ふ。〇『今昔物語』曰、天暦の御時、震旦より渡たる僧長秀と云。五条西洞院桂の宮の前の〔に〕大なる桂の木有ければ、桂宮とぞ人云ける。長秀、枝をきらせて唐の桂心にはまされりと云。〇『大和本草』曰、日本にも桂処々にあり。性頗よし。葉も木もダモの木によく似たり。糞をいむ。○源順『倭名抄』桂をメカツラと訓ず。○貝原篤信曰、ヲカヅラは楓なり。カヘテには非ず。○『本草綱目』菌桂、巌桂、二種あり。○按に、琉球に菌桂、巌桂、月桂（一に天竺桂）の三種あり。菌桂は葉、柿の葉に似て尖り、狭し。光沢〔浄〕にして三縦文ありて鋸葉〔歯〕なし。其花黄あり、白あり。巌桂は其葉、鋸葉〔歯〕ありて枇杷の葉状をなして粗渋なり。天竺桂は菌桂に似て、葉少し長く、其皮薄し。

校注　原文「の」、『今昔物語集』は「に」に作る。また「沢」「葉」、『本草綱目』はそれぞれ「浄」「歯」に作る。

クスノキ　樟

各処に往々大木あり。琉球人は従来樟脳をとることを知らず。○『大和本草』曰、樟と楠と一類二物也。国俗のクスノ木と云物二品あり。一品は香つよく、木心黒赤、樟脳を煎ず。是れ樟なり。一品はイヌクスと云。香少し。木心色赤黒ならず、是楠なり。楠には大木ある由、本草にいへり。今所々楠の木多し云々。

桑

各地に野生あり。久米、慶良間、宮古、八重山には大木あり。

カゾ　楮

各処に僅々植るものありて、紙にすくなり。

班枝花

アカンダー

ワンジュ木

アヲキリ　ミヅチリ（方言）　梧桐

各島共に邸地にあり。○『大和本草』曰、其皮青し。故又青桐と云云々。又曰、世に白桐は多く、梧桐は稀なり。夏花咲秋みのる。

シラキリ　白桐

往々邸地に植るものあるも、アヲキリ少し。

クサギ

センダン　楝

イソノキ

ハマビハ

サンセウ

イヌマキ　羅漢松

ト子リ木

ヤマビハ

ハゼノキ

クチナシ　梔

首里、那覇、等邸地にあり。往々山野に自生もあり。○『大和本草』曰、本草、此花皆六出、甚芬香。○『史記』貨殖伝に云ふ、巵茜の千樹、千戸候〔侯〕と等し。利を獲ること博きを言ふ也。

校注　原文「候」、『史記』は「侯」に作る。

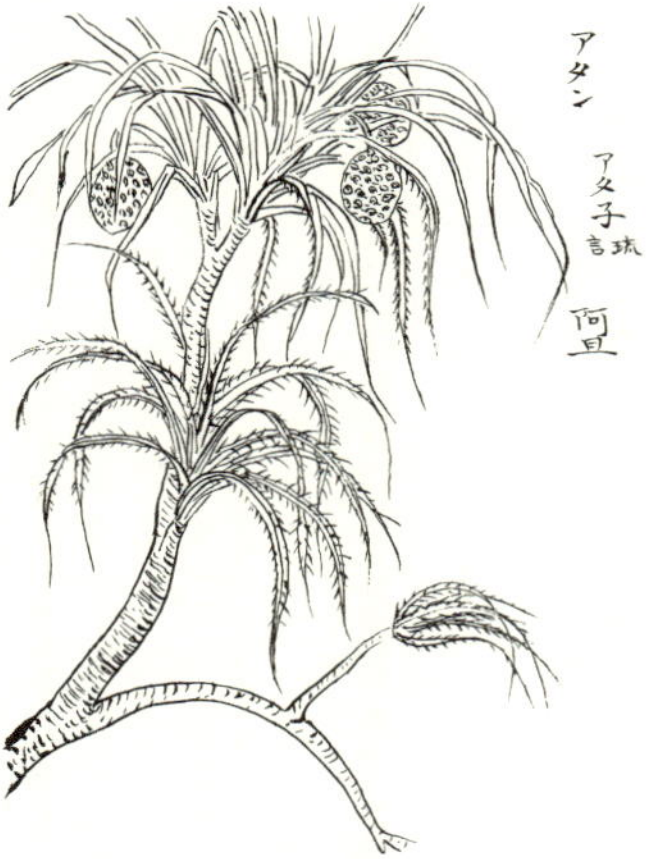

アタン　アタ子（琉言）　阿旦

アタ子（琉球語、蓋し日本の古語なるべし）阿旦（琉球）　阿呾呢（薩摩）　露頭樹（漢名、博物局）

各島至る所、海辺又は沼地、川沢の辺に繁茂せり。往古より本地自然生のものなり。九月の捨アタ子とて、支那暦の九月に枝を伐り、海辺にすて置く時は能く繁茂す。形状、根は太く、大なるものは回り尺に至り、高さ五、六尺に至れば、四周に枝を生じ、枝又枝生じ、枝根を生じて蔓延し、葉は闊き所二、三寸に過ずして、長きこと二、三尺に至り、鋸歯あり。手に触れて鋭利なり。然れども沸湯に投じ、割て席に編、小舟の帆とす。幹、葉共に糸とす。幹糸は席をあみ、種々の用に供せり。○『弓張月』に阿旦布と云ものありとあれども、琉球にては曽て知るものなし。○海辺及水辺に植て水害を妨〔防〕ぐの効あり。○『広東新語』露頭花は油葱・草蘆薈なれば、頭の字は適せず。○『南島水路志』草蘆薈に作る。

頭注　○露頭科　Screw pine 英。○蓆を織り、草履を作り、ひげを糸に作り用ゆ。陰暦八月に植るをよしとす。俗に八月ノ捨アタネと云ひ、切捨たるものより芽を生ず。

木蘭

青箱子

ソテツ(23)　鳳尾蕉（『輟耕録』、『五雑俎〔組〕』）　銭蕉（王世懋『花疏』）　番蕉（『五雑俎〔組〕』）　蘇鉄（俗字）

種類一ならず。凡五種程あり。十一月に実熟し、之を採り乾し、粉となし、団子になし食す。又蘇鉄葛あり。是は幹樹を打砕き水に入れ澱粉をとるの法は、葛根其他のものよりとるに同じ。○山岡、原野等畑に開発す可らざるの地には悉く植て凶荒の予備とす。蘇鉄、植付方の官吏あり。鉄蕉播殖の事を掌る。琉地の凶作は一朝暴風の為め甘藷熟さざるより俄然に起る為めに此備あり。○盆栽に作る可き鉄蕉は、其種類三、四種を撰み、庭園に移して之を作れり。古木形のものは寒中の候に幹を削りて作る。○『大和本草』に曰、鳳尾蕉、中華にも近世琉球より渡りたる。『輟耕録』に載たるは漢唐より之有り。成都府にあり。これは稀有なるべし。王世懋が『花疏』に曰、福州に鉄蕉有り、贛州に鳳尾蕉有り。同類に似て而して稍や状を異とす。然りて好んで鉄を以て糞と為す。将に枯れんとするに其の根に釘うてば則ち生く。亦異物也。云う、能く火を辟くと。『五雑俎〔組〕』に云う、番蕉、鳳尾蕉に似たりて而して小なり。相い伝ふるに流求従り来ると。云う、之を種うれば、能く火患を辟くと。唐にも近代わたる故に本草にのせず。然れども近世中華の諸書にのせたり。此木、寒をおそる故に日本にて北土及京都には無之。泉州境の妙国寺の鳳尾蕉は只一根にして八株にわかる。其高一丈ばかり、同処の祥雲寺にあるは其最大なる者、高一丈二尺余、一根に数条あり。凡此樹、焦土灰糞を好み、湿を悪む。根に多く子を生ず。子を取に根〔格〕多く生じて後分栽すべし。根少き時わかてば不活。雪寒ををそ〔恐〕る。四月に新葉を生ず。早く蕉〔旧〕葉を尽刈べし。番蕉は琉球ソテツなり。小也。琉球より来る。○又曰、鳳尾蕉の乾葉をたいまつとす。急用の時用ふべし。○又同書に実を食ふ可からずとあり。然れども琉球人は之を食す。

校注　原文「根」、『大和本草』は「格」に作る。また原文「蕉」は「旧」に作る。

ビロウ（琉球、九州）　阿知末佐（『本草和名』）　蒲葵（『広東新語』）　一名ヒリヤウ

各島に自然生あり。山谷、原野皆生ず。葉を採りて団扇に用ふ。又笠をも作れり。○『古事記』曰、阿遅摩佐能志麻母美由。又曰、檳榔の長穂宮に坐す。○ビロウは日ロウなり。『春宮年中行事』に曰、タマシスメノマツリの事云々。太夫コン〔権〕ノ太夫のあいた日ロウにのりて云々。○『駿牛絵詞』曰、二月春日まつりの便にたたれしに、公家よりひりやうの御車に云々。○建治三年日記曰、八月二日、

晴、御右〔所〕入御山内殿、御車ヒリヤウ。○『枕草紙〔子〕』、『源氏物語』にビロウあり。又ひろうけ二十、あじろふたつ云々。○『続日本紀』巻三十四曰、光仁天皇宝亀八年五月癸酉、渤海王に書を賜いて曰う云々、又都蒙の請に縁りて檳榔の扇十枚〔枝〕を加附す。○『延喜式』巻第五曰、斎宮の年料の雑物、檳榔の葉二枚、料る所に坐す。同巻第二十三曰、民部下交易雑物、太宰府檳榔馬簑六十領、同螻簑百二十領。同巻三十九曰、内膳司檳榔葉十枚、右七月七日に起こし十月に尽くし、供料とす。同巻四十曰、主水司供御の年料、檳榔葉四枚。○『餝抄(24)』曰ふ、毛車執柄云々、礼の人檳榔毛を用ふ。当家〔菅〕を〔用〕ひ、但だ檳榔毛之を尋得するの時に之を用ふ。又難き無し云々。○『人車記』曰、仁平四年正月一日云々、檳榔毛。○『台記別記』曰、長承四年二月八日、大納言頼長殿令して右〔大〕将に任じ、御装束を給ふ云々、檳榔御車。○『兵範記』曰、久寿三年二月八日、中納言殿御拝賀之後、着直衣、初云々、檳榔御車、御牛車副等。嘉応元年二月四〔五〕日、皇太后宮行宮〔啓〕平野社雑事、一出車、糸毛、金作、檳榔毛五両。○『枕草紙〔子〕』曰、こころゆくもの。びろうげは、のどやかにやりたる。急きたるは、かろかろしく見ゆ。○『源氏物語』寄生曰、ひろうけ廿云々。○『古今著聞集』曰、伊通公の参議の時、大治五年十月云々、檳榔毛の車を大宮をもてにひきいでてやぶりたきて云々。○『吾〔妻〕鏡』巻十、同二十三に檳榔毛車、檳榔半蔀等あり。○『山槐記』、『江談鈔』、『部類記』、『百練抄』、『類聚雑例』、『類聚雑要抄』等にも檳榔車、檳榔毛等を載せたり。○『枕草紙〔子〕』ににげなきもの、ひろうげの車のしろうきよげなる、とあり。○『大和本草』曰、ビレウ、西州所々島々にあり。高七、八尺余、其葉は椶櫚の如し。椶櫚あ〔よ〕り葉の茎短し。木は杦の如く〔直也。〕皮の肌は椎の木の如し。枝なき事椶櫚の如し。按に、ひろう葉は、葉、シユロに似て色浅緑、葉末、極て長く、下垂し、葉茎に刺排生ず。〇『筋抄』頭書保安の頃、ビンラウと見ゆ。故に古へより檳榔を「ビンロウ」とも「ビロウ」と云しなり。又蒲葵をも「ビロウ」と呼しなり。〇『広東通志』曰、蒲葵、栟櫚の如くして而して柔薄なり。葵笠を為る可し。按ずるに、蒲葵は今新会に出で、其の本は扇と為し、其の末は簑衣、蕈席を作る、と。〇『広東新語』曰、蒲葵樹、身幹は桄榔に似たり。花も亦之の如し。一穂に数百千朵有り、子を下垂すること橄欖の如し。肉薄しと雖ども食す可し、とあり。

校注　〔　〕はそれぞれ『筋抄』『大和本草』によってこれを補った。原文「御右」、『建治三年日記』は「御所」に作る。原文「扇十枚」、『続日本紀』は「扇十枝」に作る。原文「右将」、『台記別記』は「右大将」に作る。原文「嘉応元年二月四日」、『兵範記』は「嘉応元年二月五日」に作る。原文「島々」、『大和本草』は「島」に作る。原文「あり」は「より」に作る。

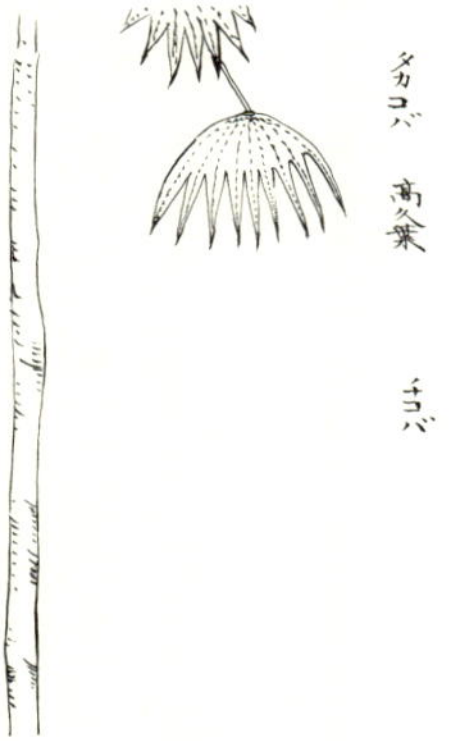

タカコバ　高久葉　チコバ

タカコバ
シユロ
チコバ
木芙蓉
ハマビハ

ヤシ　椰子
各所にあり。沖縄島に産するものは実大ならず、先島に産するものは大なり。此実（この）を中心を去り、黒檀等にて口を付け、火酒（アハモリ）を入れ携帯す。概ね（おおむ）毎戸一、二を所持す。

ザフン木
ハシカンボク
マメクキ
チーマキ
サルカチミカン（方言）一名サラカチミカン
アヤヘゴ
アクチノキ
ヲニヘゴ
ヤブニツケイ
ソテツヘゴ
アサクロノキ
イチユバーキ
タマフリギ
タヅノキ

クワクワワカエ(25)
久米島にて紬(ツムキ)(26)を染(そめ)る。即(すなわ)ち黄色く糸を染むるなり。〇田代安定(27)氏曰(いう)、奴柘の一種なりと云(いう)。

クロイゲ

ハヤボ　黄槿
水田の肥料に用(もちい)る。草木葉の中にて此(これ)等のものを最(もっとも)よろしとす。

イヨキ（方言）　イヲキ（方言）　ウヲキ（同）　魚木
糸満の漁師、烏賊釣り魚形を作る。

タマフリギ

チヤンカニー木（方言）

カビキ

スワウ木

ハマママユミ

ヒンキ（方言）　紅樹（一名ヒルキ）

トウクサキ

メーフクラ木（方言）　海南木　マラフクラキ（大島）
シラシキ
シバキ　天竺桂
アクチキ（方言）　コダチバナ
キテウジ

ブツサウクワ　仏桑花（俗）
『近代世事談』に曰、寛文年中に琉球よりわたる。中絶して又享保のはじめころに来る。花、四月よりひらき、十月に至る。紅、黄、白の色あり、とあり。

テツセンクワ　鉄線花
『近代世事談』に曰、寛文年中に中華より渡る。紫、白の二種あり。四月花開く。又紫、白相交るもあり。蔓草なり。葉は菊に似てこまかなる葉交る。四月蔓を地に埋むに、根生ず。春分て植る、とあり。

ワウクワウテウ　黄紅蝶（琉球）　蝴蝶花（漢名）
初め呂宋より来ると云ふ。琉球円覚寺の僧、黄紅蝶と名く。花黄、花弁紅色にして形蝶に似たるにより名くと云ふ。其花の美なること此右に出るものなし。故琉球の花王とす。六、七月より八、九月に花咲(さき)、実はさやありて豆形をなし、カヒーの如し。葉は子(ネ)ムノ木〔の〕如く夜しぼみ、日中にひらく。

頭注　〇培養に人糞、小便、下水等をよろしとす。

マツリクワ　茉莉

梯梧　デーク（方言）　又デーゴ
其(その)花赤きこと炎火の如く美麗なり。四月末に満開なり。

果物類

一楊梅　ヤマモ、ー（方言）
各所の山中にあり。四月に実熟す。明治九年頃は一升価(あたい)三銭なり。毎戸之を塩漬(28)となして貯へ置(おき)、小皿に盛り茶果とす。山原(ヤンバラ〔ル〕)地方殊(こと)に多し。

一桃
首里、那覇等の民家、庭前に植ふ。花、白色あり、緋色あり。一月に花開き、六月に実熟す。

龍眼　自然形　　茘枝

一柑（ミカン）
民家の周囲等至る所に繁殖せり。大木多し。味、酢味多し。果実は紀州ミカンに似たるもの多し。

一茘枝（ライチ）
正徳年間、清国福州より移植す。枝葉概（おおむ）ね互生し、葉は翼状をなし、其（その）一小葉は両尖長、楕円、深緑、色沢あり。三、四月に蕾を着け、小花開く。淡黄緑色。実は外皮遍（あまね）く亀甲紋あり。八、九月に熟す。果物中最上品とす。

頭注　○味、鮮美なり。○琉人曰（いう）、実植を度々すれば龍眼に変ずと云（いえ）り。○苗木を明治九年に携帯し之を博物局に送（おくる）。

一龍眼
往古よりあると云（い）ふ。一説に呂宋（ルソン）より伝ふとも云（いえ）り。

ブンタン　ボンタン（方言）　文弾　ウチムラサキ

各地にあり。此ものは百有余年前、呂宋国より伝ると云ふ。〇『花暦百詠』曰、文弾は柚の美なる者にして種は閩漳に出づ。楚の雲夢に産する者も亦佳し、と。〇『広群芳譜』、柚に註して曰、又文蛋を名とし、仁崽を名とする者有り。亦柚の類なり、と。〇『質問本草』曰、文旦、枝幹疎を扶け、花葉は香欒と別を為す。子の大きさ径五、六寸。皮、外は黄、内は淡紅にして、膚稍滑らかにして而して味、甘酸たりて、香薬〔欒〕より美し。初め種を淅〔浙〕江の舶に得、今処々蕃植す矣。朱佩章偶紀の福建福州文旦を出し而して美き柚也と云ふ者是れ也。

校注　原文「薬」、『質問本草』は「欒」に作る。また原文「淅」は「浙」に作る。

ブンタン

シイノミ

各所の山中にあり。〇『閩書』曰、椎、科の子也。曽師建記して錐に作る。之を末の錐より鋭きに謂ひ、此れ其の形、錐末に似たるに擬う云々。

イチコ　盆子

四月に実熟す。〇是野イチコなり。

ユ　柚

各地邸地の垣根、畑の傍等にう〔植〕ふ。〇『大和本草』曰、山中寒村にも宜し。橘柑に異れり。一種国俗に花柚と云者〔物〕あり。其実、小にして多くみのる。花を酒にうかべ、羹に加ふ。故に名く。味、大柚にをと〔劣〕れども、亦賞す可し。海辺の砂土、最繁茂しやすし。〇又曰、大福と云物あり。柚の類なり。皮あつし。蜜橘より大也。皮の肥〔肌〕、柚より細に、味酸し。京都の辺鄙にあり。味美からず。又曰、ユカウと云物あり。柚に似たり。

校注　「者」、『大和本草』は「物」に作る。また原文「肥」は「肌」に作る。

ダイダイ　橙

邸地に植ふ。

マルメル　クワレン（方言）

邸地に植ふ。

ナツメ　棗

邸地に植ふ。

ビハ　枇杷

邸地又は土手、路傍等に植ふ。

サンセウ　山椒

各地にあり。

イチヂク　無花果

邸地に植ふ。

カズマルノミ　榕樹の実

木類の部に詳(つまびら)かなり。但(ただ)し此(この)実を食すは全く小児の玩物に過(すぎ)ずして、他は腐敗せしむ。之を内地に輸送せば、一産物となるべし。○『大和本草』曰(いう)、榕樹、『南方草木状』に曰(いう)、榕樹は南海の桂林に多く之を植ふ。葉は木麻の如し。実は冬青樹の如し。近年中華より蜜煎(ミツヅケ)をわたす。

ギンナン　銀杏

往々大木あり。

竹類

マダケ　真竹　一名苦竹　呉竹

筍の味、微(すこ)し苦し。大なるものは周(まわり)尺に及ぶ。籜(カハ)、紫、白色、斑紋あり。

モウソウ　孟宗竹

初め薩摩藩主島津氏の求めに応じ、清国福州より移植し、此(この)苗を又薩摩に移すと云(い)ふ。竹筍を食するには第一上品とす。○『大和本草』曰(いう)、寒竹、冬筍生ず。又孟宗竹とも云(いう)。色黒く、細し。

ササタケ　笹竹（俗）

各島山中又は樹林中に自生繁茂せり。山中殊(こと)に多し。

トウチク　唐竹（俗）　桃枝竹

初め清国より舶来すと云(いう)。

シチク　紫竹

庭園等に植ふ。○『大和本草』曰(いう)、紫竹、色、紫黒、淡濃、紫白相雑(あいまじ)れり。

シュロチク　椶竹

庭園等にあり。大なるものは長さ七、八尺に及べり。○『本草綱目』曰、一名実竹なり。其の葉は椶に似て、柱杖と為す可し。

クワ〔ン〕ノンチク　鳳尾竹

俗に観音竹と呼ぶ。『泉州府志』に出づ。『本草綱目』に載する鳳尾竹は葉の細きこと三分し、此れと異る。

ハンチク　斑竹

一にトラフダケと云ふ。庭園に植るものと山原山中野生の二種あり。○『漳州府志』に云、節の間に斑文有り。湘妃の涙痕余る所の者に似たり。

チヤ　茶

首里、宜野湾、等に数畝の茶園あり。其他庭前等に植るのみにて盛ならず。其樹、成長能く終歳緑芽を生じ、香味殊に佳なりと雖ども、旧藩の制度、藷畠を変じて他物を作らしめざるより、之を作るを得ず。藷は是民命の係る所なればなり。○此地に茶種を移したるは支那明代に始り、其後、我正徳年間、具志頭親方種実を薩摩及び支那福建に仰ぎしと云ふ。

巻の三　天産部

海魚類

マダヒ（方言テー）　鯛（『延喜式』）　赤女（『日本紀』）　赤海鯽（『古事記』）　棘鬣魚（『閩書』）

内地の産に比すれば、紅色殊に濃く、美なり。但味ひは劣れり。十一月より一月頃、味好にして夏月はよからず。○『大和本草』曰、本邦の俗、鯛の字を用ふ。『日本紀』神代下に赤女を載す。即赤鯛也。本草に之を載せず。○『閩書』曰、棘鬣魚、鯽に似て而して大なり。其の鬣、棘の如くして紅紫色なり。○『嶺表録』曰、異に吉鬣と名づく。泉州、髻鬣と名づく。又奇鬣と名づけ、或もの過臘と曰ふ。莆人、之を赤鬃と謂ふ。

校注　原文「嶺表録」、河原田はこの三字を書名と解するが、当該箇所『大和本草』は「嶺表録異名吉鬣（『嶺表録異』吉鬣と名づく）」とする。すなわち『嶺表録異』と解すべき箇所であり、「録」字の下に「曰」字を加えるのは誤り。

シロウヲ　（白魚、俗　方言シラヲー）

マダヒに似て白色なり。内地のシラウヲと異る。琉球諸島、何れにも産す。皆嗜好せり。

タチノウヲ　タチノヲー（方言）　鮆魚（『爾雅』）　鱴刀（『爾雅』）　刀鱭（『養魚経』）　刀魚（『雨航雑録』）　鯯魚（『雨航雑録』）　鰶（同）　鮤魚（『本草綱目』）　鰽魚（同）　望魚（同）　白圭夫子（『水族加恩簿』）　骨鯁卿（同）

大なるものは五、六尺に至り、夏月尤も多し。○『異名〔魚〕図賛』曰ふ、望魚（又名刀魚）、明都〔沢〕、滏沢〔に出づ。〕望魚の形、側は刀の如くして以て草を刈るべし云々。○『大和本草』曰、太刀魚、形刀に似て長くうすく、背青く腹白し。長き者、二、三尺。横せばし。其觜、鱵の如く、長くして上下斉く、觜の内は鋸の如し。味好からず。骨多く、あぶらあり、腥し。性、好からず、食ふべからず。『本草綱目』に載る鱭魚に似て同じからず、とあり。

校注　『異魚図賛』の記述は三国魏・曹操『四時食制』を出典とするものであるが、引用が不正確なためそのままでは意味をなさない箇所もある。そのため本条では、『太平御覧』巻九三九鱗介、望魚所引『四時食制』によってこれを補った。

75　海魚類

メバル（琉球）

○『大和本草』曰、目大なる故に名づく。黒、赤二色あり。小なるは四、五寸、大なるは一尺二、三寸あり云々。又曰、メバルの子を鳴子と云。醢にす。又曰黒き大メバルあり。胎生す。

トビノウヲ（方言トヒノイヲー）　文鰩魚（『爾雅翼』）

琉球諸島には鹿児島海よりも文鰩魚少し。○『異魚図賛』曰、飛魚、身円く、長さ丈余なり。雲に登りて游ぶ。形、鮒の如し。翼は胡蟬翔の如し云々。○飛魚（『本草拾遺』）○禿皮胡訛（山城州）又挨谷（筑前州）と名づく。以上『庶物類纂』。○『本草拾遺』曰、文鰩魚、毒無し。婦人、臨月に之を帯びれば産み易からしむ云々。又曰、南海の大なる者、長さ尺許りにして、翅の尾と斉しき有り。一に飛魚と名づく。水上に群飛し、海人之を候つ云々。

クササン（琉方言）

海岸の藻間に生息する小魚にして、長じて僅に一寸許に過ず。形ち平たくして鮒の如く、体、藍色の斑紋あり。背鰭は硬骨十二、三本刺尖し、鰭まく連らる。脇鰭、腹鰭も亦刺針状をなせども、背鰭の骨より細し。尾鰭は筋よりなりたつ。○鱁鮧に製したる「ヲシユクナヂモノ」又「ショクナジモノ」（醤油灘物の義）と称し、清国輸出の一産物なり。又此灘物は数年貯る程美なりとす。○三月に卵を生む。「ナヂモノ」に製するは五、六月より八、九月迄をよしとす。慶良間産殊に好しとす。鮮魚にて煮食するに海藻臭し。琉人は此香を賞す。

クワイユ（琉方言）

各島沿海に産す。形状下の図の如し。

マクフ
タマン
クマヒキ　九万疋

クワイユ　凡三分一（およそさんぶんのいち）
クササン　自然形

ヤマトベ
凡（およそ）普通三分の一

クツナキ
カタカス
シツウ
エノウヲ
ソレル
ツクラ
ホカ
カマス　梭魚
イシメバル
エラブナ
クスク
ヤマトベ　一名ヤマトビ

南島中何（いず）れの島にても能（よ）く捕獲して食料とす。鱗、銀色に

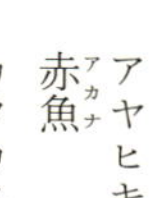

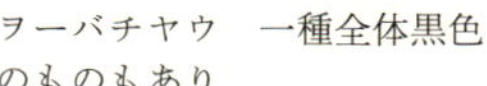

ヲーバチヤウ　一種全体黒色のものもあり　　モチノイヨ

して、背鰭、刺骨、鯛の如し。

アヤヒキ
赤魚
カタカス
ヲターユ
イシモチ
スルミチ

モチノイヨ
　全体淡紅色にして細鱗あり。長二、三寸に過ず。

ヲーバチヤア
　首部、赤色、胴は紫色にして細鱗あり。糸満の漁師、冬季能く那覇の魚市に出す。大なるものは長さ尺許あり。

クロビラアー
　長さ一、二寸に過ず。形ち鮒に似て全体黒色なり。味佳ならず。

アヤビツチヤア

コノシロ　方言アシチン

メバル　方言メバイ

ハラマチ

ハアイヨ

赤小（アカグワー）

黒小（クログワー）

クロヒラーア　アヤビツチヤア

ツノマル

角のある魚なりと云（い）ふ。余は未だ実見せず。

イワシ　ガチヤン（方言）鰮

各島鰮魚は甚少（はなはだすくな）し。十一月より一月頃までに少しくあり。

ミチヤン

形状サツハに似たり。

タチノウヲ　タチノイヨ（方言）

淡水魚類

フナ　鮒

コヒ　鯉

ウナギ　鰻　鱓、鱔、䱇（三は同(とも)に視典の反、[29]上、蛇魚、牟奈支と『新撰字鏡』にあり。）

ナマツ　鯰

ドゼウ　泥鰌

亀類

タイマイ　（方言ガラスガメ）　瑇瑁　又玳瑁　護卵（『埤雅』）

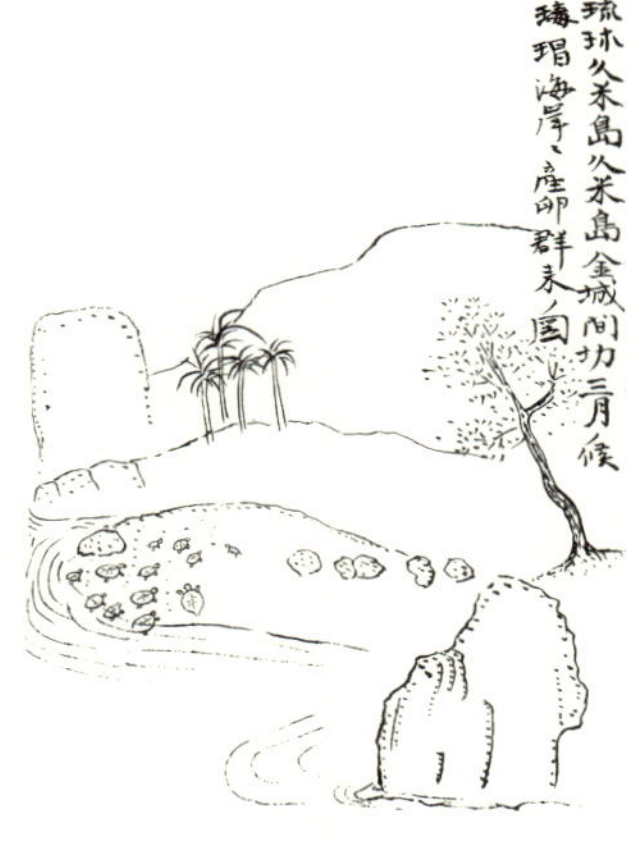

琉球久米島久米島金城間切三月の候　瑇瑁海岸に産卵群来の図

琉球諸島近海、悉く瑇瑁の生息せざるはなしと雖ども、就中久米、宮古、慶良間、等に多しとす。然れども此等の諸島人は概ね海神の崇〔祟〕りありとして捕獲することなし。沖縄島人と雖ども之を業と為すものなし。琉球船は勿論鹿児島より渡来の船舶は此瑇瑁（即ガラスカメ）又はアカカメ、ミヅカメ、シヤウカクボ、等を生活のまま買求めて之を海中にはなちやり、以て航海安全を祈るの旧慣あり。其価、明治八、九年頃にて壱頭壱円位なりしなり。たまたま死して海岸に流れ来るもの及び糸満其他の漁人等の捕るものは、首里、那覇鼈甲細工職等、婦人の笄其他のものに造り、又は延べ板に造りて売却すれども、僅々たるものなり。品位は支那舶来の印度産に比すれば少しく劣る所あるも、東京、大坂等にては極て細工職の欲する高価の品なれば、若し此業を起すに於て年々数万円の利を得るや知るべからず。其捕獲の期は三月上旬産卵の為め海岸に群来する時に於て得易しと雖ども、是れは繁殖上の妨害となるを以て其后に於てするを宜しとす。従来、是等の業に従事する者なきは遺憾の至りなり。○此ものは有脊動物の第三爬虫類に属する海産の大亀にして、径三尺余あり。亜細亜、亜米利加又地中海等に産する〔れ〕ども、印度海最も多し。其肉、味の美なると、殊に其卵の味、絶美なるにより、人に賞せらると云ふ。又其甲版は黄色に黒斑あり。半透明にして美麗なるを以て各種の器物を製すべし。本邦に於ても旧来笄、櫛等の装飾を作り、鼈甲と称すること人の知る所なり（此甲の価、貴きを以て、蠵亀の腹甲を以て代用すること多し）。熱海の産なるを以て毎に輸出を仰ぐの数も少からず。

スツポン　鼈

ヤマカメ

ミノカメ

アカカメ

シヨウガクボ　一名ウミカメ（方言）

介類

ヤゴ貝[30]（一にヤクカヒ又ヤコウカヒ）　夜光貝（俗）　夜久貝（俗）　青螺

殻外面、首方宝生の玉形をなし、尾の方半体、丸くいぼなり。内面、丸形にして内縁に縄形の高縁あり。内部は白質に淡薄藍色を含み、光沢美麗なり。外部は概ね石灰質の白垢付着せり。大なるものは殻の回り一尺八、九寸あり、小なるものは一、二寸よりあり。此ものは熱帯に産するものにて、鬼界大島等より以南に産す。昔時、此殻を破砕したるものを薩摩青貝と唱ひ、東国に来し。鎗のさや其外漆器に用たりしなり。従来琉球にても之を漆器、青貝塗りにも用ひたれども、僅々たるものにて、民家軒下の雨落に敷きて敷石に代用したるも、此肉を食する多量なるを以て各所に投棄したるもの推〔堆〕積したりしなり。然るに明治八年、盛美官命を奉じて那覇港内務省公館に在勤し、此遺利を挙ることを謀り、先づ之を米国の万国博覧会に出品せしに賞賛を得たれば、在琉の鹿児島商人に諭すに、拾ひ集て神戸、横浜に出し、外国に売んことを以てするも、当時在琉の商人等は之を賤業視して応ずるものなし。又東京なる天野某は外国人に知人あるを以て之に謀り、英国より鈕子製器械を買寄せ製造せんと、ヤコ介殻十俵に金五拾円を添て送りしに、彼甚不良にして五拾円の金員及び介殻迄を売却して私用して音信を通ぜず。茲に於て余も甚だ世上人心の軽薄にして、利用厚生の志ある人なきを歎じ居たり。然るに内務省出張所の用達をせし者にて谷口栄吉と云ものの久しく鹿児島にありしが、適々下琉せしを以て前後の始末を咄じ、大に殖産の道を説諭せしに、彼は少く事理の分別もあるものにて、速に庸夫を以て各所に棄置たるヤク介殻百余俵を収集して、之を神戸港に輸送せしに、

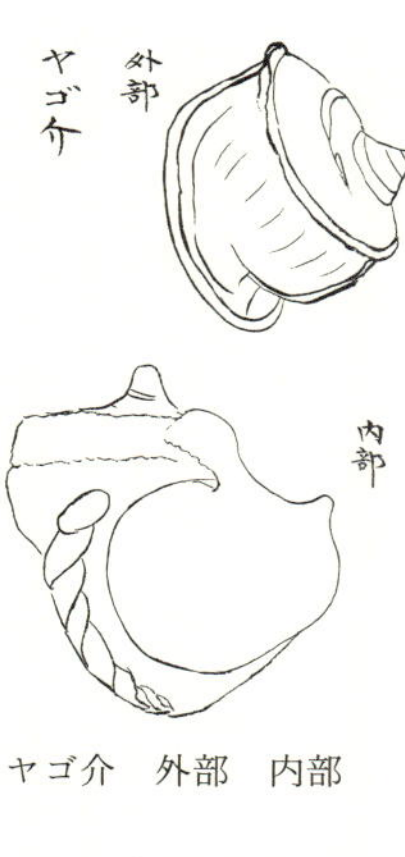

ヤゴ介　外部　内部

三百五拾余円の利を得たりしかば、彼も引続き輸送するより、在琉商個〔賈〕等競争して買集るに至り、明治八年八月より同十二月までに那覇港の輸出調、ヤク貝殻二万〇五十六〆〔貫〕八百目〔匁〕、此原価千〇四拾七円八拾四銭に及べり。爾来益中外の需用を広め、明治十三年十一月までに神戸、大坂の両所に販売せしヤク介殻、代価三万八千余円の多きに至れり。○此介の肉は琉球諸島中、其嗜好して食すること多く、年分に捕獲する員数も亦少からず。而して之食するには殻の儘火にて焼き、其儘食し、又醤油にて煮染め、或は酢貝となす。又久米島にて糸満村の漁師等の製する糟漬と唱る麹漬は甚美味なり。南島人は之を乾貝となすものなしと雖ども、余、明治十三年数個を生乾、煮乾の二製となし、東京に持来し、自ら試食し、客にも供したるに佳良なりしなり。又在港の支那人に示せしに、極めて支那人は欲するならんと云り。○是を捕るの法は概ね内地にて蜑人が石決明を捕るに異ならず。而して何れの地にても多少捕獲せざるはなしと雖ども、糸満人が久米島にて捕るものを尤多額なりとす。○元文年間の人松岡玄達が『怡顔斉〔斎〕介品』に曰、夜光、大坂にて薬舗に売る。青貝の下品。光り薄く、殻厚し。螺鈿匠これを用ゆ。

セン子ンガヒ　千年貝　一名チトセカヒ

琉球諸島中各地にあり。しかれども其員は甚少しと云へり。思ふに此ものは海底、岩屈等の処に着きて生活するものにて、未だ此貝の群居する所を知らざるなるべし。外面は黄色にて、縁及内面は紅色にし、光沢あり。甚美麗なるものなり。琉人之を釣花瓶に用ひて玩弄せり。此ものをすり磨きて玉を造り、洋服の鎖栿を造り、印材となして甚だ貴ばるるも、未だ此等の製を識る人も亦甚稀なり。

ガキチヤア（方言ガキチヤア）

形状海胆（ウニ）に似たり。○枲（カラムシ）、マーヲ、レイシ、ゴーヤ、茄、麦、等の肥料に供す。四月頃盛（さかん）に捕獲す。夕に捕（とらえ）たるもの翌朝に至（いたり）死すれば、刺落（おち）てくだけやすし。是（こ）れ即ち海胆の族にして、肉は食品ともなすなり。

シンジユガヒ　真珠母　ギンカヒ（方言）　シラカヒ（同上、ケラマ）

各島の沿海、真珠貝を産せざるはなし。然れども之を捕（とらえ）るものなし。僅（わずか）に玉城（タマグスク）間切奥武（ヲー）村、同間切志健原（シケンバル）村、兼城（カネグスク）間切糸満（イトマン）村、知念間切久高島の漁民、魚網にかかりたる者より真珠を得ることあるのみ。介殻は沿海辺砂中に散在すること甚（はなはだ）多し。就中（なかんずく）久米、慶良間両島に多し。

［センネンガイ］

アツキガヒ

タマガヒ

キセルカヒ　チセルケヒ（方言）

ヤマドリカヒ　一名ヒタチヲビ

チリメンボラ

久米島産珠母殻　　ガキチヤア

イセヱビ
ワラヱビ

タカラガヒ
イソボラ
カラフデ
リンボウ
タケノコ
クロモモカヒ
ユウカホ
オホムラ　鸚鵡螺
アカモモカヒ
ミミガヒ
ジヤガヒ
タイラギ
シヤコガヒ
カキ　蠣
クルマヱビ

87　介類

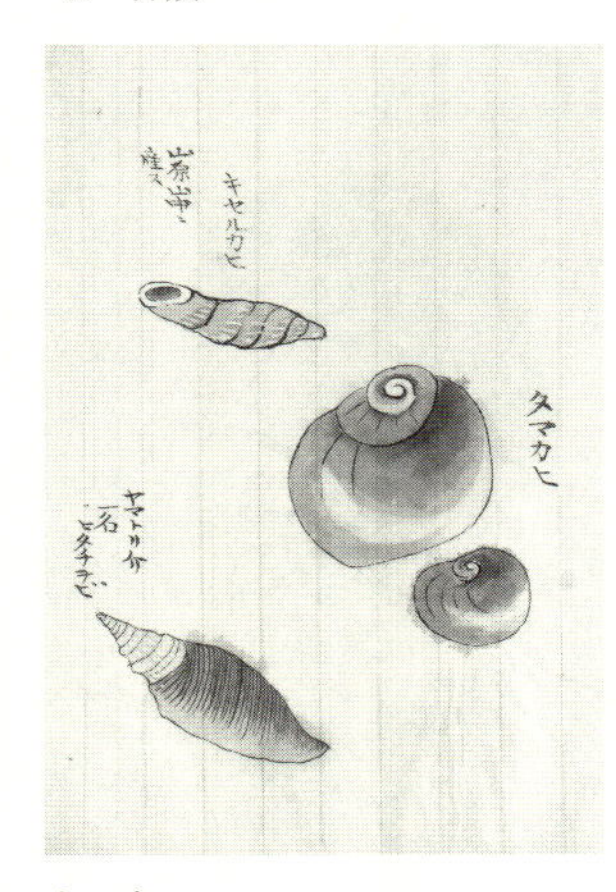

タマカヒ
キセルカヒ　山原山中に産す
ヤマトリ介　一名ヒタチヲビ

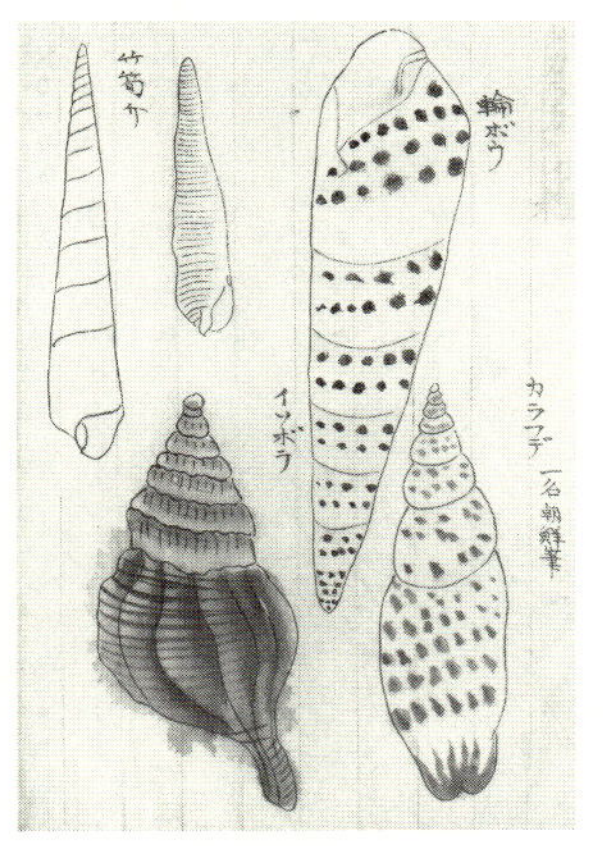

カラフデ　一名朝鮮筆　輪ボウ
イソボラ　竹筍介

ユウガホ　チリメンボラ

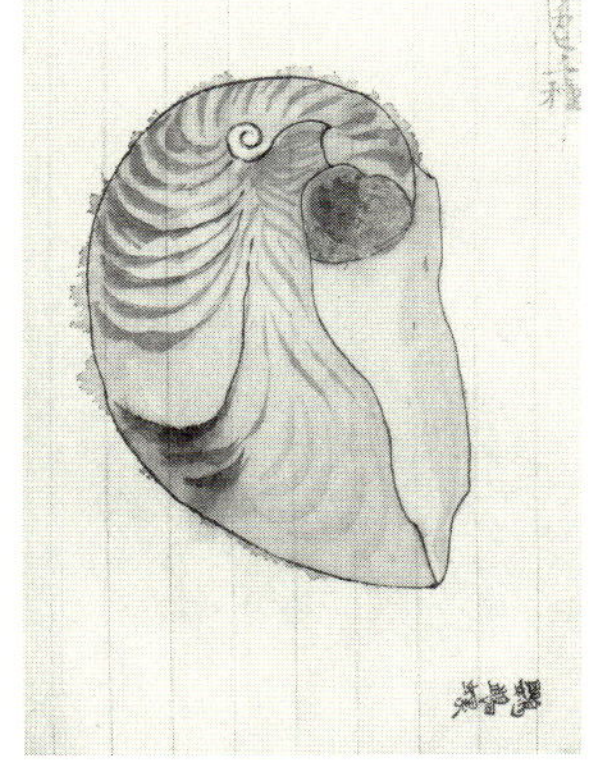

鸚鵡螺

ウニ　カヂヤン（方言）　海胆

各島に産す。塩辛に製したるものを「キナジモノ」と云ふ。従前より清国輸出の産物なり。

海虫類

ナマコ

ウミヘビ

エラブウナキ　永良部鰻

各島の海にあり。乾燥して従来より清国に輸出せり。明治六年清国福州にて壱尾七、八拾銭より壱円に至りしと云ふ。○此ものは〔以下、欠落〕

ナカナマコ

サンゴ　珊瑚

各島の海中所々に生すれども、之を採るものなし。

イカ　烏賊

各島所々に群集する所あり。之を捕獲するは久米島の離島にて、糸満と云ふ所の漁師、釣り捕り「スルメ」となす。マイカ、ハリイカ、スルメイカ、ヤリイカ、ミツイカ、共にあり。各種共に肉肥大にして、味美なり。明治六年、支那福州にて百斤廿円より三拾円に至ると云ふ。従来より年々清国輸出せり。

海草類（幷に苔）

マクリ（方言「ナサアラ」）　海人草　鷓鴣菜（『閩書』、『漳州府志』）

海石上に生ず。色微黒、淡黄、小児腹中〔に〕虫病あれば炒り食て能く愈ゆと和漢の書の載す。〇従前、内地及び清国に販売せり。〇『漳州府志』曰、海石上に生じて散砕す。色、微や黒く、小児腹中に虫有らば之を食す。下すこと水の若し。

フノリ　海蘿

ミル

イシミル

カチメ

アカノリ
ツノマタ
スノリ（方言スノル）
一、二月盛（さかん）に採る。明治八年の頃に一斗の価（あたい）、四銭也。
アラメ
トサカノリ
トリノアシ
ヒジキ
ウミヤシホ　一名ウミヤシ　海椰子（『大和本草』）
海中に生ずる所の藻の実也。其（その）形椰子に似て少なるより此（この）名あり。
カイフン
海粉は海苔の類也。糸筋の如くにして緑色なり。
モシホ　藻塩

海中に生ず。

スケモ

海中に生ず莎藻（『大和本草』）。

ウミワタ　海綿

各島の海中にありと雖ども、久米、宮古、八重山に多しとす。捕りて砂中に埋め、黒泥を去り、米洗水に二、三日浸し販売せり。

スノリ

鹿角菜と書し、スノリと云ふ。形状トサカノリに似たり。一月頃より三、四月頃まで清国又は大坂、鹿児島に販売せり。明治八、九年頃、一斗の価、四銭位なり。

ホダハラ

ヲゴノリ

海樹類

クロウミマツ

アカウミマツ

家禽

ニハトリ　鶏

琉球諸島中何れ〔の〕避〔僻〕地と雖ども、家禽の法行はれ、毎戸鶏を飼養せざるはなし。但し壱戸多きは廿有余羽より、少きも五、六羽に至る。而して之を飼ふに皆野外に放つ。食飼は鶏自ら虫をとり食ふの外、甘藷の煮たるものを与ふ。尤人民の食したる屑を与ること多し。客あれば必らず鶏汁あり。珍客には鶏飯[31]あり。〇卵を方言「コーガ」と云ふ。〇明治八年、余在琉の時、鶏を飼ふ。始めに餌に米を与るも欲せずして反て甘藷を好めり。

頭注　〇友人医師多納光儀曰く、甘藷にて飼ふ所の鶏卵は米穀を与たるものに比するに黄み少しと。

イエガモ

アヒロ　鵞

野禽

ヤマウヅラ
ホトヽキス　鴞　又鶉鴂（保止〃支須『新撰字鏡』）　郭公鳥（保止〃支須『新撰字鏡』）
カラス
沖縄島、カラスを見ず。慶良間にて少しく見る。
シラサキ　白鷺
永万元年三月、為朝の至るや、白鷺の南飛するを見て舟に乗し至る。鬼島と云ふ。名を葦島と曰ふ云々。
スヾメ　シヾメ（方言）
ハト　ホートト（方言）　○碼（伊倍波止と訓ず『新撰字鏡』）　鶈（也万波止と訓ず『新撰字鏡』）
クマダコ　鷹（久万太可『新撰字鏡』）　鵰（久万太加『新撰字鏡』）

カモ　鴨　鶴　䳑（加毛『新撰字鏡』）
ウズラ　鶉（宇豆良『新撰字鏡』）　鷂鶉（宇豆良『新撰字鏡』）
ワシ　鷲（和志『新撰字鏡』）
シギ　鴫（志支『新撰字鏡』）
ハヤブサ　鸇（波也不佐『新撰字鏡』）
シギ
キジ
フクロウ
ミヽヅク
ケラ
ヒバリ
メジロ

水鳥

ツル　鸖
識名村にある旧藩王の別荘に飼養す。

ハクテウ　鵠
カモ　鳧
サキ　鷺
シヤクチギ
チドリ
バン
クヒナ
ヲシ
モズ
シマモズ

家獣

ヤギ（方言一にヒージヤと云(いう)）　野羊

各島の人民毎戸飼養す。但(ただ)し之を食するには、皮の儘(まま)毛を焚火にて焼き切りて、塩又は醬油にて煮食す。但(ただ)し病人之を食すれば百病治すとす。○英国書記官アストン氏、公使ハークス氏に従(したがい)て来琉の時、余に此ヤギの皮を乾し、なめして内地に売る時は其利も少からざるべし、皮を食することを禁止し、此法を設けん〔こ〕とを説たり。余、琉人に説諭するも、当時行はれざりしなり。

豚

豚に種類二、三種あれども、其区別を詳にせず。各島毎戸飼養せり。

牛

各地之を飼養し、砂糖の榨木をひかせ、荷物をも運搬せり。又那覇市中、冬日は毎日一、二頭をほふり、食用に供せり。赤牛、黒牛、白牛、斑色牛等あり。○一種水牛あり。其水牛に二あり。角の長きと短きとあり。元来水牛は角の形状異る。此ものは往昔はなしと見ゆ。元和年間の大清国通商記(31)に支那より水牛角の輸入あり。今は各間切にて飼養せり。

馬

久米島に産するものを良しとす。元来琉球の馬は形ち小なれども、久米島の産は較大なり。渾て琉球諸島の馬は其質温和にて、能く荷を負ひ、乗馬となすに嶮岨を厭はずして走る。○旧藩に廐役の官あり。官馬の畜養を掌る。

イヌ　ワン子ー（方言）

子コ[*]　マーヤ（方言）

野獣

シカ[32]　鹿

沖縄島之中、山原（ヤンバル）地方、慶良間、八重山、等の山中に居る。就中（なかんずく）ケラマの久場島（クバ）に産するものを佳味とす。旧藩の時、此（この）島より歳尾、新年の両賀に各（おのおの）鹿二頭、之を藩王に献ずるを例とし、此（この）一尾を公館に送るの例ありしなり。

イノシ、

ウサギ

終歳白毛を生ずることなし。

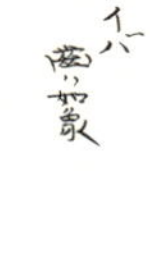

カイバ　歯は如象(ぞうのごとし)

海獣

鯨

海馬

八重山島民、鎗にて突(つき)とり、肉を乾(ほ)して那覇に輸す。○かんなにてけづり、吸ものとして珍客に供す。

昆虫類

ノミ　ノミー（方言）蚤蝨（ノミムシ、トコムシ）

一月より五月頃出づ。炎熱の候には更に出ることなし。

カ　ガヂヤー（方言）蚊

終歳蟄することなし。

ヤモリ　蝎虎

四時絶(たえ)ることなく、鳴声すずめの如し。屋壁の間に棲み、昼夜声を発す。然れども人を害せず。

ハヒ　蠅

終歳蟄せず。

トカケ

蜥蜴の類に三種あり。

ムカデ　蚣

ハブ(34)　飯匙倩

蛇蝎の類、大なる者長さ六、七尺。鼠色にして全身斑点あり。頭、大にして平円、春暖に出でて、涼秋に蟄すと雖(いえ)ども、間々雨天、夜間に出でて食を求(もとめ)ることあり。草根、樹上に在り、尾を草木に巻き、頭を以て行人を撃つ。毒気、歯牙より発し、忽(たちま)ち死するものあり。死に至らざるも廃人となれり。○キンハブと称するもの、形小にして毒気最(もっとも)多し。ハブの毒と災するや、「ヤブ」と唱(となえ)る野医ありて、其(その)毒歯にあたりたる所を「カミソリ」にて切り血を出さしめ、元結にて手足等は其(その)前后をしばりて療治することあり。概(おおむ)ね此(こ)の為(た)めに死するものあり。

マムシ
アヲヘビ

水火土石

流水
各小島にして江河なく、小川、渓流のみ。各流潔白、甘美、皆常用に宜し。全島中、天願川[35]を第一の長流とするも、僅に長さ五千九百四十間、幅四、五間より七、八間、余は九百間より四千間に止れり。

井泉水
各地に清泉ありと雖ども、堀井甚だ少し。殊に那覇港は、井水、潮味ありて飲料となすもの少し。故に渡地の川を隔て「ヲチンダ」（落平樋）の清泉を小舟にて運ぶ。左なくば天水を用るもの多し。首里城瑞泉門外に清泉、石龍の口中より噴出するもの、清潔にして、旧王府此水を以て飲料に供す。○島民、井の水を汲むに「コバ」の葉にて作りたるものにてくむ故に、甚だ破れ易し。桶を用む〔う〕るもの甚稀なり。

雨水

堀井少き故に那覇港等にては天水を用るも、多く皆壺に貯ふ。其用意、甚だ叮嚀にして、数壺の上に皆覆ひありて開閉に自在なり。

コクエン　黒鉛

慶良間島の内、座間味村と阿真村との山中にあり。質下劣なり。

サンクワテツ　質赤土

黄色、赤色、萌黄の三色あり。朱泥様の陶器に作り、衣類の染料に用ひ、漆器の下塗に用ふ。

ウミイシ　海石

海岸の石にして、切り割るものは白色にして美麗なれども、日ならず忽ち黒くなるなり。石垣等に用ふ。○石灰質なり。

ヤマイシ

山中の石にして、泥土質にして長く水に浸すものはくだけ易し。海石に交ぜ石垣等に用ふ。

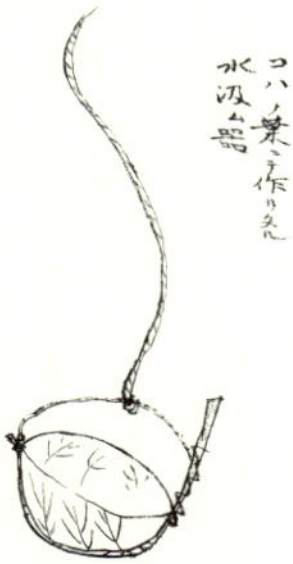

コハの葉にて作りたる水汲む器

ビワガライシ

タイコセキ　太古石

イシバイ　シラハヒ（方言）

礦石、海石、共に焼き製す。品質上等なり。瓦屋、墓所、等を塗り、塀をも塗る。又藍を製するに必ず石灰を加ふ。

トイシ　砥石

名護間切名護村に産するものを良品とす。俗歌に曰（いう）、「トシヤナコカラヨヨンデチエチチヤル（砥石は名護から背負て来る）スイトナハザケニアヂケウイテサ（首里と那覇界預け置てさ）」と唱ふなり。

ユヲウ　硫黄

鳥島に産す。清国輸出の一にして、島人甚だ貴め（とうとママ）〔べ〕り。鳥島は大山にして草木繁茂せず。硫黄によりて島民生活す。

セキタン[36]　イシスミ（方言）　モエイシ（『大和本草』）　石炭

八重山島の内、離島に産す。品質良好なり。亜西亜東海路汽船の便くるに随て（したがい）必らず必用の時ある可し。実に南島の宝庫なり。

キクメイシ

各島の沿海、此(この)石のあらざるはなし。○『大和本草』曰(いう)、菊めい石、其(その)形菊花の如し。是亦(これまた)花紋石の類なるべし。

シホ　塩

泊村潟原(カタバル)にて製す。品質好良なり。一年の産出高二万俵余。各沿海に干潟ありて塩浜になすに尤(もっとも)よろしき所多し。

巻の四　工芸部

織物類

紺地縞細上布

是を織は宮古島に限れり。(37)但し原質の苧麻、即ち枲は沖縄、大島、等にて製し、宮古島に輸出す。糸に宮古の婦人は此苧麻を績み、紵〔紡〕ぎ、藍にて染め織るなり。染るに上、中、下の三段あり。糸に優劣あり。糸の細き上等二十二升と云ひ、(38)二十升、十九升より十六升に至る。最上を御召とと云ひ、旧藩王の着用とす。次を蔵方と云ひ、(39)御物と云ふ。是れ貢祖〔租〕に納むるものなり。其以下を売物と云ふ。上等の紐を染るや、一度藍に入れ、能く乾し、水にて洗ひ乾し、又藍にて染む。如此すること五度に及ぶ。三度より再度のものも上品なれども、売物は一度染なり。一ヶ年産する所、貢祖〔租〕及び売物を合せて二千反を越ざるなり。然ども其価は壱万五千円に及べり。上等のものは一反三拾余円のものあり。

白地紺縞細上布

是を織るは八重山島に限り、原質の苧麻は沖縄島より輸入す。但し績紵織は宮古人に同じ。但し曽て紺地を織ることなし。

藍

久米島婦人苧麻を績む図

紺地縞細上布の図
御召廿二升細之図
同幅広之図
蔵方十八升之図
壱反之図

黒砂糖

沖縄島、伊江島に産。慶良間以南に産せず。

明治八年調　産額凡五百万斤。

藺[40]（久米島方言、コカマンと云。十二月に生。一月末二番。日数る二十六、七日より三十日）

○久米島にて紬を染るに、先づ糸を「コール」と云蔓の根にて染め煮て、田水（ヌタと云）にて染て紫色となす。「クロサ」の木の葉にて染て黒色となす。貢納、紬六百反。

砂糖（黒糖なり）

一ヶ年凡六百万斤より七百万斤に至る。沖縄諸島に多し。藩の貢糖、九拾七万斤。其佗、藩用として定直段を以て藩庁へ買上するもの弐百四拾八万弐百三拾九斤余あり。其佗、鹿児島県下の商人等買得て大坂に輸送す。藩庁買上の定価当今九拾壱万五千八拾斤余は百斤に付琉目銭八拾貫文（則内地の一円六十銭なり）、三拾二万七千四百拾四斤余は百斤に付琉目百五拾貫文（則内地の三円なり）。

注

（1）コトサキ祭り　現在刊行されている沖縄の民俗に関する書物ではほとんど言及されていない。ただし、河原田の「琉球紀行」中、慶良間諸島巡回の箇所に「陰暦九月末十月始ノ頃種ヲ蒔ク時七日ノ間ヲコトサキト唱ヒ神祭ヲナシ船ノ出入ヲ止メ他人ヲ入レサルノ慣習アリ」（『沖縄県史14』、一九六五年）という記述がある。本文はこれを踏まえたものと思われる。

（2）具志頭親方……性は蔡、名は温　一六八二―一七六一。一七三八年に王国時代の重職である三司官に任命され、疲弊した琉球を立て直すために尽力した。農政や山林経営の改革に着手した。久米村出身。蔡温は唐名。具志頭間切を領地にしていたので、具志頭親方と称していた。琉球の士族の正式な表記は、唐名・家名（領地を表記する）・位階・名乗になるので、蔡温の正式表記は蔡温具志頭親方文若になる。

（3）間切　王国時代の行政区画で、明治時代に沖縄県及町村制が施行される際に、町村区域に継承された。

（4）西原間切石嶺村　石嶺村は一九〇六年に西原間切から首里区に編入されたので、河原田が本書を執筆した時点では、まだ西原間切にあった。

（5）内務省出張所　琉球王国が琉球藩となり、外務省の所轄から内務省の所轄になった際、薩摩藩仮屋敷があった場所に置かれていた役所。琉球藩へ日本政府の連絡事項を取り次ぎするための在琉官吏の詰め所という意味合いが強い。たとえば、河原田が明治八年（一八七五）九月に松田・伊地知両名に提出した意見書には、「藩治ヲ布施スルアレハ別ニ出張所ヲ置クニ及ハサル」とか、「先ツ出張所職務権限条例処務ノ順序等御制定無之候而者差閊𢌞カラス」、「彼藩王ハ一等官ノ勅任也参事亦奏任ナリ之ニ説諭ト云ヒ指揮スルノ権ハ無之筈」(「琉球備忘録」、『沖縄県史14』）という文言がある。よって、琉球藩との関係や活動内容は不明瞭なところがある。

(6) 東山　河原田盛美の号。

(7) 英国風帆船系満津の暗礁に漂着　河原田が編綴した「琉球秘録」に同件に関する資料が綴じられており、その資料によると、言及している事件は兼城間切（現在の糸満市）の沖合いで座礁した英国船リヘレートル号のことと思われる。また表記の「系満津」は「琉球秘録」所収資料にも「系満津」と記載されているが、これは糸満津の誤記と思われる。

(8) 山田筑登之、屋嘉筑登之　両名とも経歴など詳細不明。筑登之は琉球の位階の一種。

(9) 李中梓　明代の医学者（本草学者）。

(10) 番所も皆カヤブキ　瓦葺の規制はされていたようだが、大事な貢納物である上布に関する施設（蔵）は瓦葺だったようである。「苧積屋之儀肝要成御用布織調候間火用心之為可成程ハ瓦葺可致候也」、「役人筆者詰家ハかや葺ニ致万一出火有之候共苧積屋江類火之念遣無之様引除キ可相構候自然囲狭ク有之右通難相構候ハ、敷地取添可相広候也」（「与世山親方八重山規模帳」、『沖縄県史料　前近代6　首里王府仕置2』）。

(11) 名づけて葦島と曰ふ　『椿説弓張月』後編巻の二に本件に関する記述がある。鬼島はもともと「男の島」が転訛したものであり、近島の「女護島」と対比している。為朝が渡来し、鬼ではなく人間が住んでいるので「鬼が島」は適当でないという理由で「鬼島」を改名する際、海辺に葦が生えているので、「葦が島」に改名したと記している。ちなみに、「葦が島」が後年「青ヶ島」になったと記している。

(12) 『中山伝信録』　一七一九年に尚敬王の冊封副使として来琉した徐葆光の著した琉球に関する報告書。原田禹雄氏による注釈書がある（榕樹社、一九九九年）。

(13)『斉民要術』鹿葱……過ぐるを義とす也　この文章は草稿に貼付された別紙にて補充されている。
(14) ウコン　沖縄におけるウコン栽培の歴史などについては、里井洋一「近世琉球におけるウコン経営専売制の起源と展開」(『琉球王国評定所文書18』、二〇〇一年)を参照。
(15) 油熱りとし　現在、ゴーヤーチャンプルーはポピュラーな沖縄料理として知られているが、本書の記述はゴーヤーチャンプルーに関するきわめて古い記述といえる。
(16) 黄ト地　原文のまま。「黄〆地」(キシメジ)と表記しようとしたのか。
(17) 赤木　沖縄における赤木については、山里純一「日本古代国家と南島、琉球——赤木を中心に」(池田栄史編『古代・中世の境界領域』、高志書院、二〇〇八年)および山里純一『古代日本と南島交流』(吉川弘文館、一九九九年)を参照。
(18) 孔聖廟　孔子廟のこと。琉球王国時代の一六七六年に久米村に建設された。
(19) 上離、下離　上離島、下離島の総称として新城島という呼び方があるので、このような併記は実態にそぐわないが、ここでは河原田の表記を尊重してそのままにした。ちなみに現在は上離島、下離島ではなく上地島、下地島と表記している。
(20) カヤニ島　嘉屋真島のことか。
(21) 博物局に寄送　六八頁の茘枝にも同様の記述が見られる。こうした河原田と博物局のやり取りについて、自身の編綴した『琉球在勤書類』(国文学研究資料館所蔵)がある。また、この時期の河原田の活動については、齊藤郁子「河原田盛美の琉球研究——内務省琉球藩出張所と万博」(『沖縄文化研究』35号、二〇〇九年)がある。
(22)『本草集解』、時珍　時珍は明代の本草学者李時珍のこと。中国本草学の集大成といわれる『本草綱目』を著した。『本草集解』はそのうち産地や用途などを記した綱目になる。

(23) ソテツ　笹森儀助『南嶋探験2』(平凡社東洋文庫、一九八三年)で紹介されているように、ソテツは南島広域で見られる。『沖縄物産志』では毒性が指摘されていないが、食品として加工する際には、アク抜きをする必要がある(増田昭子「ソテツの民俗覚書」、『民俗文化研究』4号、二〇〇三年)。

(24)『餝抄』　鎌倉時代中期に源通方(中院通方または土御門通方とも呼ばれる)が著した有職故実の本。

(25) クワクワワカエ　カカツガユのことか。カカツガユはクワ科のつる性樹木で、別名「ヤマミカン」と呼ばれるように、実は食べることができる。また材は本書記述のように黄色の染料になる。

(26) 久米島にて紬　絹糸による織物、久米島紬については、小野まさ子「久米島紬をめぐる状況」(『沖縄県史 各論編4 近世』、二〇〇五年)を参照。

(27) 田代安定　一八五七—一九二八。薩摩藩出身。明治一五年(一八八二)に農商務省の委嘱を受け沖縄へ出張。明治一八年(一八八五)農商務省属として沖縄へ再訪し、調査に従事しているので、『沖縄物産志』の執筆年を考えると、ここでの面談は、最初の沖縄出張時の探検を踏まえてのものと思われる。なお田代については、三木健『八重山近代民衆史』(三一書房、一九八〇年)を参照。

(28) 之を塩漬　古波蔵保好『料理沖縄物語』(作品社、一九八三年)にヤマモモの塩漬けが言及され、松本嘉代子『沖縄の行事料理』(月刊沖縄社、一九七七年)にも年日(トウシビー)の祝い料理の一品として紹介されている。

(29) 反　漢字の発音を示す表音法の一つ、反切。二種類の漢字(この場合「視」と「典」)を用い、前者の頭子音と後者の母音を組み合わせることで目的とする漢字(この場合、鱓・鱔・䱉)の発音を示す。

(30) ヤゴ貝　沖縄の夜光貝については、考古学や琉球王国の交易史の側面から言及がある。同時期の夜光貝についての言及は、河原田盛美「琉球青螺ノ説」(『大日本水産会報告』四三号、一八八五年)にある。

(31) 鶏飯　現在、鶏飯というと奄美が有名であり、沖縄の伝統食で鶏飯が取り上げられることはほとんどないが、一部沖縄料理の書物では取り上げられている(たとえば前注28の『沖縄の行事料理』では結婚料理の会席膳の一品として紹介されている）。ただし、本文で述べている接客用の鶏汁と鶏飯の違いといったルールの問題や、食の形態（汁かけ飯か、炊込み飯かの違いなど）に関する歴史的な変遷も未解明であり今後の検証がまたれる。

(32) 元和年間の大清国通商記　元和は一六一五年から二四年であり、清の建国は一六三六年なので、本記述は表記上問題がある。また、「大清国通商記」という書物を確認することができなかったので、この箇所については今後の検証が必要である。

(33) シカ　内容に少し違いはあるが、「琉球紀行」には「島中鹿多シ久場島ヨリ猟獲シテ歳尾年頭ニ一頭ツ、藩王ヘ献セルヲ以テ例トス」（『沖縄県史14』）とある。

(34) ハブ　沖縄のハブについては、小玉正任『毒蛇ハブ――毒ヘビの話あれこれ』（日本公報センター、一九七五年）を参照。

(35) 天願川　現在沖縄本島で一番長い川は比謝川になっているが、この頃は天願川が長流として知られていたようである。『南嶋探験』の「沖縄嶋ノ……河川ハ、国頭ノ大川・源河川、中頭ノ天願川及島尻ノ友寄川ニシテ、流域何レモ三里以上ニ及フ」という記述（笹森儀助『南嶋探験2』）も参照。

(36) セキタン　三井物産が西表炭坑の試掘をしたのが明治一八年（一八八五）であり、事業開始が翌年。田代安定の西表の調査は明治一五年（一八八二）である。よって、河原田が在琉したころ、または執筆した時期に西表炭坑が周知の存在であったとは考えにくい。ただし『沖縄物産志』に「田代安定氏曰……」という記述があり（六五頁）、河原田と田代が会っていたという推測ができ、その時に聞いた可能性もある。もっとも、西表島の石炭については伝聞の形で王国時代から存在は知られていたようである（三木健『増補改訂西表炭坑概史』、一九七九年）。このように考えれば、「実に南島の宝庫なり」という一文も炭坑開発史において貴重な情報になるであろう。なお西表炭坑に関する史料については三木健編『西表炭坑史料集成』（本邦書籍、一九八五年）が参考になる。

(37) 宮古島に限れり　織物の歴史については、小野まさ子「貢納される布と女性たち」（豊見山和行編『日本の時代史18 琉球・沖縄の世界』、吉川弘文館、二〇〇三年）、上江洲敏夫「琉球王国の美術工芸」（『沖縄県史4』、二〇〇五年）などを参照のこと。ちなみに一八七四年の富川親方八重山規模帳には「其島御用布紺島細上布之儀於大和（者）相いやかり候付以来差限候御用之外ハ都而紺地ニ繰替被仰付候間宮古島同様染方地合等上布ニ織調御注文通差登候様精々可致下知事」（『沖縄県史料 前近代6』）というように、八重山も藍染への「繰替」が起きているようなので、近々の変化を河原田が理解していたのかどうかなど検証が必要である。

(38) 升　上布の原料となる糸の目数をはかる単位で「よみ」と読む。八〇本で一升とする。

(39) 御召……蔵方　「御召」や「蔵方」の文言は「琉球藩雑記」にも見ることができる（『沖縄県史14』、一九六五年）。貢布としての上布については、『沖縄研究資料27 旧記抜萃 沖縄旧記書類字句註解書』（二〇一〇年）、「宮古島御用布座公事帳」・「富川親方八重山御用布座公事帳」（『沖縄県史料 前近代7』、一九九一年）などを参照。ちなみに本書では原料を沖縄島や大島から輸入していると記しているが、同じく「琉球備忘録」の「宮古島ノ産トス苧ハ沖縄ノ内北谷ニ産ス宮古島人此苧ヲ買」を踏まえていると思われる。ただし、管見の限りでは河原田著作以外の資料から確認できなかったので、今後の課題である。

(40) 繭　繭・砂糖の文章は草稿に挟まれた別紙による。

清国輸出日本水産図説

緒言

清国の我に通商するや尚し。徳川氏の初めて長崎港を開きしより已に数百年、其間時に盛衰隆替ありと雖ども、然れども彼我久しく通商に熟する欧米諸洲の近ろ来て貿易を興せし者と日を同くして語るべからざるなり。而して当初は輸入概ね輸出に超過し毎に其平衡を失ひしが、水産製品の輸出あるに及び初めて出入相当るを得たり。是を以て徳川氏常に其保護奨励を懈らず、沿海各地をして其製産額を定め、之を長崎俵物役所に輸さしめ、其大小品質に随ひ逐次等を分ち付するに記号を以てし、又其貨装を定む。是に於て乎其製造粗濫の弊あるなく、常に信を貿易市場に得たり。然るに当時国是の在る所一に鎖国に存し、貿易の利源政府独り之を権し、国民之に与るを得ず。而して清国商舶の我に来航するもの限るに定数を以てし、其利益の及ぶ所狭隘尠少、竟に我富源を殖する能はず、豈亦遺憾ならずや。維新以後日清両国通商条規を訂結し、互市の地長崎一港に止らず、彼の埠頭亦十有六の多きに至る。是に於て市況丕に変じ、貿易頓に旺する固より其所なり。然るに方今一歳輸出の額尚未だ三百万円に及ばず。是れ我邦商估の彼の事情に暗くして、製産者は旧来の慣行を委棄し、以て貿易の不利を招くに由るなり。予嘗て官命を奉じ、清国に航する前後、二次水産製品の市況を観察する毎に未だ嘗て我邦商勢の不振を歎ぜずんばあらず。夫れ我輸出品中彼に産せずして特に供給を我に仰ぐものありと雖も、其南海に産する所の者亦頗る多く、而して我品位価格は一籌を彼に輸せざるもの莫し。是蓋し邦人の彼市況を詳にせず、忘想臆断を以て製造販売に従事するに由るのみ。然らずんば両国互市既に数百年を経、其地纔に一衣帯水を阻て、而して其貿易の萎靡振はざること反て蒼溟万里欧米諸洲の下に居るの理あらんや。予夙に此に慨し局員に命じ清国輸出製品を図し、加ふるに解説を以てし、題して日本水産図説と曰ひ、又附するに販路図及び輸出表を以てし、明に銷路の広狭、輸出の増減を挙て詳に其得失の由る所を述べ、読者をして一目瞭然たらしむ。其意蓋し我当業者をして水産の利源を拡張せしめんと欲するに在るのみ。若し夫れ製造販売に従事する者深く中外古今の事情を察し、益々製法を精良にし信を貿易市場に失はず、以て漸次其銷路を増さば、則将来日清貿易の運日に旺盛に赴く。啻に往時長崎貿易の比のみにあらず、将に進んで欧米諸洲の貿易に凌駕する所あらんとす。若し其然らず製法の良否を顧みず、漫に輸出を増加し、以て奇利を一時に博せんと欲せば、独り自ら失敗を招くのみならず、必ず我邦貿易の進歩を遮断するや明けし。是れ当業者の宜しく注意戒心すべき所なり。因て此書を編するの由を叙し、以て巻首に弁ず。

明治十九年三月　　水産局長奥青輔[1]識

凡例

一　此書は本邦の水産物中現今清国に輸出する処の水産動植物五拾余品の名称、沿革、種類、採収、製造、産地、産額、需用、輸出、販路及び将来の目的等に係る要旨を選著す。而して其編纂の旨趣は改良進歩を目的とし、将来日清両国の貿易を旺盛ならしめんとするにあり。

一　編中を分(わけ)て拾編とす。則ち第一鯣、第二昆布、第三乾鮑、第四煎海鼠、第五寒天、第六鱶鰭、第七乾海老、第八乾貝幷(ならび)に貝柱、第九乾魚幷に塩魚、第十海藻なり。

一　目次は輸出額の大なるものを先きにすると雖ども、数品併せて一となるものゝ如きは之を次位に置き、又乾鮑を乾貝中に加へず寒天を海藻中に加へざるは他の雑品と同視すべからざるによる。

一　輸出品目中乾貝、乾魚、塩魚の三は開港地に於て或は今年幾許を輸出して翌年に輸出せざるもの等ありて品目一定しがたし故に、明治十七年各港税関の輸出調(しらべ)と横浜売込商人の調とによる。

一　本篇に掲げたる各種の図は実物を購求して写生すと雖ども、間々在来の写生図を縮写せしものもあり。

一　引用書数百部に渉り其行文雅俗、難易、錯雑、体裁、一ならざるものありと雖ども、原義を存せしむ。

一　引用書中原本の漢文に係るものは送り仮名に改め、其他も可成(なるべく)平易を旨とすと雖ども、字義の止むを得ざるものは間々二字語を用ふるものあり。

一　品名は本邦通俗に用ふる所のものを本体とし、倭名、漢名、清俗名等は本文中に鮮示す。

一　平仮名を附し、文字を平易にすと雖ども、西洋語、支那語等の如きは片仮名を付したるものあり。

一　物品中清俗名には唐音にて仮名を付す。其音は官話を以てす。

一　清国の地名に付したる仮名は漢音を以て邦人の訓読に便すと雖ども、香港、上海、広東、漢口、天津等の如きは普通の称呼に従ふ。

一　此編輯たる本年大日本水産会にて開設する水産共進会[2]に出陳して普く当業者に示さんが為め、脱稿、印刷共に甚だ急ぎしより文字等の誤謬なきを保し難し。尚後日之が訂正を加ふべし。

一　此書は奥水産局長の命により御用掛河原田盛美の撰著せるものにして、田中元老院議官[3]の閲正を乞ひ訂正せり。議官の労尤多きに居れり。

一　本編の附録として我が海産物の清国販路図及び我が輸出表を加へたるは、物産の消長と需用の景況を示さんがためなり。

一　清国販路図は一等属石渡正敏、七等属山本勝次、輸出表は八等属高田正行の調査する所に係れり。

明治十九年三月

目次

上巻
（一）鯣（するめ）の説　121
同各種の図　128
（二）昆布の説　137
同各種の図　155
（三）煎海鼠（いりこ）の説　165
同各種の図　174
（四）乾鮑（ほしあわび）の説　181
同各種の図　189
中巻
（五）鱶鰭（ふかひれ）の説　197
同各種の図　203
（六）寒天の説　216

同図　225
（七）乾鰕（ほしえび）の説　229
同各種の図　235
（八）乾貝並（ならび）貝柱の説　243
同各種の図　259
下巻
（九）乾魚並に塩魚の説　266
同各種の図　288
（十）海藻の説　300
同図　305
附録〔本文庫版では省略〕水産物輸出諸表
従明治元年至全十七年　水産物輸出比較表（昆布、刻昆布、鯣、乾鮑、海参、寒天、鱶鰭、乾鰕、鮑殻）
明治十六年全十七年　水産物輸出月別比較表（昆布、刻昆布、鯣、乾鮑、海参、寒天、鱶鰭、乾鰕、貝柱、
淡菜、塩鮭及鱈、田作、魚油、鮑殻）
水産物輸出入価格比較表

清国輸出日本水産図説　120
水産物仕向先港別価格比較表
輸出水産物価格国別比較表
内国重要港水産物輸出比較表（横浜港、神戸港、長崎港）
全国鯣産地図表
全国乾鮑産地図表
全国乾鰕産地図表
全国海参産地図表
全国石花菜産地図表
全国乾魚類産地図表
図版キャプション一覧　313
注　344

上巻

（一） 鯣の説

夫れ鯣は古へより神饌に供し、諸礼式に用ひ慶賀の佳物欠く可らざるの要品たり。之加海外輸出の多額なる水産動物の中此右に出るものなく、実に一大国益の品なり。

鯣は音「やう」「するめ」と訓じ、烏賊を乾製したる者の称なり。我国往古は伊加と称す。『新撰字鏡』に鰞鱡の二字を伊加と訓じ、又鱡、鯽、鰂を同字とす。『倭名鈔』は烏賊を伊加と訓じ、烏賊並に魚に似て烏賊に作る鱡もまた鰂に作るとあり。其他の諸書に載する所も烏賊の文字を用ふるもの多しと雖ども、『小野篁歌字尽』には鰞に作り、『食用簡便』には鰂の字を用ひ、『大上臈事』に以加の異名を以母之とす。而して『延喜式』の神祇、民部、主計、等の部に若狭、丹後、出雲、隠岐、筑前、豊前、豊後、等より烏賊貢献のことを載せ朝貢品の一とす。是皆今の鯣なり。鯣をするめと訓ましめたるは『本朝式文』に初まり、『本朝食鑑』又同訓を以てす。此他は『小野篁歌字尽』『下学集』又は諸往来、節用集等通俗に用ふるの外古書に鯣の字を「するめ」となしたるもの少なく、『物品識名』は『福州府志』を引て螟脯乾を「するめ」とし、『一本堂薬選』は鯗は即ち烏賊魚肉を乾すもの、俗に斯児蔑と呼ぶと云ひ、『本朝食鑑』は鯗は乾烏賊にして今の鯣と同ものかと云へり。而して鯣字を慣用する既に久し故に此編、鯣字を「するめ」の総称とし、柔魚を乾製したるを鯣に、烏賊を乾製したるを甲付鯣と仮称す。『本草綱目』烏賊の条に乾者を鯗と名く。宋火明曰く乾は鯗なり。又呉瑞曰く塩乾者は明鯗と名け、淡乾者は脯鯗と名くとありて往古は皆鯗に作る。『福州府志』に晒乾者俗に螟脯鯗と曰とあり。『寧波府志』は螟乾又墨魚乾とし、『通雅』は螟脯に、『野記』は明脯乾に、『閩書』は明府に作る。又『食物本草会纂』は明魚乾に、『事物紺珠』は射踏子に作れり。而して清俗は柔魚類を乾したるを鱿魚又油魚とし、烏賊を乾したるを墨魚又黒魚、又螟脯乾と称するなり。

鯣に製すべき烏賊の種類は古書に載する所一様ならず。『和漢三才図会』『庶物類纂』『本朝食鑑』『大和本草』『本草綱目啓蒙』『物品識名』『魚鑑』『日東魚譜』『随観写真』『水族志』『海産魚譜』『南海魚譜』『相海魚譜』等を始め其他古人の著書に載するもの皆漢土の書を引用し、傍ら一家の説を加るも、或は漢名なく或は方言に漢字を付するも各異れり。而して烏賊、柔魚に属する名を挙れば（一物数名のものもあり）、「まいか」「かふいか」「はりいか」「しりやけいか」一名「しりくさり」（但し二番鯣の「しりくされ」とは異る）「ほしいか」「しゝいか」「かみながいか」一名「こうながいか」「すじいか」「きんこういか」「しゝぽいか」「こぶしめ」「あふりいか」「みづいか」「よしみづいか」「もいか」「おほいか」「ごいか」「たついか」「するめいか」「せんどういか」「さすいか」「たちいか」「すぢいか」（烏賊の「すぢいか」と異る）「めいか」「しやくはちいか」（「やりいか」にも此名あり）「つゝいか」「きゝやういか」「さどいか」「さるいか」「おにいか」「あかいか」「やりいか」「しやくはちいか」「まるいか」「なついか」「ふゆいか」「あきいか」「ぶといか」一名「ぶどういか」「とつぽいか」「ごとういか」「ずんどういか」「さばいか」「さゝいか」「ばしやういか」「まついか」「とんきう」「うしとんきう」「ひいか」「べにいか」「ちつこいか」「べいか」「べか」「みゝいか」（或は之を「みみだこ」とも云ふ）等なり。又『本草綱目』其の他数部の本草書、及び府県志、物産書等漢書に載する所の烏賊に係る異名凡十八あり。則烏鰂、烏則、墨魚、黒魚、纜魚、甘盤校尉、愈□〔黝カ〕、河伯、白事、小史、河伯従事、海若白事小史、小史魚、銀瓶魚、鰾鮹魚、算袋魚、花枝、鮊魚、とす。又柔魚、鎖管、一名静斑、猴染、墨斗、なるものあり。其称の因て起る所各縁由ありと雖ども、今玆に之を略せり。元来『本草綱目』は烏賊魚の外、一種柔魚あり。烏賊に似て骨無く爾越の人之を重とあるのみ。『閩書』は烏賊の大者花枝と名け、柔魚は烏賊に似て長く、色紫して漳人晒乾して之を食す。其味ひ甘美なり。瑣管或は云ふ柔魚やゝ小のみ。又墨斗有。鎖管に似て小亦能く墨を吐。又猴染有り。墨斗より大にして瑣管より小なりとあり。『漳州府志』には柔魚は烏鰂に似て小なり。曝乾して之を食す。味ひ甘甚珍なり。鎖管は其身円直にして鎖管状の如く首に薄骨有り。管中に挿入る鎖鬚の如し。其味甘脆なり。猴染は状ち鎖管の如くにして味及ばずとす。

『本草啓蒙』は柔魚を「するめいか」「しやくはちいか」（熊野）に充て、鎖管を「しやくはちいか」「たちいか」「みづいか」に充て、『和漢三才図会』は柔魚を「するめいか」「たちいか」に、鎖管を「しやくはちいか」に充て、『雑字類編』は柔魚を「あふりいか」、鎖管を「するめいか」「ごとういか」「しやくはちいか」の三つに充て、『一本堂薬撰』は柔魚を「あふりいか」に、鎖管を「しやくはちいか」に充て、『物品識名』は柔魚を「するめいか」、鎖管を「つゝいか」、花枝を「あふりいか」、猴染を「べにいか」に充て、『魚鑑』は鎖管を「しやくはちいか」、柔魚を「するめいか」、花枝を「あふりいか」に充て、『大和本草』は柔魚を「するめいか」「さばいか」とし、其説区々なりと雖ども、余は暫く柔魚を「するめいか」、鎖管を「やりいか」、一名「しやくはちいか」、花枝を「あふりいか」に充るの説に従ふ。此他古来黒きは常の烏賊の児、白きは障泥烏賊の児なりとせし。雛烏賊は柔魚科に属する所の一種小なるものにして黒きは雄、白きは雌なり。是或は『閩書』に載する所の墨斗ならんか。

本邦の沿海に生息する烏賊、柔魚は凡二十余種あり。然れども従来より鯣となしたるは「けんざき」「するめいか」の二種なれども、近年に至りては「さゝいか」「ぶといか」「かういか」「あふりいか」をも製せり。是皆中外の需用に供し国家に広益ある所のものなりとす。花枝を乾製したる丹後の袋烏賊の如きは品質製造共に佳良にして、往古之を朝貢に備へ旧幕府への献品となして著名なるも、其価貴く且つ産額頗る僅少なり。長門、対馬、豊後、肥前、肥後等に於ては之を水烏賊、又藻烏賊と唱へ、胴を割り乾製するを丸形鯣と称す。支那輸出品の一に居るも「けんざき」「するめいか」の二種に及ばず。又烏賊即ち甲烏賊は近年中国九州及び其他にて乾製となし、清国に輸出すと雖ども創始の日浅く、産学多額ならず。然れども清国の需用は甚だ広きものなれば将来大に望みあり。此外雛烏賊、耳烏賊等の如きは形小にして肉薄く乾製に適せざれば煮食の用に供するに過ぎず。乾章魚も古昔は順留女と唱へしことあり。『和名鈔』にも小蛸魚を順留女と訓じ、是も亦『延喜式』に載せ、大膳に供し七五三の賀膳に用ふる所の佳物にして、往古より各地に於て乾製し其産出所用も鯣に亜ぎ、清国人の尤欲する所のものたり。而して剣先鯣は中国、九州に多く、就中肥前の五島を著名とし、肥前、対馬、長門等産額最も多く、出雲、石見、周防、筑前、肥後、伊予、豊後、薩摩等之に亜ぐ。而して東国に至るに従ひ其産多からず。奥羽渡島等に至りては之を見ること甚だ稀にして、曽て鯣に製したるものあることなし。唯去明治十六年水産博覧会(4)に羽前国西田川郡温海村より出品の丸乾を見るのみ。

柔魚の産地は全く之に反す。而して乾製となし、巨額を占むるは伊豆、佐渡、渡島、陸中の四国にして、相摸、紀伊、伊勢、阿波、土佐、備前、長門、対馬、若狭、石見、隠岐、越前、越中、加賀、越後、陸前、陸奥、後志等之に亜ぐ。此他の諸州も多少漁獲せざるに非ざれども、或は得る所寡く、或は製方を知らず、或は都会に接近し販売の便なる等により乾製をなさゞるあり。而して各地に製する所形状一様ならざるは製造の異るによると雖も、亦種類の同からざるによるか、今柔魚を区別するに当り普通のものを豆相地方に於て「まいか」と唱れども、真烏賊と混ずるを以て仮に「まするめいか」と名けたり。

前条の諸種を捕獲するの漁具は網器を用ふる少く、釣鈎を多しとす。其釣具は凡三十余種あり。皆夜間の漁業たり。漁者の熟練なる其動作軽捷にして盛漁の実況は実に漁業中の奇観とす。而して鰑を製するの法たる、其胴を割き臓腑を去り能く洗ひ日光に乾燥するに過ぎずして懸乾、吊乾、簀乾、串乾の四法あり。然れども截割の巧拙、洗濯の精粗、及び用水の善悪、懸掛の配置、乾燥罨蒸の適度、伸展、貯蔵の方法、等により大に品位の優劣を致す。其製したる鰑は産地、季節、品種、輸出等により販売上の名を異にす。即ち五島鰑、佐渡鰑、伊豆鰑、函館鰑、江刺鰑、南部鰑、気仙鰑、久米島鰑、琉球鰑、対州鰑、袋烏賊、甲付乾烏賊、白鰑、平鰑、磨鰑、串烏賊、烏賊風乾、丸乾鰑、沖乾烏賊、平板鰑、塩乾烏賊、干烏賊、夏烏賊、秋烏賊、冬烏賊、冬乾烏賊、夏鰑、秋鰑、冬鰑、花烏賊、剣先鰑、鯖烏賊、於多福鰑、ゑきれ烏賊、赤鰑、赤烏賊鰑、ひき烏賊乾、ぶと烏賊、笹鰑、真烏賊乾、乾水烏賊、水鰑、乾藻烏賊、上々番鰑、一番鰑、二番鰑、番外鰑、丸形鰑等なり。此内地名を以て名けしは産額の多きに因り、夏秋冬を以て名けしは捕獲の季節に因れり。又上々番鰑以下四名の如きは支那輸出に就きての区別なりとす。磨き鰑は剣先鰑の皮を剥ぎたるもの。花烏賊は南部にて初捕獲の小柔魚(こするめいか)乾(ぼし)を云ひ、能登国鳳至郡宇津村より出す所の「ごとうするめ」と唱(とな)うるものは柔魚(するめいか)を以て製したるものにて真の五島鰑にあらず。真の五島鰑は剣先鰑なり。然るに古書に五島産の鰑は花枝(あぶりいか)にて製すと云へり。「ぶと烏賊(いか)」は一に「ふどういか」又「ぶどう鰑」とも称し、重(お)もに肥前及び長門等に産する剣先形にして小さく肉厚きものとす。笹鰑は笹烏賊とも称し剣先の肉薄きものにて、関東の鎗烏賊にて製すれば概ね此形状となれり。

越前丹生郡菜崎浦の於多福鰑は柔魚(するめいか)の闊大なるものにして前能登産と略(ほ)ぼ似たり。同国同郡清水谷浦の亀甲鰑(きっこうするめ)は竹笊(たけざる)の痕ありて亀甲(かめのこう)に似たるに因る。但し『和漢三才図会』に載する所亀甲烏賊(きっこういか)とは同じからず。出雲の白鰑は皮を剥ぎたる剣先鰑の尾鰭を翻したるものにして、長門、周防等にも此製あり。此他脚根(きゃくこん)を麻骨(あさがら)にて張りたるあり。串を貫きし孔あるあり。簀の痕あるあり。竹を以て張りたるあり。糸を以て吊りたるあり。重圧(おもし)を置き、或は手足を以て皺を伸ばしたるあり。色沢(しょくたく)形状各々同じからず。一目して其の産地を知るに足れり。而して之を束(つか)ぬるには、二枚、三枚、五枚、十枚、廿枚を以て一把(いちわ)となす。又形状の美なるも味(あじわい)の劣るあり。伊豆鰑の如きは色沢美なること無比なるも肉薄く味佳ならず。故に清国輸出に適せずと雖ども、従来東京市中には概ね此ものを鬻売(いくばい)せり。元来鰑は乾燥の良否に関するものなれば是に注意するを専要とす。然れども従来陰雨に際し之が予防をなすものなく、為に盛漁多獲の幸あるも空しく腐敗せしむることあり。近年各地に於て火力を以て乾燥し、或は乾燥室を造りしことありと雖ども、其法良全ならずして世の賛称を得るに至らず、実に遺憾なりとす。

抑我邦に産する鯣の収額は素より僅少のものにあらず。若し製造を改良し一分の価を増すも幾許万金に至るべし。今農務局の調査に依れば、明治十四年全国の収額は二百四十五万八千五百八十六斤あり。又清国に輸出するもの、明治元年は六十四万二千百二十四斤、其価十二万五千八百五十三円にして逐年其額を増し、十八年に至りては七百五十三万二千二百八十斤、其価九十八万六百十壱円の多きに至れり。而して此販路は清国内部に漸次進及するの勢あるのみならず、米国其他清国人の移住する邦国に輸出するに至るべし。然れば将来販路の益広大に赴くは疑を容れざる所なり。故に我邦の水産家は勉めて之が計画をなさゞるべからず。夫れ烏賊柔魚の類は一尾四万許の卵子を生むものなれば、宜しく烏賊麁朶、烏賊藻、烏賊巣等を作りて繁殖を図り、漁具漁法を改良して捕獲を多からしめ、製造を精好にして品位を貴くし、販路を開通して国益を増加せんことを。

本邦産の剣先鯣は広東地方へ輸出するものにして、広東省にも亦剣先鯣を産せり。故に二番鯣は該地方にて用ゆることなく、重に上海より漢口、九江、鎮江等の市場を経て諸方に散布せり。其割合は四川省に二分、湖北省に三分、江西省に二分、天津に二分、江南に一分なりと。元来我二番鯣は寧波府近海産の甲烏賊と比較するに、其品位三等の上に出でず。此甲付烏賊は寧波近海より一ヶ年に三百万斤を産し、福建省並に揚子江等の地方に分輸し、其販路甚広く、且価も本邦産出の品百斤拾両の時、彼れは七両にして三両の差異あり。本邦にても近年肥前島原及び筑前地方にて製し輸出すれども産額僅少なり。福建及び揚子江等にては我一番鯣をも需用せず。是れ前記の寧波産出の品を数百年需用し来り。他に求むることなきによれり。

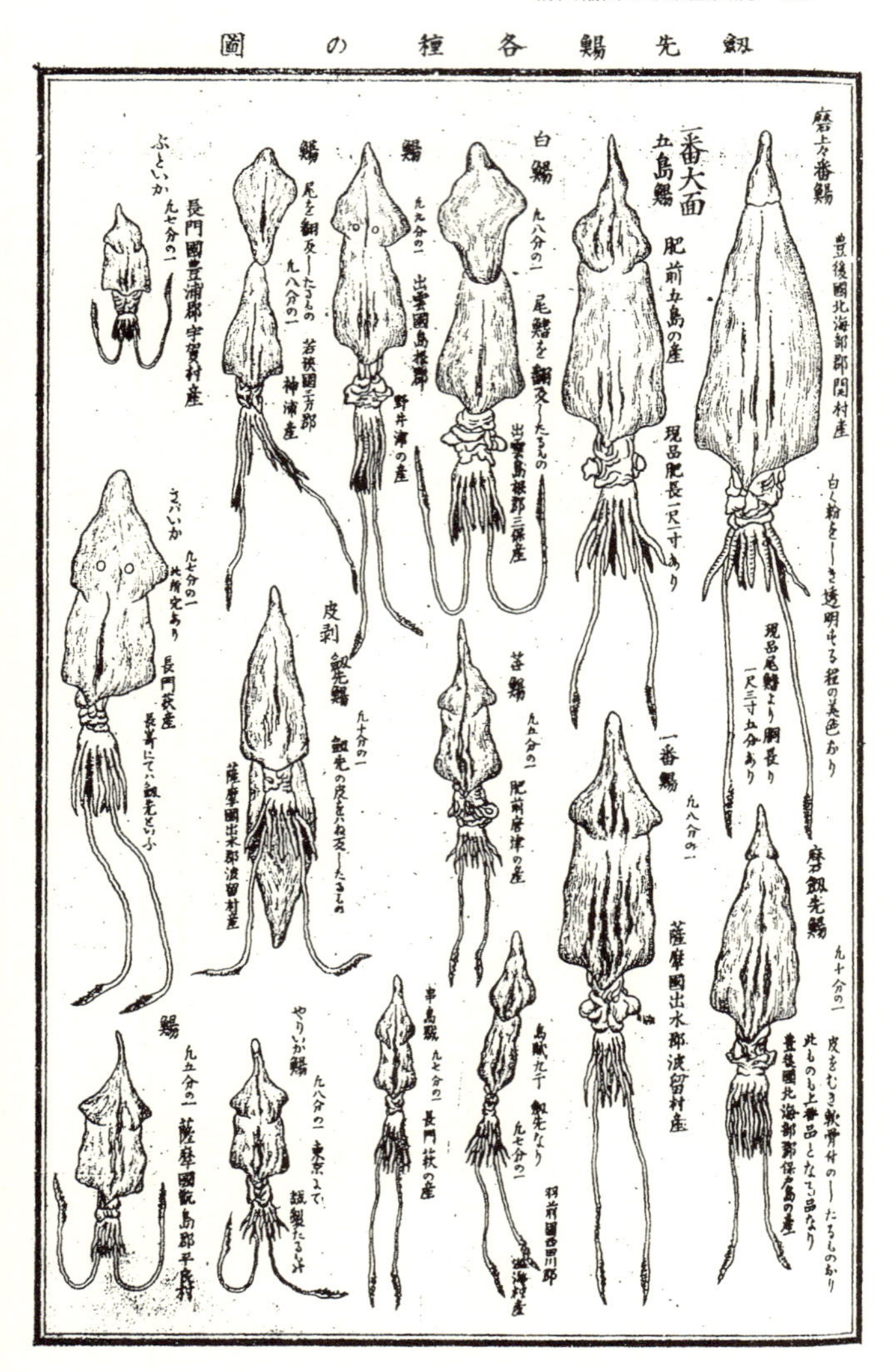
劔先鯣各種の圖
磨上々番鯣
豊後國北海部郡関村産
白く粉をしき透明せる程の美色あり
一番大面五島鯣
肥前五島の産
現品肥長一尺一寸あり
白鯣
九八分の一
尾鰭を翻反したるもの
出雲國島根郡三保産
鯣
九九分の一
出雲國島根郡
野井津の産
鯣
尾を翻反したるもの
九八分の一
若狭國三方郡
神浦産
ふといか
九七分の一
長門國豊浦郡宇賀村産
九七分の一
長門萩産
皮剥劔先鯣
九十分の一
薩摩國出水郡波留村産
九五分の一
肥前唐津の産
一番鯣
九八分の一
薩摩國出水郡波留村産
磨劔先鯣
九十分の一
豊後國北海部郡保戸島の産
九七分の一
長門萩の産
九八分の一
九五分の一

二番鯣各種の圖

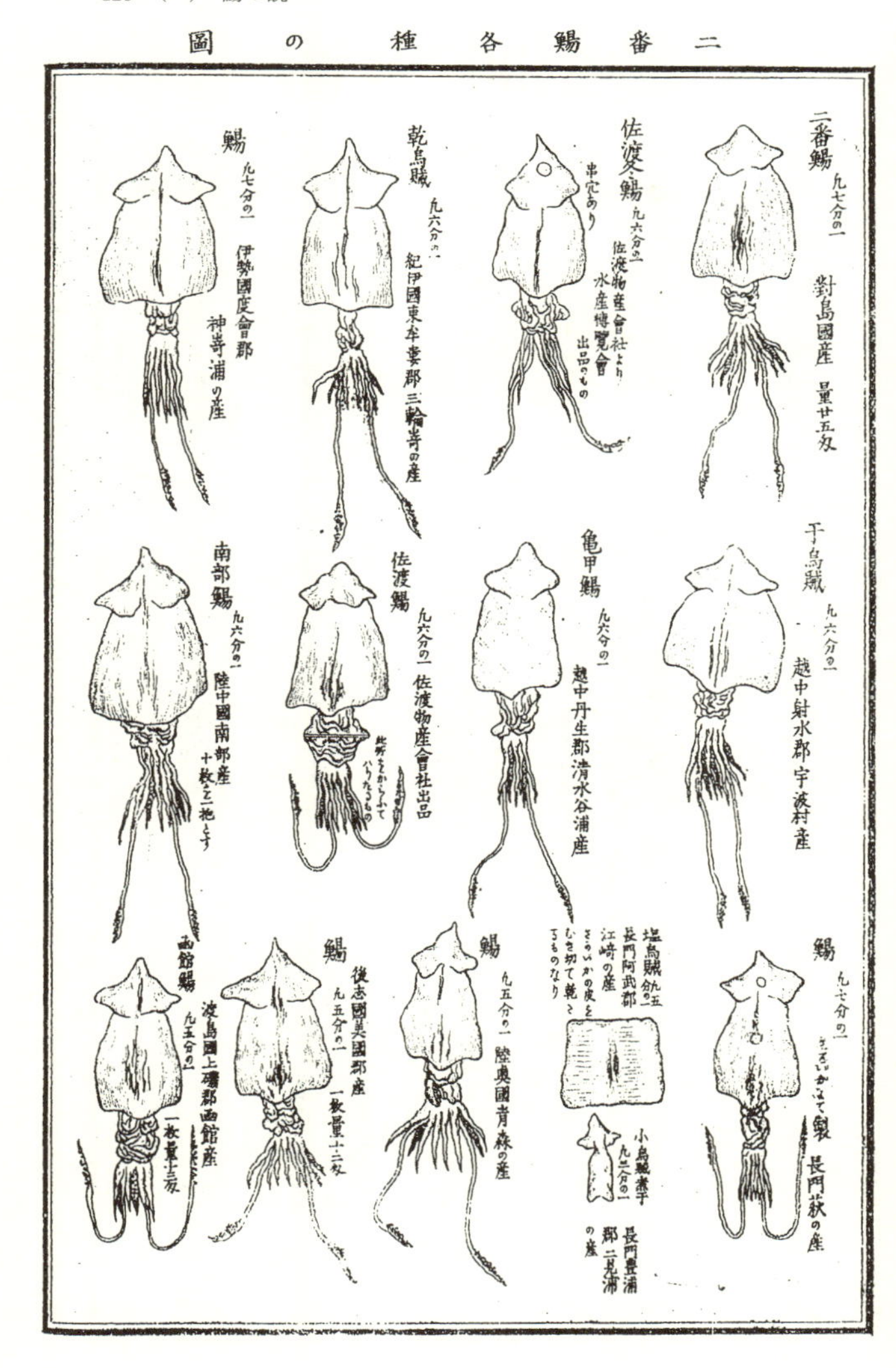
二番鯣
九七分の一
對島國産 量廿五匁
佐渡冬鯣
九六分の一
佐渡物産會社より水産博覧會出品のもの
串穴あり
乾烏賊
九六分の一
紀伊國東牟婁郡三輪崎の産
鯣
九七分の一
伊勢國度會郡神崎浦の産
干烏賊
九六分の一
越中射水郡宇波村産
亀甲鯣
九六分の一
越中丹生郡清水谷浦産
佐渡鯣
九六分の一 佐渡物産會社出品
南部鯣
九六分の一
陸中國南部産
十枚を一把とす
鯣
九七分の一
長門萩の産
塩烏賊 九分の五
長門阿武郡江崎の産
さゐいかの皮をむき切て乾さするものなり
小烏賊煮干
九二分の一
長門豊浦郡二見浦の産
鯣
九五分の一 陸奥國青森の産
鯣
後志國美國郡産
九五分の一
一枚量十二匁
函館鯣
九五分の一
渡島國上磯郡函館産
一枚量十二匁

其の二圖

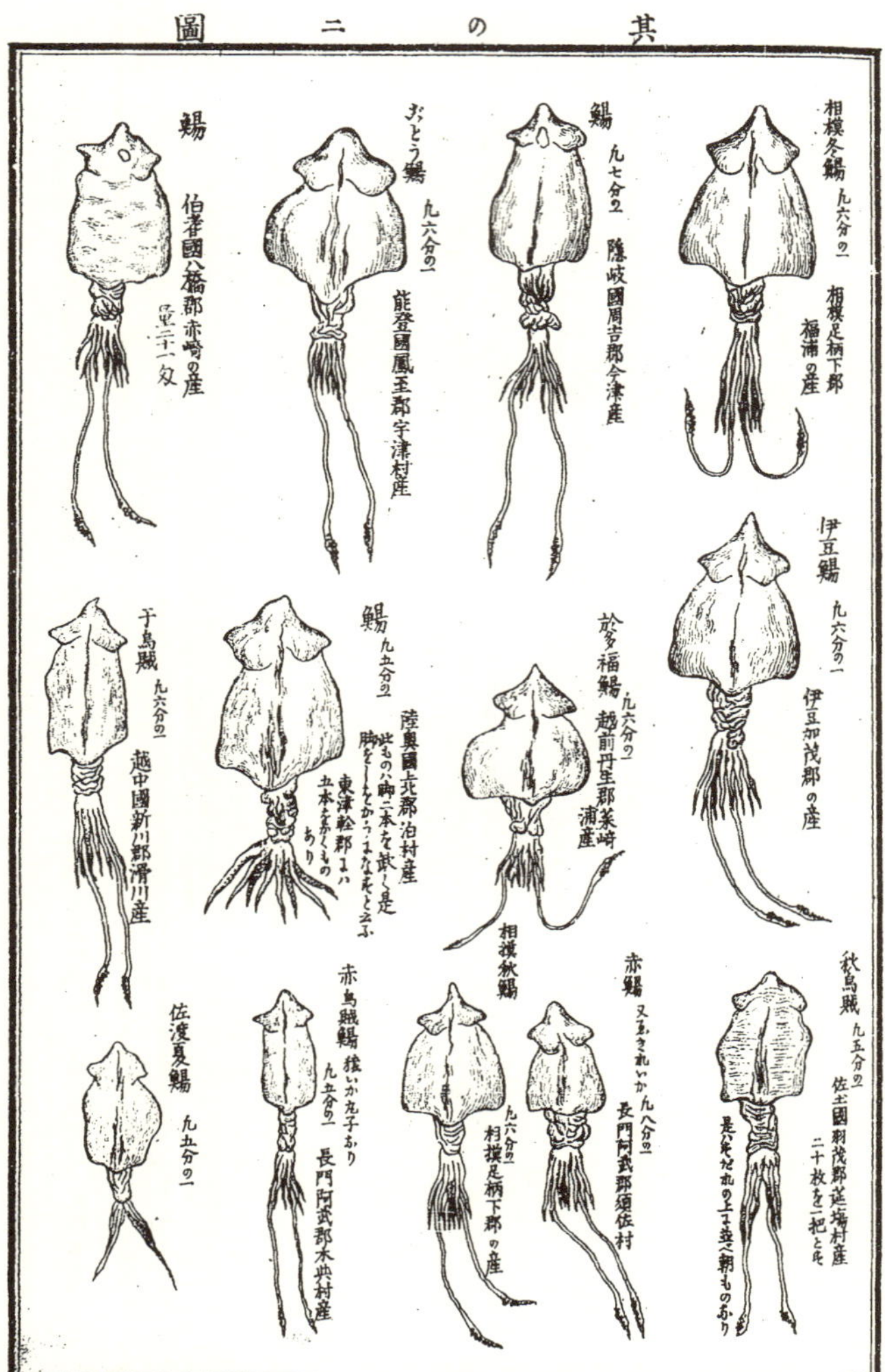
鰑
伯耆國八橋郡赤崎の産
おとう鰑
九六分の一
能登國鳳至郡宇津村産
鰑
九七分之一
隠岐國周吉郡今津産
于烏賊
九六分の一
越中國新川郡滑川産
鰑
九五分之一
陸奥國上北郡泊村産
於多福鰑
九六分の一
越前丹生郡茱崎浦産
相模秋鰑
九六分の一
相模足柄下郡の産
赤鰑
長門阿武郡須佐村
赤烏賊鰑
九五分の一
長門阿武郡木與村産
佐渡夏鰑
九五分の一
秋烏賊
九五分の一

相模冬鰑
九六分の一
相模足柄下郡
福浦の産
伊豆鰑
九六分の一
伊豆加茂郡の産

甲付鰑各種の圖

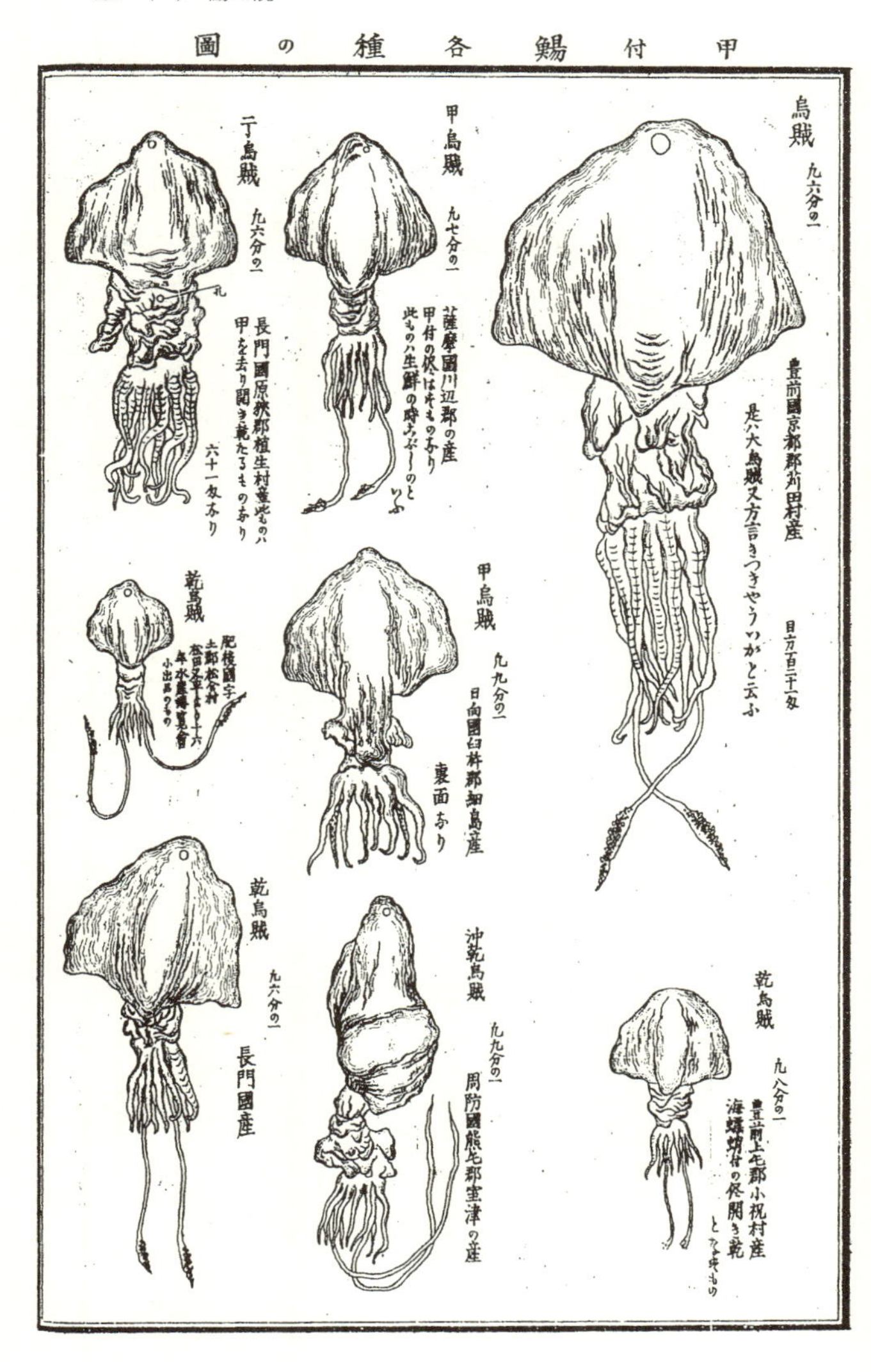
烏賊
九六分の一
豊前國京都郡苅田村産
是ハ大烏賊又方言きつきやういかと云ふ
目方百二十一匁
甲烏賊
九七分の一
薩摩國川辺郡の産
甲付の侭ハ此ものあり
此ものハ生鮮の時あぶ〳〵のといふ
二丁烏賊
九六分の一
孔
長門國原狭郡植生村産此ものハ
甲を去り開き乾たるものあり
六十一匁あり
甲烏賊
九九分の一
日向國臼杵郡細島産
裏面あり
乾烏賊
乾烏賊
九六分の一
長門國産
沖乾烏賊
九九分の一
周防國熊毛郡室津の産
乾烏賊
九八分の一
豊前上毛郡小祝村産
海螺蛸付の侭開き乾

其の二圖

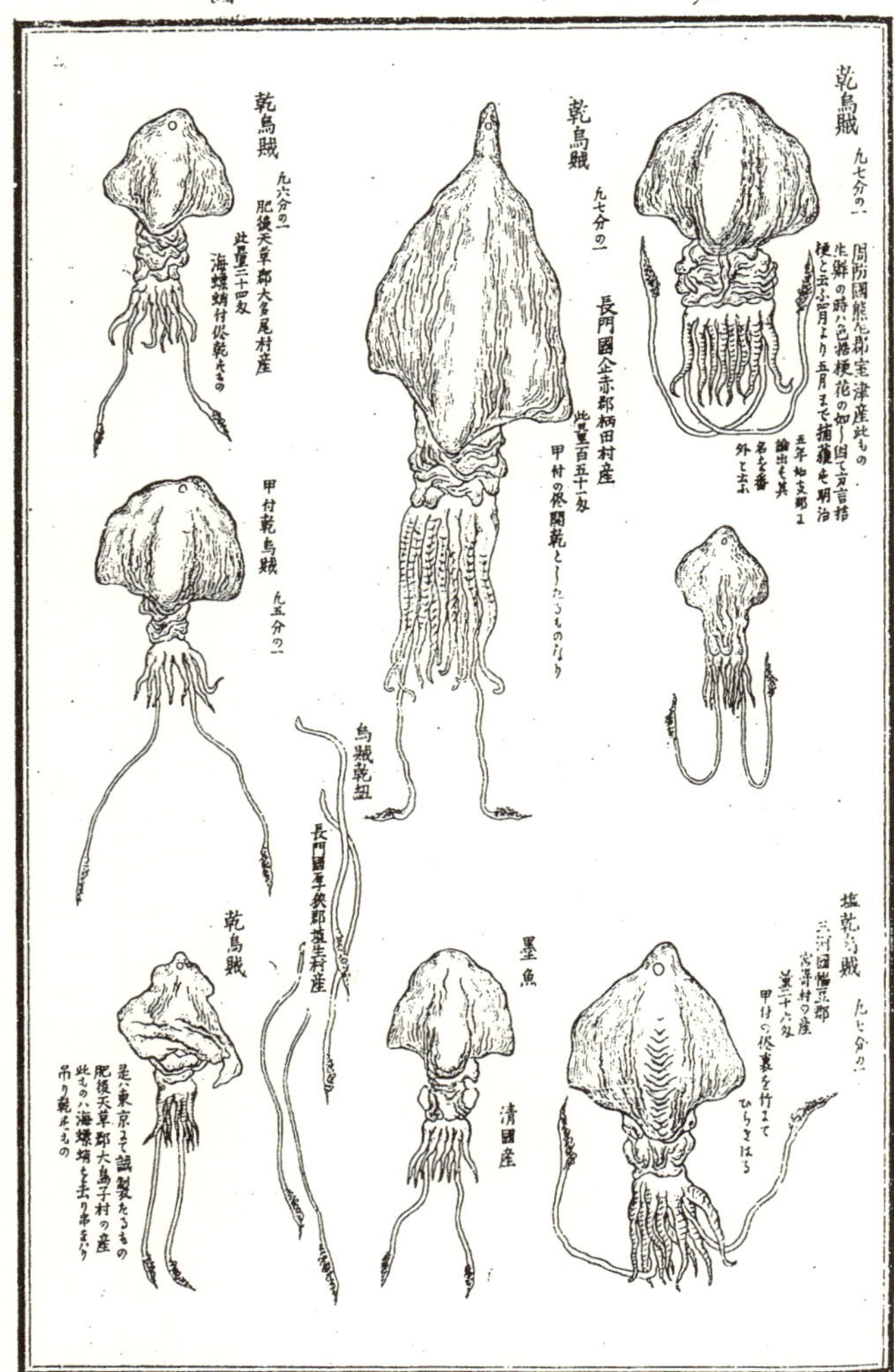
乾烏賊
九七分の一
周防國熊毛郡室津産此もの生鮮の時ハ色桔梗花の如し因て方言桔梗と云ふ四月より五月まで捕獲む明治五年始支那ユ輸出も其名を番外と云ふ
乾烏賊
九七分の一
長門國企赤郡柄田村産
此量百五十一匁
甲付の侭開乾としたるものなり
乾烏賊
九六分の一
肥後天草郡大多尾村産
此量二十四匁
海螵蛸付侭乾たもの
甲付乾烏賊
九五分の一
烏賊乾紐
長門國豊浦郡塩生村産
乾烏賊
是ハ東京ユて試製たるもの
肥後天草郡大島子村の産
此ものハ海螵蛸を去り串をバり
吊り乾たもの
墨魚
清國産
塩乾烏賊
九七分の一
三河國幡豆郡
宮浮村の産
量二十六匁
甲付の侭裏を竹ユて
ひらきはる

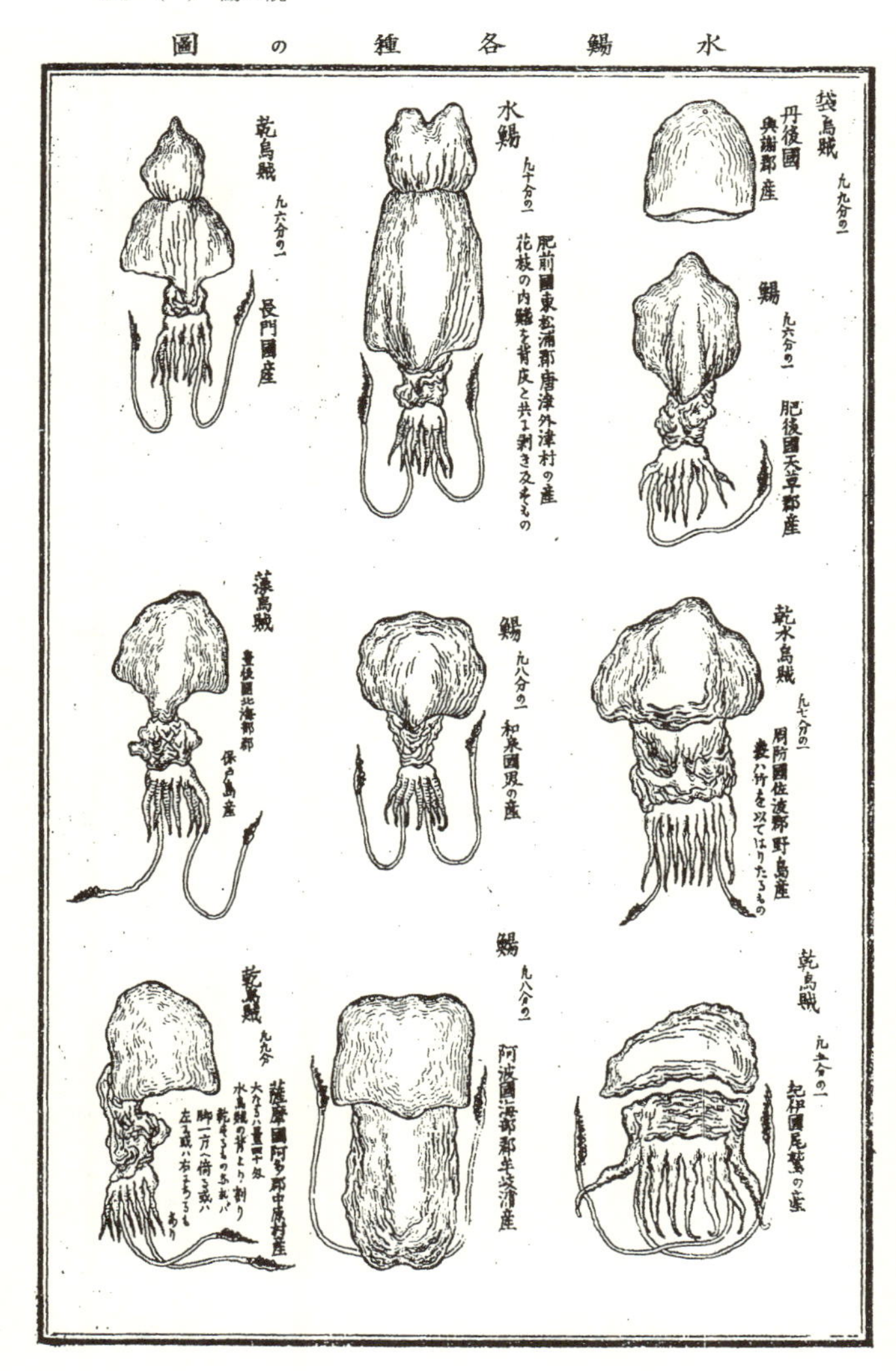
水鯣各種の圖
袋烏賊
丹後國與謝郡產
九九分の一
鯣
九六分の一
肥後國天草郡產
水鯣
九十分の一
肥前國東松浦郡唐津外津村の產
花枝の内鯣を背皮と共に剥き乾そるもの
乾烏賊
九六分の一
長門國產
乾水烏賊
九七分の一
周防國佐波郡野島產
黍ハ竹を以てはりたるもの
鯣
九八分の一
和泉國堺の產
藻烏賊
保戸島產
鯣
九八分の一
阿波國海部郡牟岐浦產
乾烏賊
九九分
薩摩國阿多郡中原村產
乾烏賊
紀伊國尾鷲の產

其二の圖

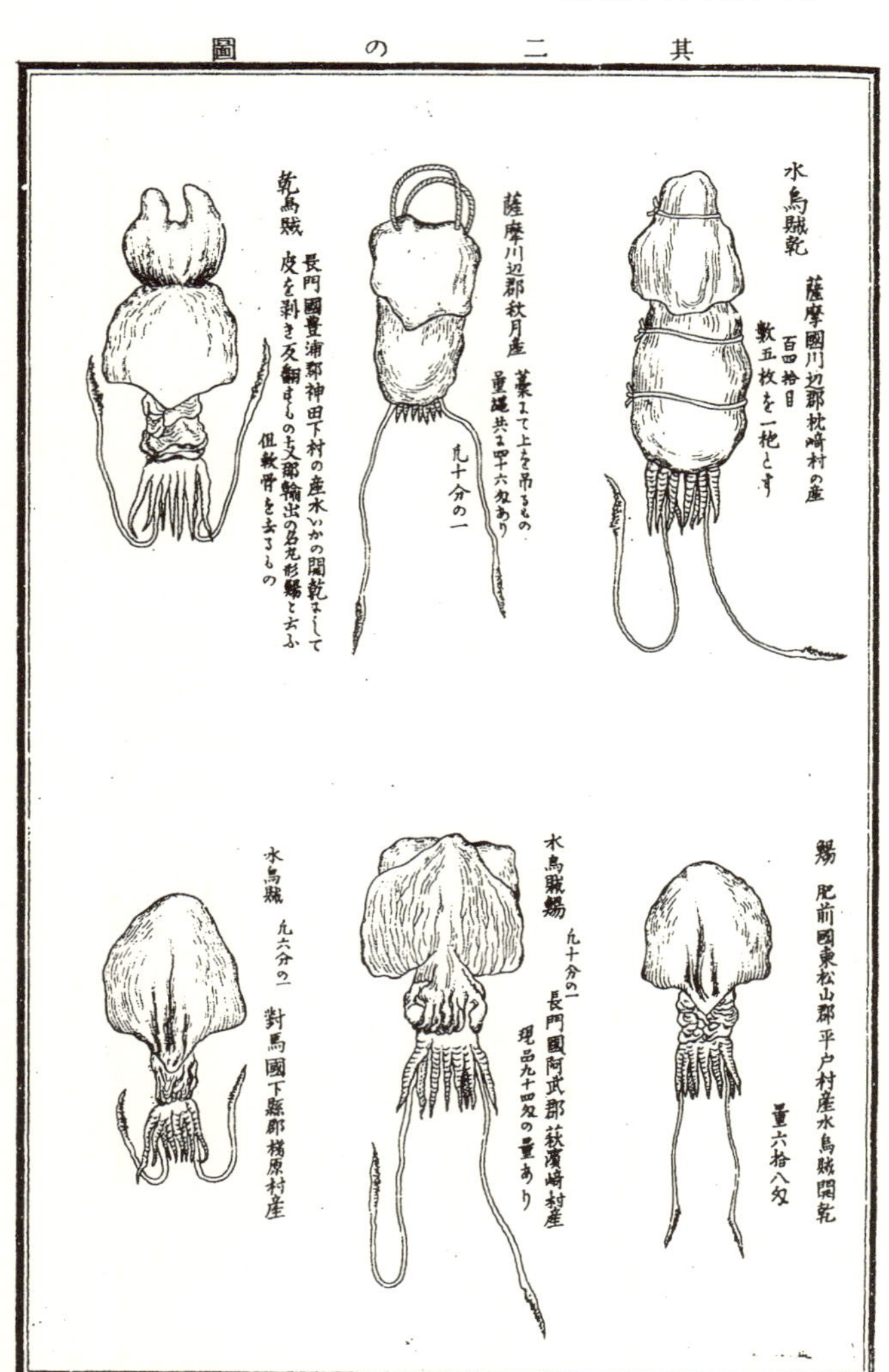
水烏賊乾
薩摩國川辺郡枕崎村の産
百四拾目
數五枚を一抱とす
薩摩川辺郡秋月産
藁にて上を吊るもの
量縄共に四十六匁あり
九十分の一
乾烏賊
長門國豊浦郡神田下村の産水いかの開乾にして
皮を剥き反翻まものにて支那輸出の名丸形鯣と云ふ
但軟骨を去るもの
鯣
肥前國東松山郡平戸村産水烏賊開乾
量六拾八匁
水烏賊鯣
九十分の一
長門國阿武郡萩濱崎村産
現品九十四匁の量あり
水烏賊
九六分の一
對馬國下縣郡横原村産

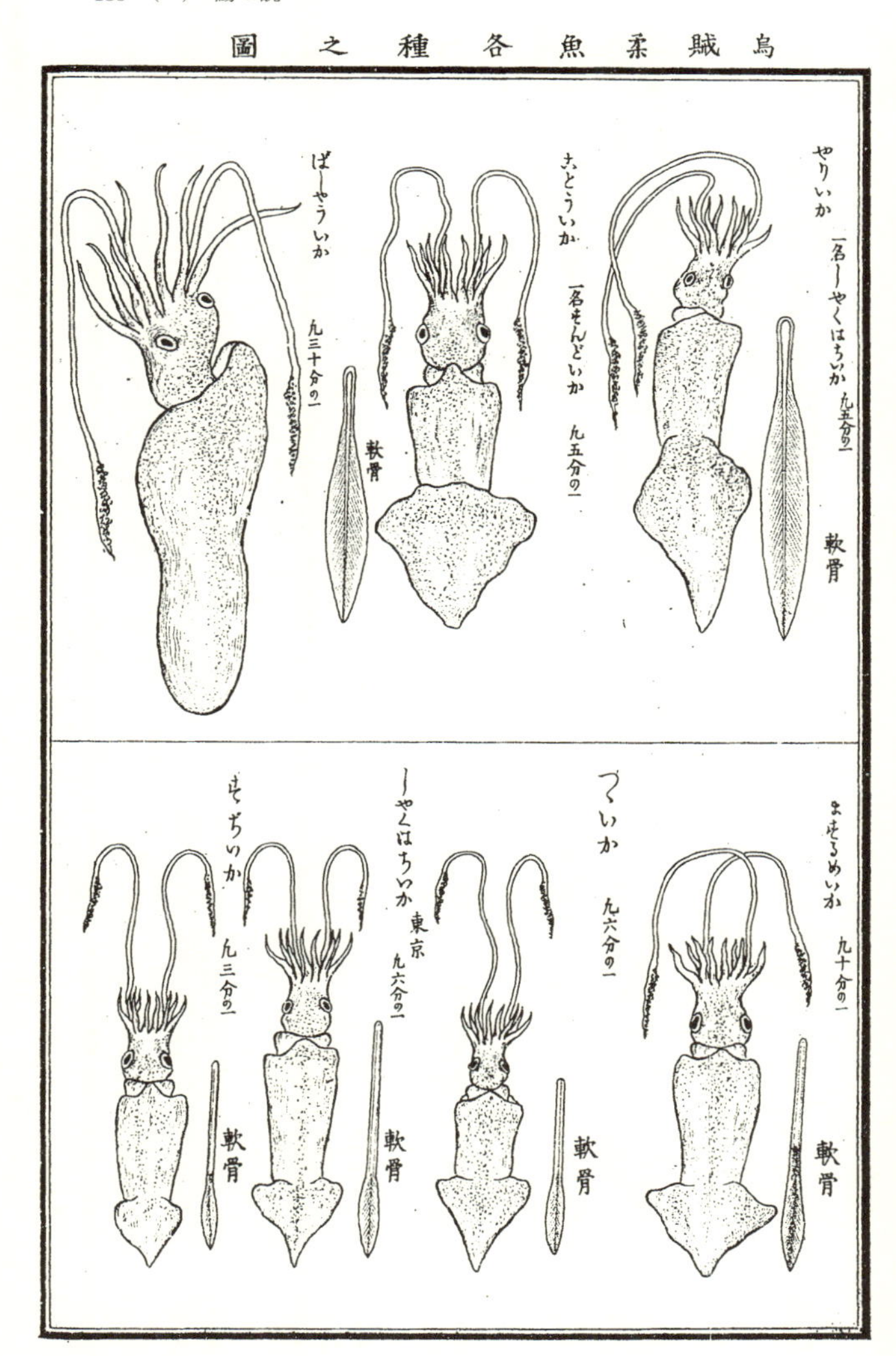
烏賊柔魚各種之圖
やりいか 一名しやくはちいか 九五分の一
軟骨
ふとういか 一名もんどいか 九五分の一
ばしやういか 九三十分の一
軟骨
まするめいか 九十分の一
軟骨
づいか 九六分の一
軟骨
しやくはちいか 東京 九六分の一
軟骨
もぢいか 九三分の一
軟骨

其の二　縮寫減數ハ体長直經を以ても以下倣之

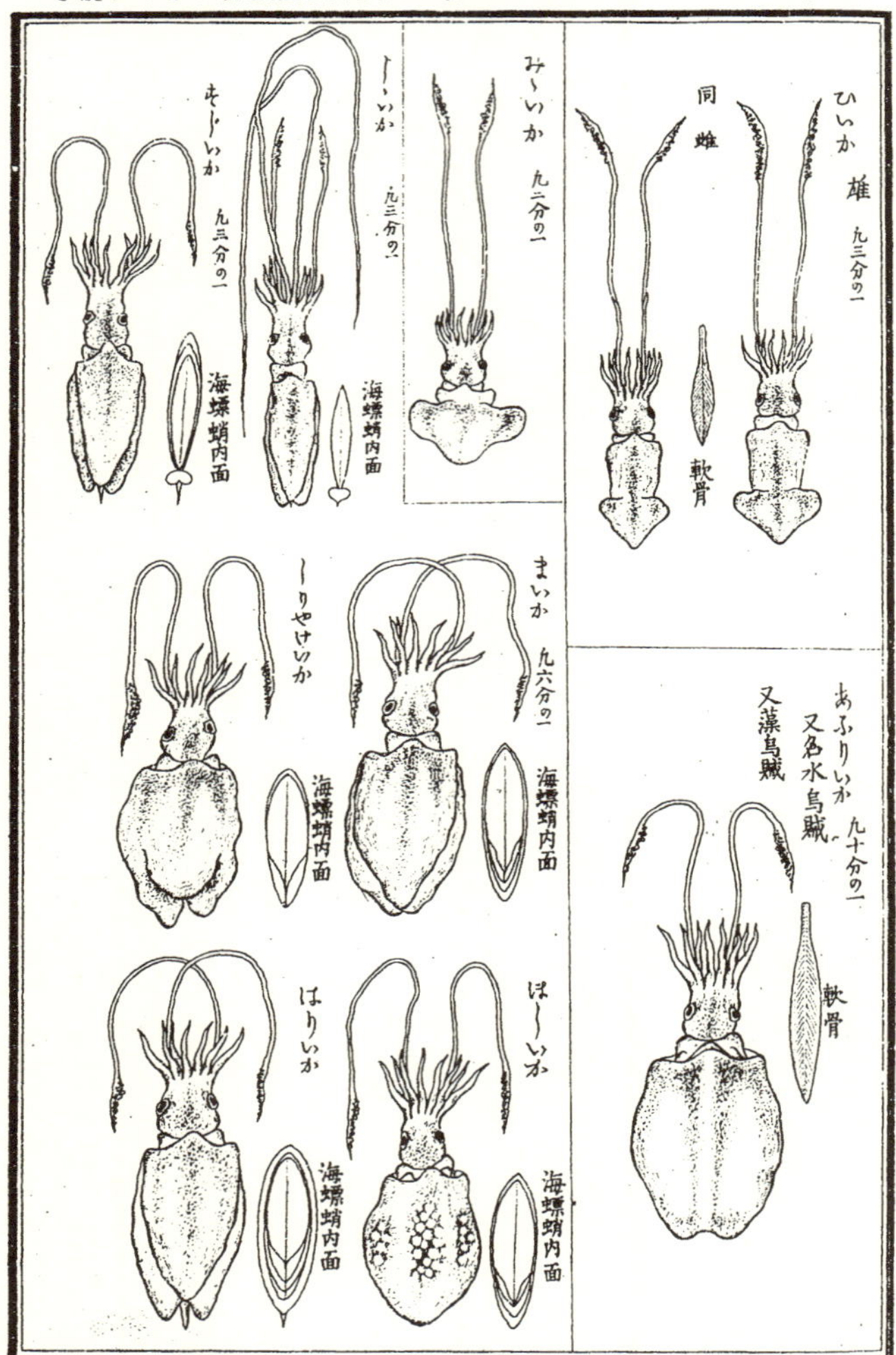

（二）　昆布の説

昆布は北海道十一箇国並に三陸の海に産する所の藻類にして古来より食膳に賞用し、又清国の貿易品たり。近年に至り輸出の額を増し、水産中屈指の物産となり。実に本邦富源の一に居る所の重要のものとす。

昆布は『倭名鈔』に比呂女又衣比須女と訓じ、『続日本紀』『延喜式』等にも昆布の文字を用ひ、『万葉集』に軍布と書したるは転音によるのみ。然るに『多識篇』には昆布を比呂米、海帯を阿良米とし、紫菜を今按ずるに昆布なりといひ、『大和本草』『庖厨和名本草』『本朝食鑑』『和漢三才図会』等には昆布は和名比呂女とし、『庶物類纂』には昆布を霍鎖覔、又霍母覔とし、海帯を盍拉覔、戞十覔、盍拿覔、鎖無戞とす。『本草綱目啓蒙』には昆布を「ゑびすめ」「こぶ」「ひろめ」「しかね」（松前）とし、海帯を和名「ほうめ」一名「みづわかめ」是なるべしとせり。然れども本邦にては世上一般に昆布の字を通用せり。

昆布の名は『爾雅』『本草綱目』其他の書に載する説一様ならずして、本邦の「こぶ」と異るもの、如しと雖ども、『医学入門』に形長く大さ布の如し、故に昆布と名くとあると。『琉球国史略』には海帯菜一名昆布とあり。又諸書に昆布は東海に産すとし、或は登萊諸州に産すとあるものは山東省の東海に産するものにて昆布なること疑ひなし。又海帯の名は『本草綱目』に東海水中石上に出で今登州の人これを乾して器物を束ぬ。医家用て水を下す。海藻昆布に勝るとし、其他の書に載するところも又相似たりと雖ども、『植物名実図考』に『嘉祐本草始著録』[5]を引て、之を食し能く痰毒を消し痔を去ることを載せたり。而して方今清国人は一般に海帯と称せり。

抑昆布は北緯三十八度以北の海に産するものにして、東南の方に多く西北の方に少し。其産地によりて種類一ならず。随て形状長短、厚薄、濃淡、性質ともに同からず。又その名称も頗る多く、今其種類を左に挙ぐ。

（一）元昆布　厚昆布　広昆布　鬼昆布（此三品形状に依て名くるもの）小本昆布　宮古昆布　田老昆布　大間昆布　泊昆布　三厩昆布　松前昆布　志苔昆布（此八品地名を以て名くるもの）元揃昆布　鼻折昆布　小鼻折昆布　折昆布　島田折昆布　長折昆布（此六品整束によりて名くるもの）等之に属す。

（二）三石昆布　長切昆布　胴結昆布　塩干昆布　若生昆布　棹前昆布（整束によりて名くるもの）等之に属す。

（三）長昆布一名真昆布、本昆布　博多昆布（形状によりて名くるもの）根室昆布（地名により名くるもの）長切昆布　塩干昆布（整束により名くるもの）等之に属す。

（四）水昆布

（五）黒昆布　天塩昆布　利尻昆布（地名によりて名くるもの）等之に属す。

（六）細布一名盆布

（七）猫足昆布

（八）　粘液(とろろ)昆布　縮(ちぢみ)昆布　がもめ昆布等之に属す。

（九）　ほつか昆布

前条各種の区別を左に説明す。

（一）　元昆布は陸前、陸中、陸奥より北海道の東海岸に産する乾品の幅三、四寸より七、八寸許(ばかり)、或は尺余にして、長さは六、七尺より丈余に至り、質厚く濃緑色なるものをいふ。古来松前昆布と称し賞用するものは、即(すなわち)重(おも)なる種類なるを以て今此編は元昆布と名けたり。而して此種類中整束を以て名けしものは元揃昆布、鼻折昆布、折昆布、小鼻折昆布、島田折昆布等なり。然れども産地により厚薄、濃淡、長短の差あり。其中(そのうち)渡島(おじま)国松前、函館近傍の産を上等とせり。茅部郡木直(きなおし)、尾札部(おさつべ)、板木、熊泊、臼尻等の諸村に産するを古来浜の内と称し最も優等のものとし、元揃又は鼻折の類に整束して内国用に販売せり。此種類の上等品を以て上方にて種々の細工昆布を造れり。『蝦夷奇観』に御(お)上(あが)り昆布一に天下昆布とあるものは此浜の内の産にして、幅五、六寸、長(ながさ)壱丈前後のもの五十枚を一把となし絶品とすといふ。亀田郡志苔、檜山郡江刺等の産は概ね鼻折昆布の類に作れり。元揃昆布に比すれば薄くして品位劣れりと雖ども、志苔昆布と称し重(おも)に東京に輸送せり。是『庭訓往来』にいふ宇賀昆布にして、亀田郡尻沢辺(しりさべ)より茅部郡汐首岬迄(まで)の間を昔時は宇賀と称せり。即ち『経済要録』[6]にも『庭訓往来』に玄恵が所謂(いわゆる)宇賀昆布は紫海苔、尻沢辺、小安の諸村なりとす。玄恵は　後醍醐天皇の侍読たりし人なれば已(すで)に元弘の昔も著名なりしと見へたり。東海岸にも同質のものあれども産出僅少なり。又陸奥下北郡大間、上北郡泊村等の産は厚くして甚だ良好なり。東津軽郡三厩の産は其形渡島国茅部郡の元揃昆布に似たれども、両縁及び末端褐赤色なるは採収季の晩きによるなるべし。陸中閉伊郡、陸前牡鹿郡等にも元昆布同質のものを産すと雖ども産額僅少なり。是等の品も往時広昆布と称して長崎琉球等より輸出せしも現今は皆内国用となる。元揃を造るには、根の方を揃て三日月形に切り重ねて三ヶ所を縛り長き把となし、又鼻折の類を作るは広く伸ばして折り並べ重ねて二、三ヶ所を縛り把となすなり。陸奥の産は長浜と称し、根本を切り元切造りと云ひて広東向の輸出品なりしが、近年は輸出することなきより鼻折に造れり。

（二）　三石昆布と称するは日高国に産するものにて、幅広きところ乾品二、三寸にして長さ三、四尺より大なるもの一丈五、六尺に至り、中心に条あること細布の如く、暗緑色にして其質元昆布に比すれば薄く、長昆布に比すれば厚く、塩気少く甘味あり。此品根室地方の如く遅くまで採収せず。大抵暑中を過れば止むものとす。『長崎俵物方調書』及び『琉球古記録』によれば享和年間の頃、長崎、琉球等より清国に輸出し、此品を最上とせり。元来三石昆布の名は日高国三石に産するを以て名くと雖ども、其近隣浦河、様似又同様のものを産するによりこれを三場所と称す。然れども尚其近傍静内、幌泉の如きも亦同様のものを産せり。長切昆布に整束するに、従前の仕方は長さ四尺余にして一束の量九貫四百目を以て通常とせしが、方今清国輸出は根室製と同様の長切に作れり。維新前は此地の産を本場と称し本昆布と称したりしも、近世反つて根室産の方一旦上位をしめたり。其原因は採収乾燥に注意せざりしによれり。然るに亦回復に趣くの勢ひあり。

（三）　長昆布一名本昆布、又真昆布と称するものは十勝、釧路、千島、根室等の産にして、乾品の幅二、三寸許、長さ短きもの二丈より六丈余に至り鮮緑色なり。而して産地により幾分か厚薄長短ありと雖ども、皆長切昆布に造りて清国に輸出せり。此類の昆布を採収するは近年の創始なれども、清国輸出品として賞用せらるゝより本昆布、真昆布等の名あるに至れり。元来長昆布は三石昆布に比すれば質薄くして、長きこと四倍に及べり。従前は三石昆布を清国輸出の重なるものとなしたるも、近年は長昆布を多しとするに至れり。此中釧路、厚岸、浜中の産を品位の優等のものとし、北方に至るに随て品位劣り、一場所毎に百石五拾円づゝの価を落せり。根室の志発産は質厚くして塩気多く、国後に産するものも根室に似て質厚く輸出品なれども品位下等なり。十勝の産は尤近年輸出するに至りたれども、現今三、四千石を出すに至れり。

（四）水昆布と称するは、幅狭く殆んど細布の如しと雖ども中心に条なく根茎異れり。此ものは其質薄弱にして食して味ひ淡し。而して長切に整束して清国にも輸出すべしと雖ども、品位下等にして廉価なり。故に上等品の氷害に罹る等の事ある年は採収して利を得るも、豊年には反て上等品の価格に影響を及ぼすの憂あり。鑑みざるべけんや。

（五）黒昆布は北海道の西海岸に産するものにて、外看黒色を帯び、質厚く乾品幅三、四寸、長二、三尺より四、五尺に至り。天塩の国の浴海に産するを天塩昆布といひ、利尻島、礼文尻島等に産するを利尻昆布といふ。二品共に煮だしに用ひて佳味なり。故に俗に「だしこぶ」ともいふ。利尻島に産するものは近来清国天津、芝罘等に輸出することあり。又大坂にて下等の細工昆布にも製して、外看は同じきも味は元揃に劣れるを以て価も安直なり。

（六）細布は一に盆布と称す。形ち三石昆布に似て小さく、長さ四、五尺より七、八尺に至り、幅一、二寸より広きは三寸許にして中心に条あり。此ものは三陸及び北海道各地に産すれども、陸前牡鹿郡大須浜より名振、船越、熊沢、桑浜等に産するを皆大須盆布といひ、宮城郡花淵に産するを花淵盆布、又花淵昆布ともいふ。品位大須産より劣れり。岩代、陸前等の習慣にて中元之を仏前に供し、又必ず煮物に加へる等其需用少からず。故に盆布の名あり。然れども煮食には美と称するに足らず、中元の後人之れを食する少なきを以て多く東京に輸送して刻昆布となせり。此品の上等品は長切の如にして清国へ輸出することあり。其質薄くして乾きよければ将来清国の需用に適すべし。陸奥にては「めのこ昆布」と称し、地方人民の食用に供するあり。其仕法たる、雨露に晒して後ち大陽に乾かし、舂砕し米粒位の大さとなし貯ふ。之を食するには、水に浸し米に加へ炊きて食せり。此仕方は米穀に乏しき時の食物として謂以救荒の一なれども、平日とてもこれを用ふといふ。

（七）　猫足昆布は一名「みゝこんぶ」又「すこたんこんぶ」と称す。其根部の両端挺出し、耳状をなす故に此称あり。其乾品の幅一寸許、長三、五尺ありて全く昆布中一種のものなり。根室、釧路等の海に産し、就中千島に多し。此ものは砂上にて乾す時は黒色となりてあしゝ故に必ず吊乾となす。煮だしに用て佳味なり。又長切の如く整束すれば清国人も之を求むといふ。然れどももとより夥しく産するに非ず。又形小なるを以て長昆布に比すれば到底収益あるものとは思はれざるなり。

（八）　粘液昆布、一名縮昆布、又尾札部辺にて「がもめ昆布」といふは、粘液を多く含むところの一種の昆布にして、乾品幅一、二寸、長六、七尺、濃緑色にして殆ど黒色をなす。中央に条ありて左右に縮皺多く東海岸に産すれども根室、釧路に最も多く、此品は海水に洗ひ砂のつかぬ様に乾し貯ふ。従来これを長切の中心に入れしことあれども、其質異なるを以て反て声価を落せしことあり。此昆布は味ひ佳ならざるを以てたゞ粘液を製するに用ふ。三打となして貯ふれば長く保つといふ。此外に尚一種の粘液昆布あり。其葉面闊くして短く、中心の筋の左右に小き小凹所連るのみ。

（九） ほつか昆布は淡緑色にして質至（いたっ）て薄く、裙帯菜（わかめ）の如く、長五尺三、四寸、幅闊きところ七、八寸余、根部にちかきところ壱尺許、幅二寸許にして漸次に闊く七寸許に至れり。此ものは昆布の産する所には多少産すれども、陸中牡鹿郡飯子浜等に産し、今を去る十六、七年前より採収し、明治十三年は無比の産出ありて販売するもの二百五十石目の多きに至れり。爾来年々三、四十石の産あり。金華山及び長戸浜瀬戸にも産すれども採収すること少く、怒濤の為めに海浜に打揚たるを採るのみ。此他柄長昆布「がつから昆布」一名枝昆布等をはじめとし、尚異なる種類もありと雖ども、未だ研究し能はざるを以て茲（ここ）に載せず。

各種の昆布は産地によりて品質を異にし、価格産額共に差あり。其産地収額は左の如し（明治十五年調（しらべ））。

一、元昆布	陸前国　厚昆布	千三百貫目	価二百弐拾円余
	陸中国	百三十五石	価七百八拾円余
	陸奥国	三千八百〇九石余	価壱万三千五百廿四円余
	渡島国	一万〇七百八十二石一斗余	価八万六千弐百〇六円余
	日高、根室、釧路、十勝四国	八百六十三石余	価六千〇三拾四円余
一、三石昆布	日高国	五万〇二百六十三石余	価五拾一万弐千六百弐拾円余
一、長昆布	根室、釧路、十勝、千島四国	拾三万〇二百六十三石余	価百拾八万六千六百四拾円余
一、黒昆布	天塩国	一万五千六百七十五石余	価拾弐万四千六百三拾円余

一、細布	陸前国	六百石余	価六千四百円余
	陸中国	二千六百二拾石余	価壱万〇弐百六拾円余
	石狩国	二百二拾六石余	価千百三拾円余
	渡島国	五千七百六十二石余	価弐千八百八拾壱円余
一、ほつか昆布	陸前国	三十石	価未詳
一、猫足昆布	釧路国	五百三十三石余	価未詳
一、とろゝ昆布		未詳	

右産額中、渡島国の部に於て元揃昆布と鼻折昆布との産額の区別、旧根室県下にて根室、釧路、十勝、千島の四国は国別産額の区別及び水昆布の額を詳らかにせざるを以て之を分たず。

前条各種の昆布も其繁殖を妨ぐる憂ありて、之れを防除し、亦移植するの法あり。昆布に湿生せる「ごも」と称するものゝ如きは之を刈除かざれば蕃生を妨ぐるも、刈除くときは生長よろしく、翌年の収獲を多量ならしむるのみならず、此刈たる「ごも」は漁蓑其他の用に供すべし。又昆布は適応の地には移植するを得べく、従来其効を見し例少しとせず。即ち日高国沙流郡に山田某の移すもの、胆振国白老郡に野口某の移すもの、陸奥西津軽郡鰺沢村に戸沢某の移すもの等なり。採収の季節は各地幾分の遅速ありと雖ども、概ね夏土用に初まり秋彼岸に終るものとす。三陸地方の如き、昔時は官の制令によりて土用入前は鎌入を許さざりしなり。

採収の器具及採法の如きも各地大同小異あり。三陸地方にては一艘に二人、或は三人乗りの舟にて乗り出し、丁字木と唱ふるものにて捻りとり、或は「めより」と唱ふる木製の尖股を以て島嶼によりて採り、又水中に入りて鎌にて切り、又手にても抜取れり。北海道の東海岸にては六人乗の胴海船、又は三人乗持荷船の二舟を用ひ、西海岸にては磯舟又は「ちつふ」（土言小舟の義）を用ふ。是等の舟は概ね船底平らかにして浅く、能岩石の間を往来し、又舟を沙上に引上、運搬に便利ならしむ。而して此舟にて乗り出し、昆布掉、一名昆布鍵と称する鎌形の鉤を付たる竿を用ひて搦め取れり。元来日高国の如きも昔時は蝦夷土人の採収する所にして、素より器具を用ざるものなりしが、文化の頃同地請負人栖原某が舟器具を用ゆることをはじめ、文化五年小林某業を継ぎ、鉈を用ひ、又改良して山刀（方言口）を用ひ、後又改めて通常の鎌を用ひたりしが、天保八、九年の頃に至て、浦川郡に於て熊谷某鎌を鋸刃に造りしより便利なるを以て各郡に及べり。扨是等の法にて採りたる昆布の舟中に充積するや、岸に乗り回し、沙の上に引上げ、これを乾場に散布し乾かせり。其場所によりて多少の適否あり。即ち岩石、沙地、芝生等其土地によりて異れども、沙地は砂塵を付着せしめ、岩石は固硬せしめ、芝生は湿気を含むの恐あり。砂の付着したるものは腐敗を防ぐの功ありて昔時は幾分かこれを好みしも、夫等より斤量を貪らんとするものありて嫌忌するに至れり。魯国人「セミノー」氏が薩哈連（サハリン）島「西トンナイ」に於て経験する所によれば、磽确不毛の地を第一良好となせり。[7]然れども本邦の実験家の説によれば、白光にして光沢ある細砂の地を最良とし、光沢なきを亜ぎとす。砂礫の混じたるは晴日に斑点を生ず。真土は湿気を含むを以て下等とす。

乾燥法は数時間にして手絡となし、毎夜藁蓆を以て囲み、三日以上にして全く乾燥したるを納屋に堆積し、又藁蓆を以て囲み掩ひ、一週日間を過ぎ青緑色となるを度とし、取出して整束す。

整束の法たる各種異るものにて、長切昆布は之を伸長し、鎌を以て根茎を截断し、葉端を切り去り、長さ四尺許に切断するものなるが、近時旧根室県にては上等品を四尺、並等を三尺五寸とし、日高国にては之を三等に区別せり。而して如此切りたるものを又乾すこと一両日にして、一束の量八貫目を昆布縄にて三、四ヶ所を結束せり。之れを一駄といひ、五百駄即ち四千貫目を百石とす。但水昆布は四尺三寸、量七貫目を一駄とす。乾燥度に適するものは貯蔵久しきに堪るも、湿気を帯びたるものは腐敗を来せり。故に結束する時に当り霄露に当て、又は水霧を吹き掛ける如きも再び之れを乾かし、販路先の信用に専ら注意すべし。又赤葉枯葉を悉く除き去り、葉端の短きものを混交するは勿論、上品に下等を交ゆるが如きは尤も戒心すべきの要点なりとす。

　昆布一駄の貫目及び寸尺は、昔時に於ては三石昆布、駄昆布、広昆布共に壱丸皆掛百二十五斤と定め、縄莚五斤を引去る定法なりしが、天保年間に至り、釧路産は一把拾貫目とし、其後改めて六貫目、或は七貫目とす。亦安政二年日高国の調に因れば、壱把四貫五百目とし、駄昆布を長さ二尺五寸に切り、壱駄の量二貫目になし、幌泉、十勝は長さ三尺二寸に、釧路は三尺五寸にして各量を八貫目となしたりしが、近年に至り四尺に伸したるは、之を包む莚の中三尺にして左右五寸宛を顕すときは売買上の都合よろしとて改めたるなり。

元揃昆布は七、八月頃より鎌をおろし、九、十月頃に終るものにて、採収せる昆布の根を半月形に切り、乾場に敷列べ太陽に乾すも、初め急劇に乾燥すれば其品質を傷ふが故に漸次に乾すをよろしとす。且つ幅の収縮せざる様一葉宛伸し、度々反覆して乾し、日夕に至れば集めて累積し、菅菰を以て蔽ひ、雨露を防ぐ。此の如くすること四、五日にして、納屋にて自然に燥すこと五、七日を過ごし、亦晴天に乾し、日暮より枯草の上に一葉宛併列し置くこと四時間、露湿にて柔らかになりたる時三拾五枚、或は四拾枚を重ね、三ヶ所を縛りて把となす。其量は二貫目を定度とす。結束したる後ちも時々太陽に乾すべし。花折昆布は前の如く乾したるを折板を以て寸法を定め、折り重ねて結束す。又三本松、五本結と称するは、昆布三葉又は五葉を二つに折たるものにして之を上等とす。通常の花折は三に折り、両端を内に折込むなり。「はなをり」の称は蓋し端折より出たりといふ。此他の長折は長く折り、小鼻折は小さく折り、島田折は婦人の島田わけの如くに造るをいふ。

刻昆布は、昆布を釜に入れ緑青少許を入れ、凡三、四十分時間程煮て、之を揚げし後乾場に移し、莚の上に散布し、微乾して後一葉づゝ巻きて皺を伸し、而して又之を伸し、凡三十貫目許宛に縄束し、尺度を定めて三切し、之を圧搾器に弁べ積重ね、十分に締ること数回にして鉋削す。而して太陽に乾し、固結せる様両手にて揉むをよろしとす。然るに近年種々の着色法を施し、或は塩水を用ひ、白土を混和し、一時の色沢を添へ、量目を増加せしむる等の悪弊各地に行はれ、為めに清国需用地に至りて悉く腐敗せしより太に信用を失ひ、名声をけがし国損をかもしたるも、今に改良せざるものあるは実に遺憾の至りなりとす。現今製額は凡函館四万石、東京二万石、大坂壱万五千石とす。

細工昆布は朧、初霜、もづく、とろゝ、水晶、白髪、雪の上等種々あり。其製方は元揃、山だしの類を酢に投じ、直に引揚げ酢を絞り、一夜にして乾きたるを（或は一夜重圧石を置く）一葉宛を伸し（又一夜重り石をおくことあり）、庖刀にて沙と上皮を削剝し、左右の端を截断し、目立庖刀と云ふものを以て削る。之を「黒とろろ」と云。次に削剝するを「白とろゝ」と云ふ。又「もつく」朧は昆布の厚きを撰み削りし屑を云。両種共粗きものとす。雪の上は「もづく」朧に削り取りたる残質を陰乾し、削製とするなり。其色精白、又食するに舌上自ら氷解するの状ありて、恰も雪に似たり。故に其名あり。水晶は昆布の皮を削剝せし中心にして、初霜は水晶を万力台にて圧搾し、鉋を以て削り、其状白髪に似たり。故に白髪昆布とも云ふ。又雪の上を初霜と称するもあり。切水晶と云は、此中心を太く削りたるを口取物に用ふ錦糸昆布是なり。

　青板昆布は大坂にて揃切りて青緑色に製するものにて、其法たる、長さ壱尺五寸、幅二寸二、三分許に揃ひて青緑に着色し、百枚を束ねて壱把とせり。二枚並べて束ぬるを大版といひ、壱枚重ねを小版といふ。此製各地にて昆布巻等に用ひ、其需用尤（もっとも）広し。

　昆布を食用に供するは二千有余年前よりのことなるは古史に徴して明かなり。『延喜式』民部省、大膳寮等に貢献し、春秋の祭祀、節供、年料等に供せしものは索（なわ）昆布、鯛細昆布、広昆布等にして、通常は炙食、煮食、味噌漬、佃煮、昆布巻、煮だし等に用ふ。又刻みたるものは大口魚（たら）吸もの、煮しめ、昆布飯となし、之より昆布晶を（昆布液を結晶する者にて昆布の糖分なり）採り、料理に用ふることあり。近年砂糖漬をも食せり。『本朝食鑑』にも京師市上製の京昆布上品の乾果となすとあり。又同書に、凡そ昆布は大饗嘉儀の贈となし、冠昏寿生の賀を祝すと。又曰く庖厨茶会の茶果となし、或は斎日煎汁を取て鰹煎汁に代へ、僧家も亦煎汁を以て羹を調へて甜味を添へ、或（あるいは）果及油具（あぶらげ）となすとありて、古しへより婚姻の礼儀式の膳に供し台に飾るの法あり。之を積むの式ありて、小笠原、伊勢両流の諸礼書及び天明、享保、元禄頃の割烹書に載せ、又鎌倉北条氏の頃には結（むすび）昆布を茶子（ちゃのこ）に用ひ（茶子は今の干菓に当る）、応仁の頃に鮒の〆巻とあるは今の昆布巻ならんかと『嬉遊笑覧』に見へたり。

　前条は本邦古来よりの用法なれども、清国に就て需用の概況を云（いわ）んに、『唐書』渤海伝に俗に貴ぶ所南海の昆布とありて昆布の史伝に見る。甚（はなはだ）古く唐宋時代にあり。而して数部の本草書に載するところ昆布は醋に拌て葅となすとし、海帯は器用を束ぬる縄索に代るものとのせ、食法を詳らかにせずといへども、近時清国人は板昆布を海帯、刻昆布を帯糸といひて獣肉に混煮して嗜好し、江西、湖南、湖北、陝西、四川等の諸省に於て炭毒を銷解するの功ありとて需むるもの甚多し。北京等に於ては官菜に用ゆることなく、多く家常菜のものとすれども、四川等の地にありては刻昆布を五色の菜の一として珍膳に供するものとす（五色菜とは紅色鶏冠草、白色寒天、黒色海参、黄色鮑、青色刻昆布とす）。

昆布を清国に輸出するの創始は得て考ふ可らずといへども、徳川時代の旧記によれば、慶長八年海外貿易上金銀貨濫出を憂ひ、制限を立、専ら物品を以てするの時にあるが如し。[8] 然れども『経済秘書』によれば、明和の頃長崎輸出昆布は千三百石目許に過ず。宝暦十四年俵物受負人を派して買集めしめ、天明五年に受負人を廃し、会所直買とし、爾来員数増加し、開港前迄には一ヶ年三千石目に至りしも尚今日の盛なるに及ばざりしなり。而して輸出せる昆布は往昔より産地を変換し、最初は陸中の産にて、夫より渡島産に移り、日高、根室と漸次奥地に移れり。『蝦夷奇観』に（志苔、しのり）昆布を清国に輸送することを載せたるも今は此品を輸出することなく、又『長崎俵物役所明細帳』に南部昆布を天明五年より寛政六年迄千石宛、翌年より文化五年迄は二千石宛、同十年千石、翌年より文政二年までに千石宛、同三年より天保二年迄は買入高追々相減じ、同三年に至り唐商の好まざるより之を廃止すとあり。然れども陸奥産の元昆布或は浜昆布と唱ふるものは維新前迄長門の下関に輸送し、長崎に回して広東人に売渡し、又琉球よりも此浜昆布と広昆布、三石昆布との三品を輸出せり。長崎よりも広昆布は近年迄も輸出す。然れども目今輸出するは日高、根室、釧路、北見、十勝等の産に限れり。其中根室の昆布は天保三年藤野喜兵衛の花咲の地にて、採収したるよりはじまりたるものにて、輸出の如きは全く近年にあり。

抑昆布の輸出は開港前は一ヶ年三千石許に過ぎざりしも漸次増加し、明治十四年に至ては拾弐万七千石余に至る。之を開港前に比すれば四拾二倍の増加に至りしが、俄に輸出供需の度を失ひたりと粗製濫造と商売上資力の乏しきとによりて貿易上は不活発、屢不利を極むることあり。従来は日高、三石近傍の産盛にして現今は根室の方盛なり。釧路、根室両国に於て昆布採船の増加したること左の如し。

九年	十年	十一年	十二年上半季
千五百四十七	千七百四十六	二千〇〇二	二千三百四十一

此の如く昆布採船の増加したるは、其場所増加し資金貸与等によると雖ども、前に云如く貿易上の不利ありて昆布の産出は次第に増加し、且製方の粗なるにより其需用渋滞し、加之銀貨低落せるにより愈其価を下落せしめ、出産者に影響を及ぼすこと少からず。広業商会[9]（清国貿易専業とす）の如きは十二年以来年々売残品多く、十二年の昆布を十四年に至て尚三万七千石余貯蔵するに至れり。

（明治六年より十五年まで十ヶ年）清国昆布輸入調

	上海	牛荘	天津	芝罘	漢口	宜昌	九江	蕪湖	鎮江	寧波	温州	福州	北海	厦門	汕頭	広東	
六年	六、二七二.八八八石	四、三一五.九三四	一七、九九一.七三三	一四、八〇六.二三三	四六、一六二.二八四	—	一七、二一六.六八〇	—	四、一七五.九八〇	二、五四九.七一六	—	二、〇四〇.九八四	—	五四.六一六	三〇七.一六〇	—	二五、八九四.二二六
七年	一四三.九三六	二、三二三.二八八	一〇、七六〇.四一二	一五、六四五.〇七二	四〇、一八九.一六八	—	二、四一二.三三二	—	三、一四一.一六四	二、二一六.七七六	—	二、七一八.五八四	—	—	—	三三三.七九二	九八、八七五.五二四
八年	一七、八七七.二〇四	八、一八三.〇六四	二、八九一.五五六	一、五七二.二九六	三〇、七八七.二九六	—	一七、〇二九.四二〇	—	二、七三四.三一二	二、〇一二.三四〇	—	一、八六八.七一二	—	二五一.一九六	一八〇.六七六	二八一.九一二	八五、四四四.三〇八
九年	二、九四六.二四四	五、九八六.〇〇〇	六、六八八.〇三三	五一三.四四〇	三九、五五〇.七二四	—	二〇、一一六.三六〇	—	一、九六六.五八四	二、二五七.四八〇	—	二、八四四.八四〇	—	七五.七〇〇	五〇七.一〇四	五七三.二三六	八七、〇四一.七四四
十年	九三一.二七六	六、五九七.四二〇	八、二二六.七〇八	四、〇四四.一六八	三三、二三一.七〇八	—	二、〇一二.八五二	二三.七一二	三、三七七.八八四	一、九九七.二一二	七.二四八	二、三七五.二〇〇	—	八〇.〇〇〇	三三二.九八四	二七九.一二八	七五、〇〇〇.〇八〇
十一年	二、三一七.五〇〇	六、〇九六.六〇〇	七、八三三.三二四	五、二六八.〇四八	四〇、七〇三.二三八	八一七.五九二	二三、九八四.六七二	五三.四七三	四四五.三〇四	三、六一八.〇六四	一、〇八八.九六〇	三、八〇八.二四八	—	—	二九九.六五六	四〇三.九六〇	一〇二、七四八.〇二九
十二年	一三、〇五二.四九六	四三三.二〇〇	一二、〇〇四.六二三	五、〇七五.五九六	五〇、三九四.六三二	二、二三六.七六八	一九、一五九.六〇〇	二〇〇.〇八〇	四、五七〇.〇〇〇	二、四八二.六〇〇	二六二.八〇〇	二、七四一.六〇〇	—	—	四六八.八〇〇	三九三.六〇〇	一四八、〇六〇.九〇〇
十三年	四二、二五九.八一五	五、六〇九.二五四	二、四二九.一五〇	四三、八九九.三四〇	不詳	—	一八八、六〇〇.五一〇	一三九.三〇三	四、二六〇.〇二三	二、五五八.五三〇	一、三四一.〇六三	三、四五五.七六二	—	—	三六.九五一	二一七.五〇一	一四四、〇一五.二〇三
十四年	二、〇九二.二六〇	八、〇七一.六八〇	一五、三七五.二三〇	二四、七二六.一四〇	不詳	一、一六二.七四八	三三、〇三五.一六〇	二五七.七〇四	五、八九二.九五五	三、一八七.九一〇	一、五七六.一四八	三、〇二三.二八四	四一,〇一〇	—	四六二.二三五	二七六.五五四	九三、三三八.〇二五

此に因て見れば漢口、九江、芝罘、天津を最とす。元来本邦昆布は従前は長崎、琉球より輸出し、上海、福州に輸入したるも、即今は悉く一旦上海へ輸入し、夫より各港へ転輸するなり。茲に掲げたるは一旦上海へ輸入し再び分輸したる高を引去りたる数量なり。天津、芝罘、牛荘は上等を要せず。近年に至り満州産及び薩哈連島産の低価のものを輸入するにより本邦産は彼地に販路を失へり。幸にして漢口、九江、鎮江の販路は本邦産のみに限り、殊に刻昆布は彼地に産せざるにより利を専有せり。上海に輸出するものは揚子江を遡り運搬するものにて、其中漢口市場より分輸するものを尤多しとす。此他は陝西、湖南、四川の要衝に当り、殊に茶及び薬品等の産多く、其地の物産に富むを以て貿易甚だ盛なるによれり。此地河南、陝西、貴州、山西、広西へ輸送し、九江、漢口より湖北、安徽、江西其他へも分輸せり。故に上海の相場は漢口、九江の景況により変動せり。而して彼地にて価格を定むるや、品位に差ありて、海帯（板昆布）に頭番、二番、次霉の三等あり。帯糸（刻昆布）に一番、二番あり。又需用も各地異り。[10]海帯頭番は四川省（三分）、湖南省（壱分四厘）、陝西省（壱厘）、甘粛省（二毛）、浙江省（二厘）、直隷省（七厘）、牛荘（二厘）、湖北省（壱分五厘）、江西省（二分）、江蘇省（二毛）、安徽省（四毛）、福建省（五毛）、山東省（五厘）、山西省（二厘）、雲南省（三毛）、河南省（四毛）の割。同二番は山東省、山西省。同次霉は山東省（十分の七）、江蘇省（十分の三）、又帯糸は四川省（十分の五）、湖北省（十分の五）、湖南省（十分の二）の割合なり。同二は四川省（十分の三）、湖南省（十分の一の五）、安徽省（十分の五厘）、湖北省（十分の二）、河南省（十分の二厘）、江西省（十分二の八）、同三は四川省（十分の三）、湖北省（十分の二）、江西省（十分の四）、安徽省（十分の五）、河南省（十分の五厘）なり。

　抑我昆布は清国輸出品中第二等に位し、凡一ヶ年平均二千五、六百万斤内壱分を刻とす。而して上海の通況によれば、刻昆布中東京切と称するは其製粗悪にして大坂切よりは稍々価格も下直にして、加るに明治十三年東京切の分腐敗を生じ、殆ど泥土と等しく顧るものなきに至る。故に持主は大損を来せし輩も少からず。然るに其後有志の回復する所ありて、大坂切の上に出るの気勢あるも、未だ全く整理したるにはあらざるなり。亦長切昆布は従前の如く短きを棄去すべし。如何となれば短きは需用地にて好ざればなり。其好まざる所以は悪葉を切断したるものと思考するより忌嫌するなり。近年本邦輸出昆布の最も盛なりしは明治六年にて、一ヶ年十一万石余に及べり。是れ産出の多きと五年より函館に開通社[11]を設立し直輸の道を開きしによれり。然るに当時輸出の程度は六、七万石なりしが、如此俄かに供給の過度を生じ、価格に影響を及ぼし、七年には価頓に下落し、前年百石、七百弐拾円のもの五百五拾円となり輸出高も八万六千石に減じ、爾後十年に至る迄甚不活発なりしが、十一年に至り輸出額は増したるも、価格は洋銀の下落により進まずして当業者は困弊を極めたり。故に常に銷路の如何に注意するを緊要とす。又長昆布は毎年四月に新昆布を輸入し、十月に至る迄の間を販売の好季とす。十一月以後は内地運輸の水路氷塞するが為に市場の気配自ら沈鬱し、随て買客も各帰郷せり。但二、三の両月中にも既に多少の売買ありと雖も、未だ盛昌なるに至らず。而して上海市上に輸出する荷物の中十の八九は漢口へ向け再び輸出して、宜昌或は四川地方に於て消費し、残余の一、二は天津及び山東、九江、鎮江等へ回漕し、該地方に於て消費するものなれば、常に当業者は此販路及び売買の季節に注目をするを緊要とす。元来本邦の昆布は北海道出産総額の五割七分余は輸出にして、四割二分を内国用となすを常とせり。此外三陸産八千六百石も皆内国用なり。刻昆布は旧来大坂にて専ら製し、東京にては天保の末に創め、函館にては嘉永四年に創め、清国行は大坂多く、函館之に亜ぎ、東京又之に亜ぎしが、今は之に反し函館を第一とし、東京、大坂之に亜げり。然れども清国人の信用は函館製を第一等とす。十年迄は大坂製を多しとしたれども、十一年以来は東京製の輸出増進して、十五年に至ては東京製大坂に五倍せり。又函館も十年以来大に増加せり。然れども内国用は未だ大坂に及ばず。

以上説く所によれば、本邦より清国へ輸出する昆布の額は彼需用者に比すれば九牛の一毛にして、今板昆布の輸出高拾万石を四億万の人口に割賦すれば僅に壱口弐勺五才、則量壱匁に過ざるなり。若し壱口に弐升五合、即壱貫目を費すに至れば四億万貫目、即一千万石にして、代価も百石五百円とすれば五千万円の多きに至るにあらずや。故に採収季を制定し製法を精良にし、冗費を省き価を廉にして販路を拡め、終に繁殖法を施すが如きに達せんことを希望の至りに堪ざるなり。

長切昆布

俗ニ板昆布と云

根室産

原藻の長さ一丈許より最長きハ三丈五六尺ニ至る幅三四寸許の葉ハ花折元揃ひの類に比されハ薄し北海道昆布中最多く産収せるものとす一束の量目八貫目より十貫とす茎根五六寸を切捨長さ四尺二寸ニ切断し図の如く結束を做ね葉の薄きものハ多く上海へ輸送せ

仝

日高産

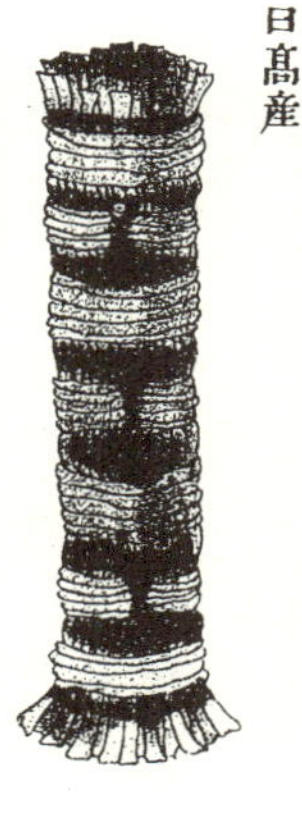

駄昆布

原貨其他胴結昆布ニ同し但結束異ニして図の如く長さ三尺二三寸許ニ断して結束す

胴結昆布

一名よきりこぶ

原藻長さ一丈五尺より二丈餘に至る幅二三寸許結束ハ図の如くニして長さ四尺量目八貫目採収季節ハ七月中旬より九月下旬定とす大坂及ひ北越へ輸送せ大坂にてハ刻昆布ニ用ひ北越ニてハ鮓巻等の雑食ニ供す

猫足昆布

原藻の茎根猫足の形を為せ長さ六七尺幅三寸許ニして葉厚し夏土用明より採収す結束ハ長切昆布ニ同し多く大坂へ輸送し細工昆布其他の食用ニ供せ

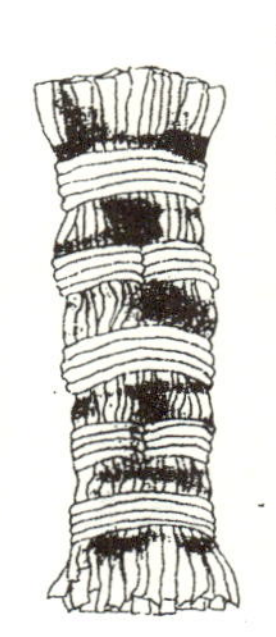

塩干昆布

原藻の長さ七尺より一丈許幅二三寸許図の如く結束して一束の量目四貫目とかも葉厚くして五月中旬より八月中ニ採収せるものとす多く大坂へ輸送し刻昆布等ニ用ふ

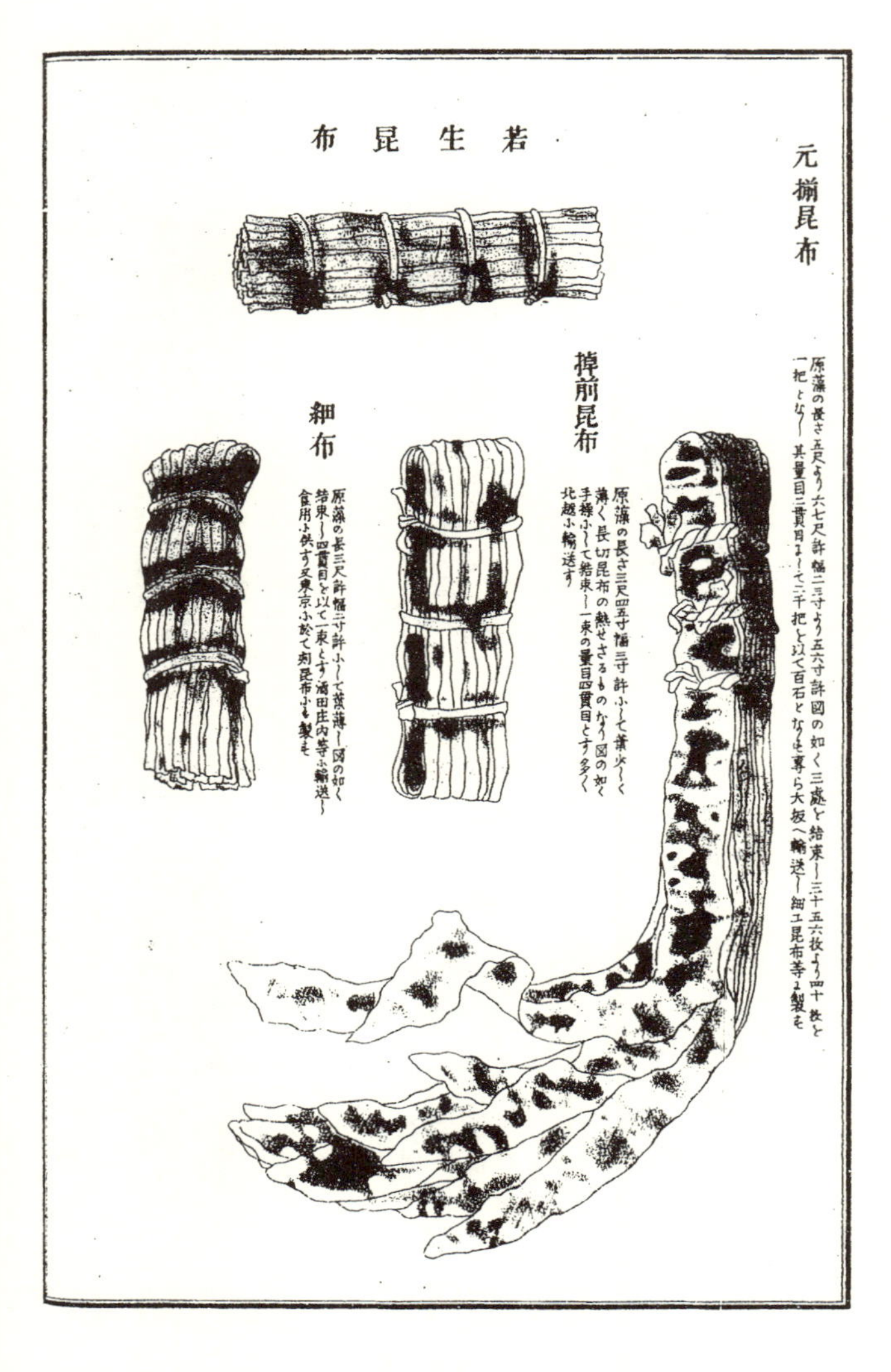
若生昆布
元揃昆布
原藻の長さ五尺より六七尺許幅二三寸より五六寸許図の如く三處を結束し三十五六枚より四十枚を一把となし其量目三貫目にして二千把を以て百石となせは専ら大坂へ輸送し細工昆布等に製せ
捍前昆布
原藻の長さ三尺四五寸幅三寸許にして葉少しく薄く長切昆布の熟せさるものなり図の如く手操にして結束し一束の量目四貫目とす多く北越に輸送す
細布
原藻の長三尺許幅二寸許にして葉薄し図の如く結束し四貫目を以て一束とす酒田庄内等に輸送し食用に供す又東京に於て刻昆布にも製せ

菓子昆布

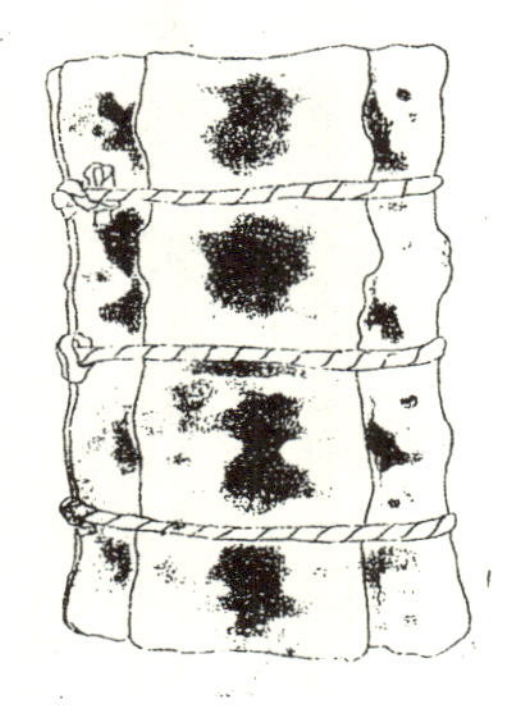

新製折昆布

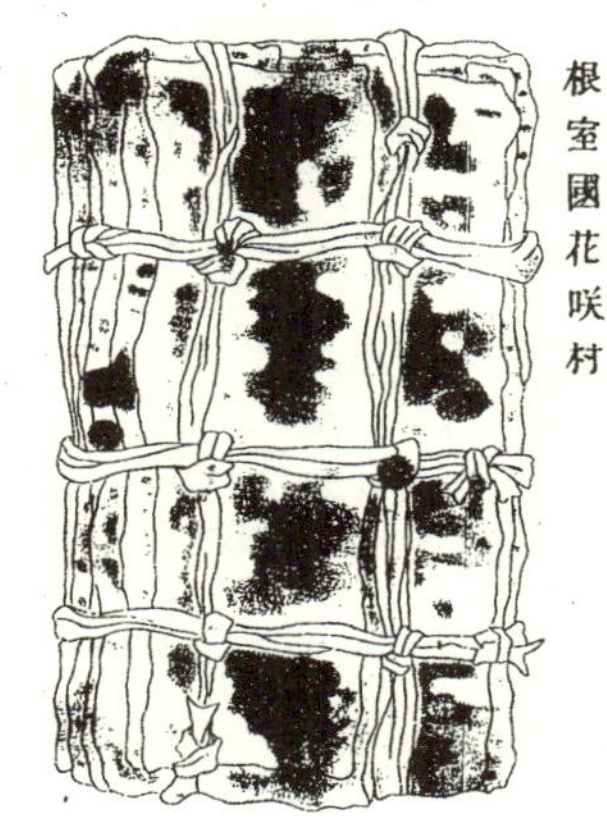

根室國花咲村

小鼻折昆布

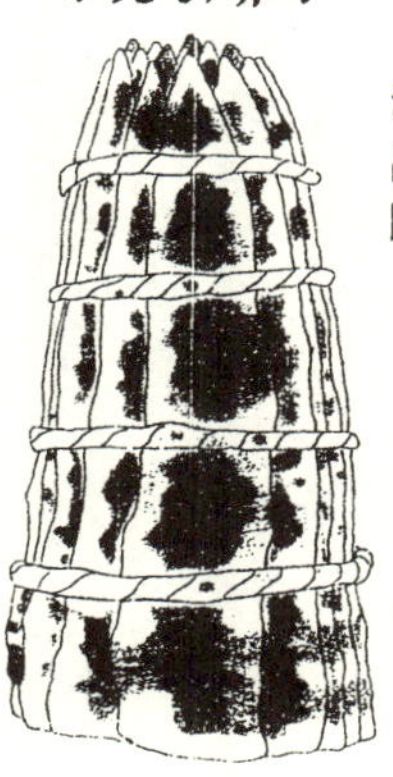

渡島國

鼻折昆布

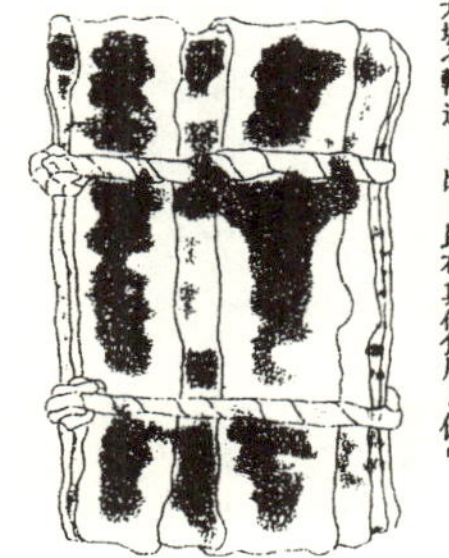

原藻の長さ五尺より六尺許幅五寸より三寸許
圖の如く結束し一把の量目八百目とす多く
大坂に輸送し出し昆布其他食用に供せ

渡島産

島田折昆布

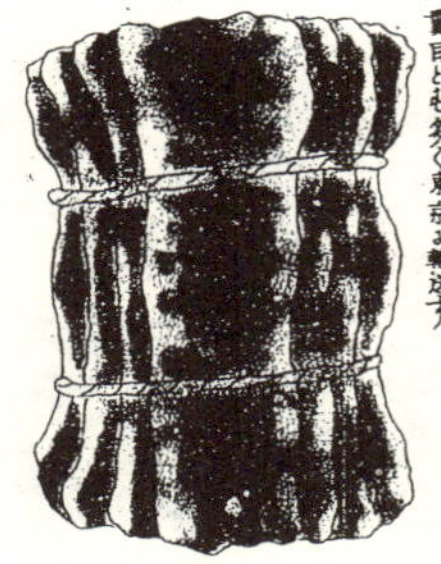

原藻の長さ七八尺より一丈許幅四五寸より七八寸にして花折ニ比すれハ叢少しく薄し採収季節ハ花折等ニ同し圖の如く結束し一把の量目一貫目とす多く東京ニ輸送す

三厩昆布

五分の一

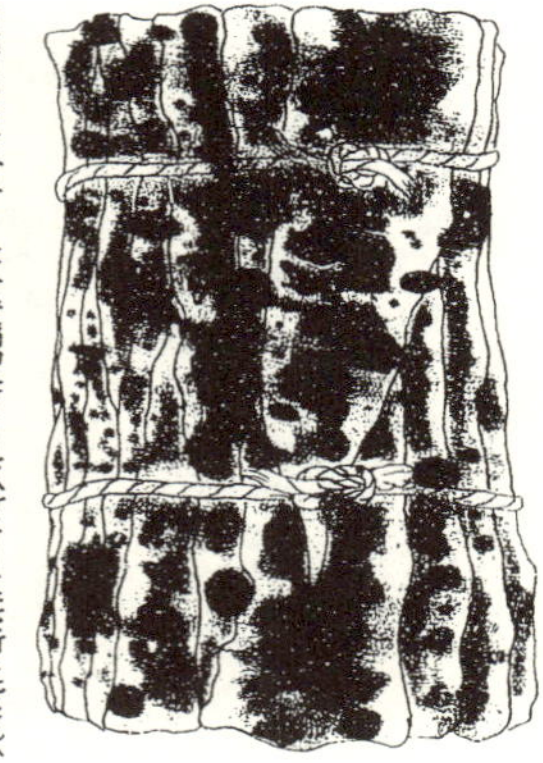

小花折昆布

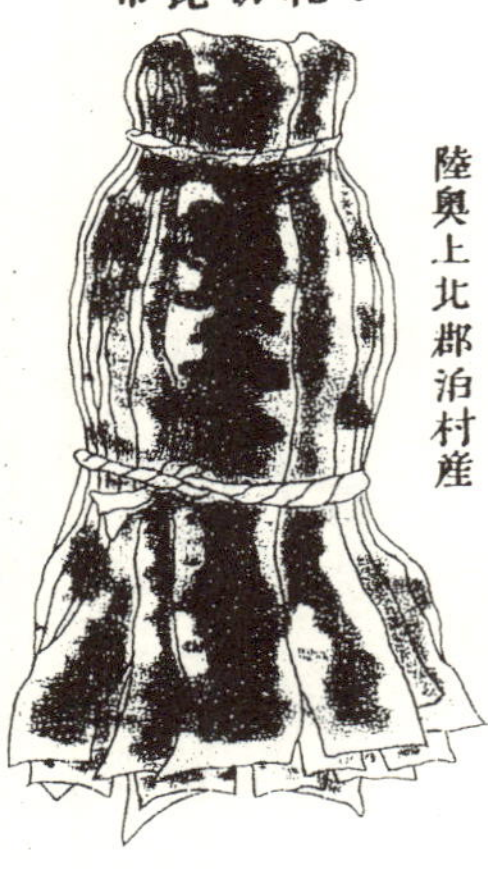

陸奥上北郡泊村産

折昆布

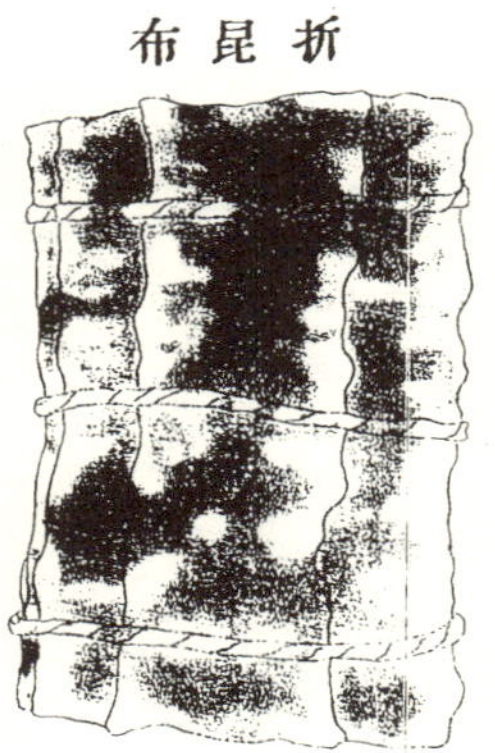

結束圖の如くにして其他鼻折ニ同し　渡島國産

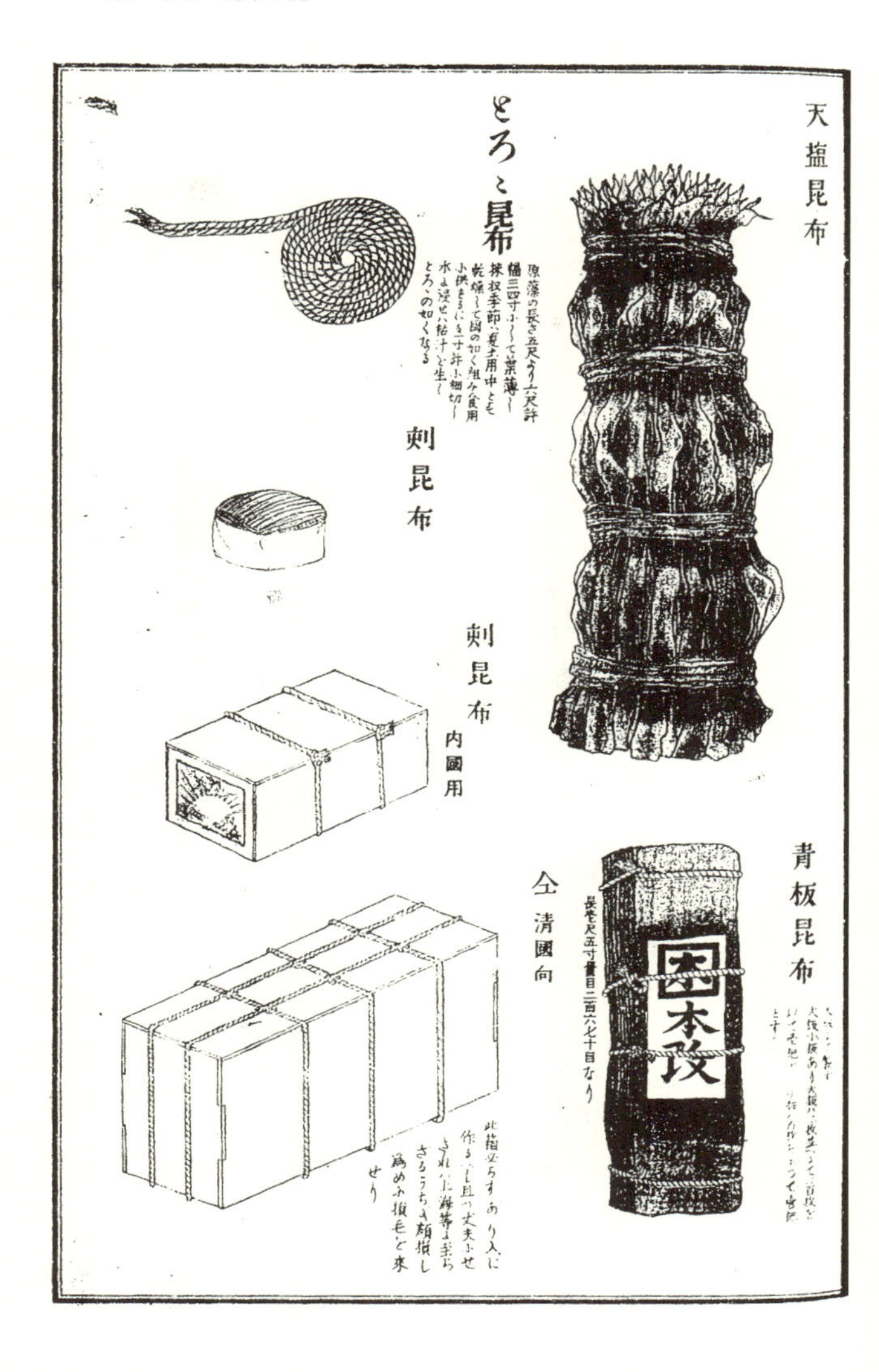
天塩昆布
とろゝ昆布
原藻の長さ五尺より六尺許
幅三四寸にして葉薄し
採収季節ハ夏土用中とす
乾燥して図の如く組み食用
小供まるにも二寸許に細切し
水に浸せハ粘汁を生じ
とろゝの如くなる
刻昆布
刻昆布
内國用
仝
清國向
青板昆布
長さ三尺五寸量目二百六七十目なり
此箱必らすあり入に
作るべし且つ丈夫にせ
されハ上海等に至ら
さるうちに頽損し
為めに損毛を来
せり

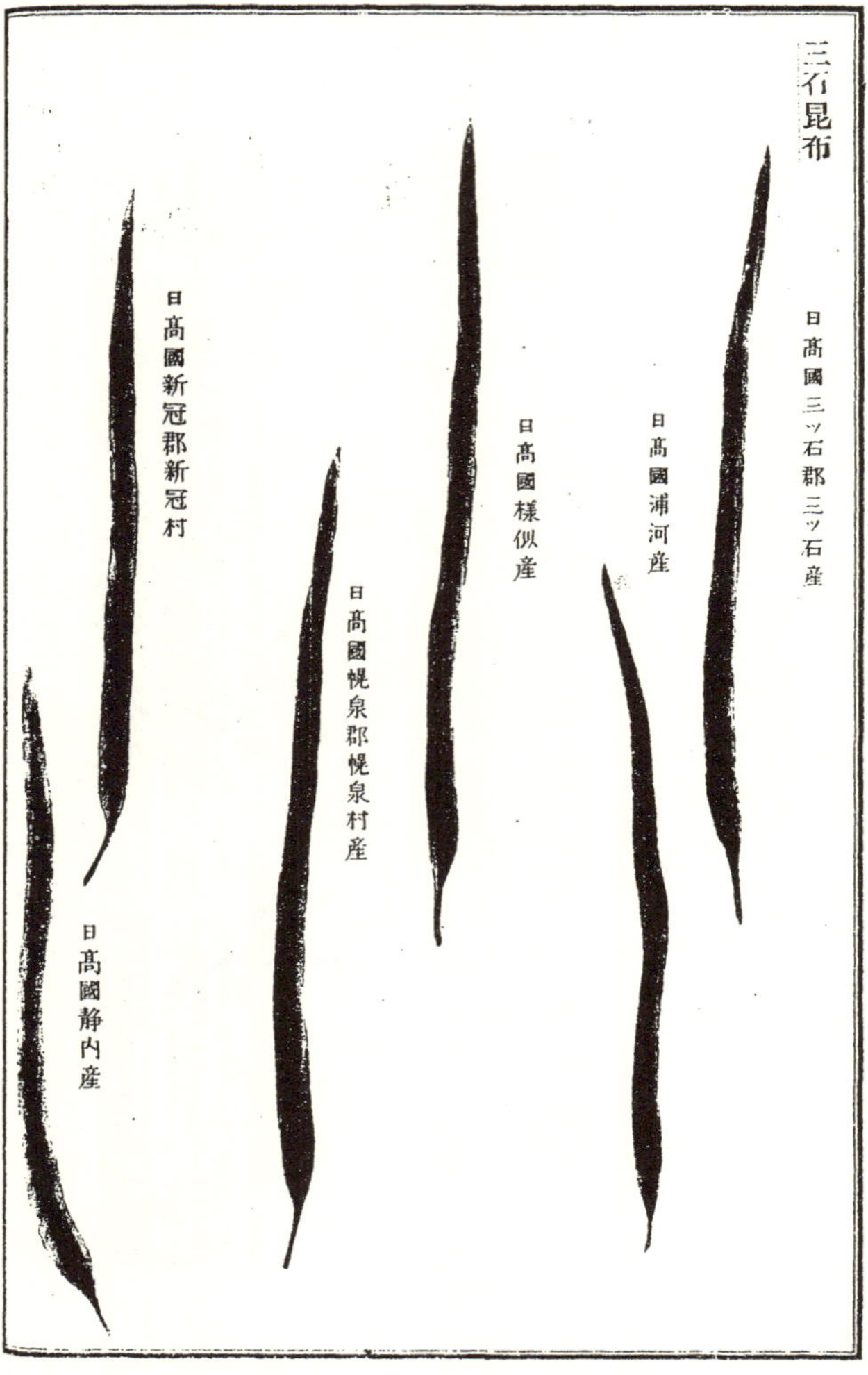

三石昆布

日高國三ッ石郡三ッ石産

日高國浦河産

日高國様似産

日高國幌泉郡幌泉村産

日高國新冠郡新冠村

日高國静内産

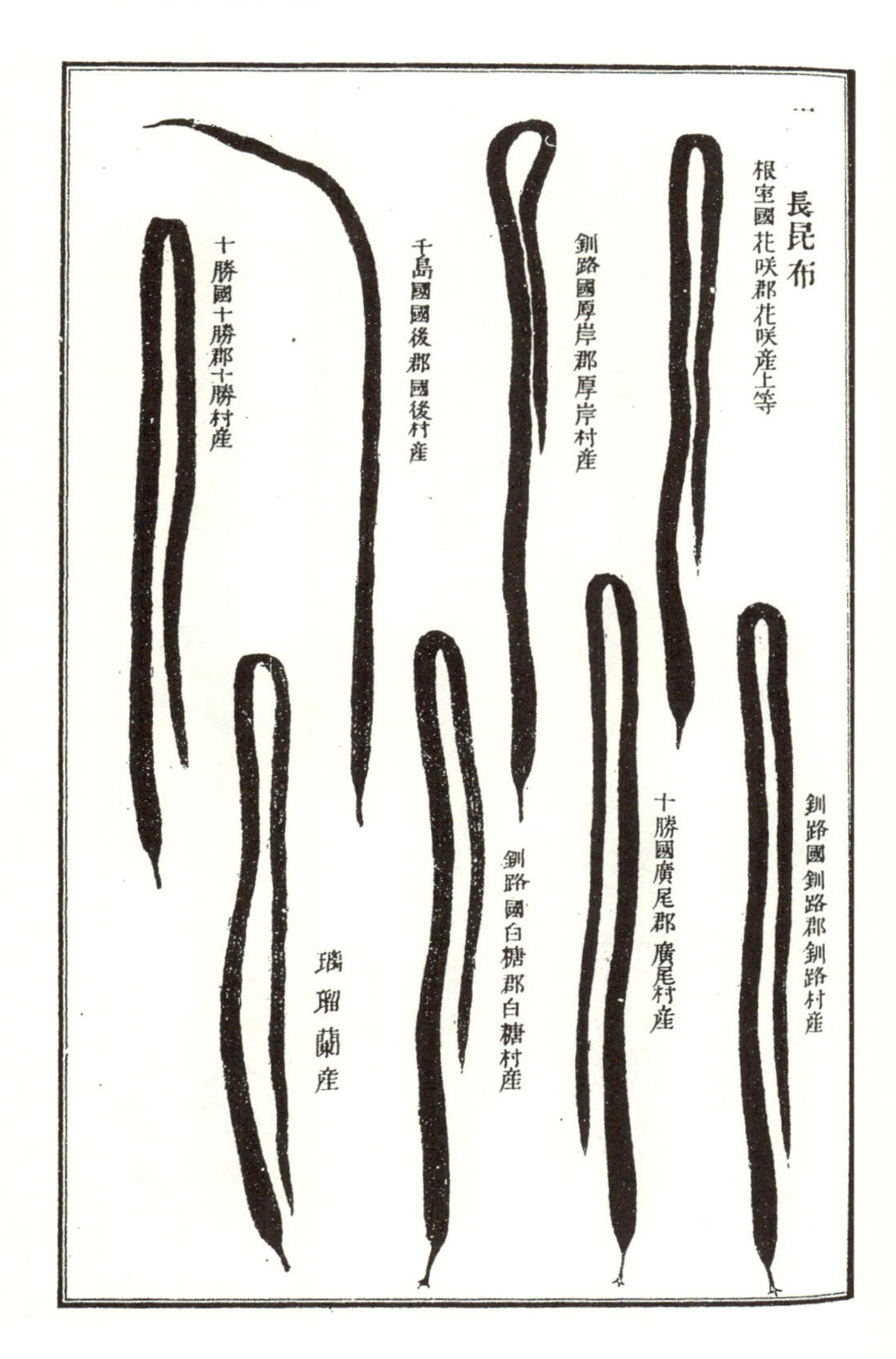
一
長昆布
根室國花咲郡花咲産上等
釧路國厚岸郡厚岸村産
千島國國後郡國後村産
十勝國十勝郡十勝村産
釧路國釧路郡釧路村産
十勝國廣尾郡廣尾村産
釧路國白糠郡白糠村産
璃瑠蘭産

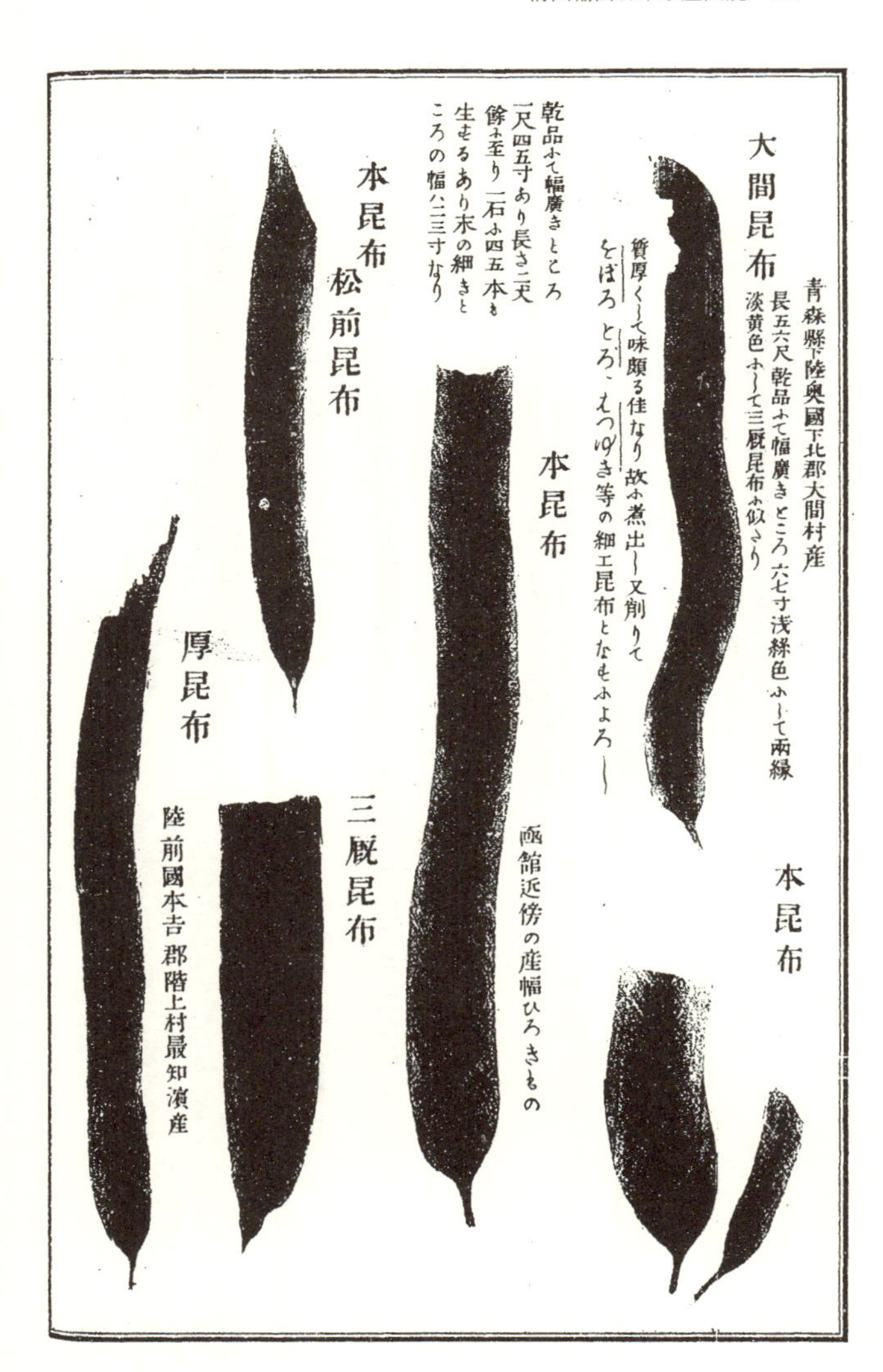
大間昆布
青森縣下陸奥國下北郡大間村産
長五六尺乾品ニて幅廣きところ六七寸浅緑色ニして両縁
淡黄色ニして三厩昆布ニ似たり
本昆布
質厚くして味頗る佳なり故ニ煮出し又削りて
をぼろとろゝむつゆき等の細工昆布となすニよろし
本昆布
函館近傍の産幅ひろきもの
乾品ニて幅廣きところ
一尺四五寸あり長さ二丈
餘ニ至り一石ニ四五本も
生せるあり末の細きと
ころの幅ハ二三寸なり
本昆布
松前昆布
三厩昆布
厚昆布
陸前國本吉郡階上村最知濱産

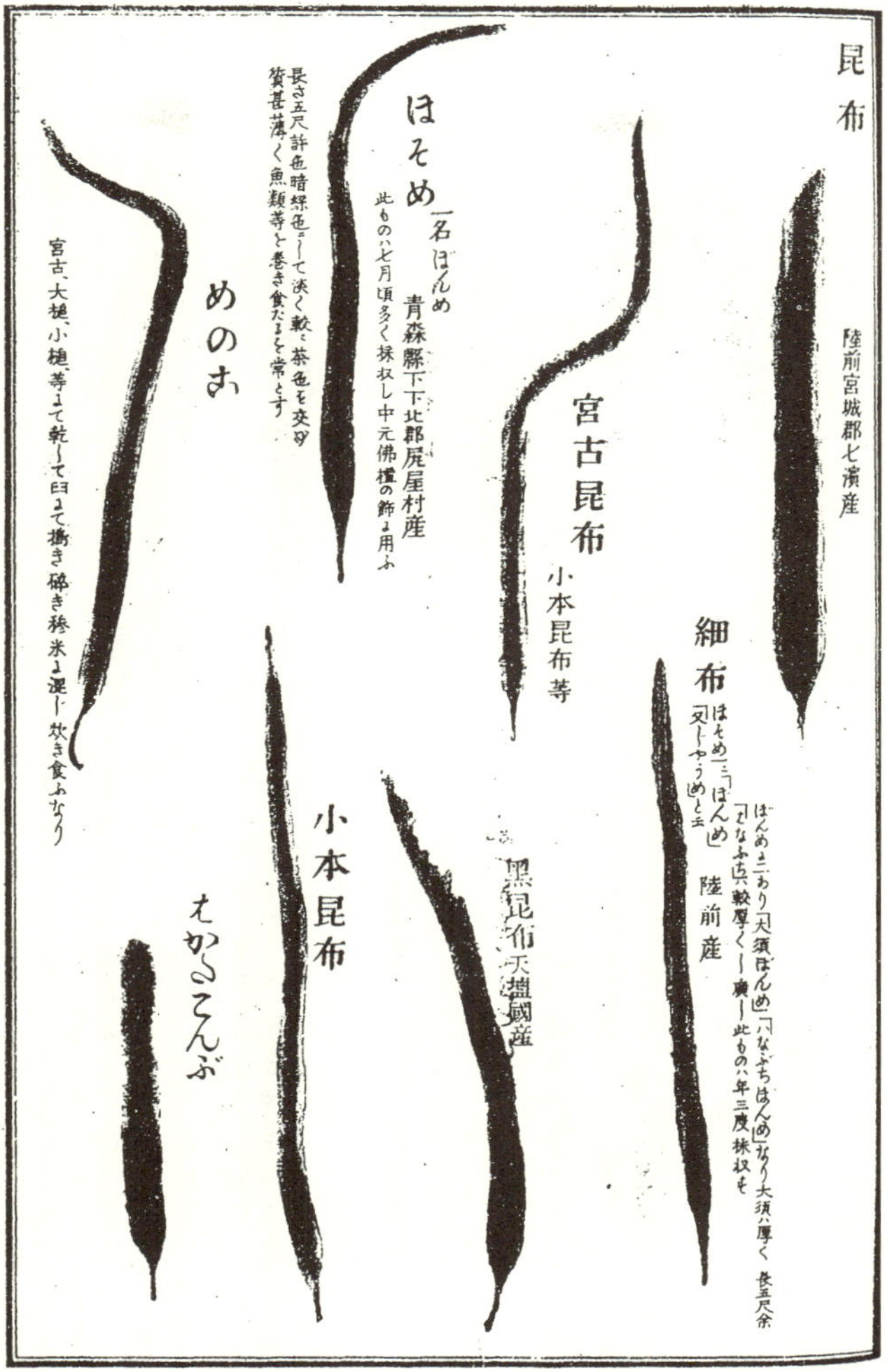

昆布

陸前宮城郡七濱産

宮古昆布

小本昆布等

細布

ほそめ二云「ほんめ」

又「しやうめ」と云

ほんめ二あり「大須ほんめ」「なぶちほんめ」なり大須ハ厚く 長五尺余

「なぶち」ハ較厚くして広し此ものハ年三度採収も

陸前産

黒昆布 天塩國産

小本昆布

むかでこんぶ

ほそめ 一名ほんめ

青森縣下下北郡尻屋村産

此ものハ七月頃多く採収し中元佛檀の飾に用ふ

長さ五尺許色暗緑色にして淡く軟に茶色を交ヲ

質甚薄く魚類等を巻き食たるを常とす

めのお

宮古、大槌、小槌、等にて乾して臼にて搗き砕き黍米に混し炊き食ふなり

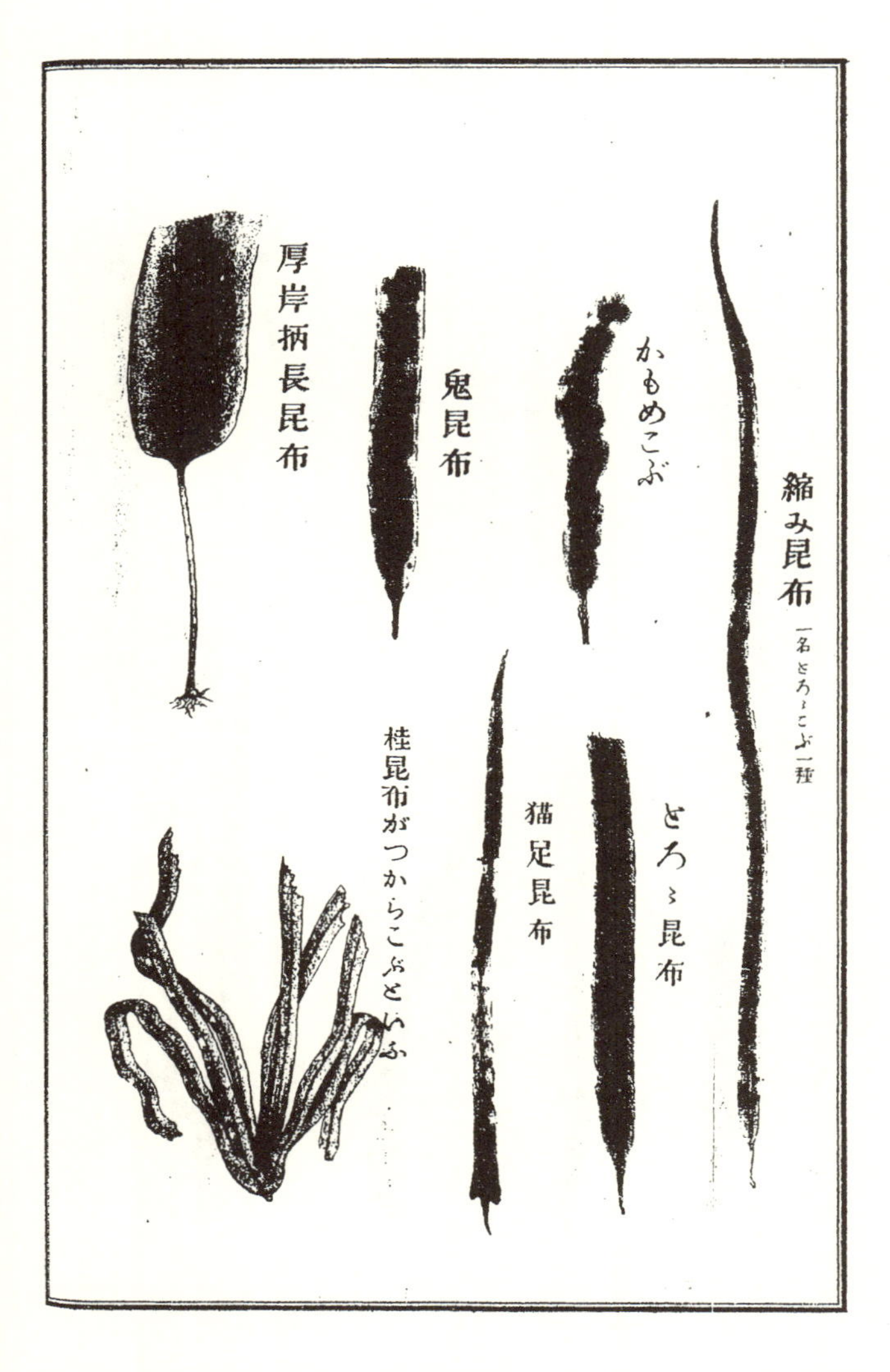
縮み昆布
一名とろゝこぶ一種
かもめこぶ
とろゝ昆布
鬼昆布
猫足昆布
厚岸柄長昆布
桂昆布がつからこぶといふ

（三） 煎海鼠(いりこ)の説

煎海鼠は『延喜式』に熬海鼠と書し、『和名鈔』これを伊里古(いりこ)と訓ましむ。『古事記』及び『和名鈔』『本草和名』等に海鼠を古とし、『本朝式』に海鼠に熬の字を加へて伊里古と云ふとあり。又『類聚雑要』にも鮮なるを生海鼠(なまこ)とし、熬(い)りたるを熬海鼠(いりこ)とすとありて、海鼠を熬り乾したるものゝ称なり。往昔は熬り乾製を是とし、玉造に焦鼠(いるこ)とし『伊勢守貞陸記』〔『伊勢貞陸自筆記』カ〕に「くろもの」の名ありしも、後世(のちのよ)煎乾の製あるより『塵添壒囊鈔』に煎海鼠の文字あるに至れり。而して此煎海鼠は『延喜式』神祇、主計等の部に志摩、若狭、能登、隠岐、筑前、肥前、肥後等より朝貢とし、神饌、内膳に供し、賦役調庸の資に充(あ)て、往古より世に貴重せられたり。

『食物本草』『五雑俎〔組〕』『薬性纂要』等をはじめ数部の漢書を閲するに、漢名は海参一名海男子、又海蛆とし、其効人参に均しきものなりとして清国人も往古より賞美せり。

『本草従新』海参の条に刺あるものを刺参と名づけ、刺なきものを光参と名づけ、閩中海参色独り白しとありて三種に分ち、又『食物本草』は痺瘤あると表裏潔きものとの二種に分ちたりしが、今世に至りて其数多きを加へ、黒海参、白海参、紅旗参、開片梅花参、烏条、赤参、烏元参、靴参、紅参等なり。

海鼠の称は『和名鈔』に崔禹錫の『食鏡〔経〕』を引(ひい)て、海鼠、和名古とあり。而して『雨航雑録』

『寧波府志』等の漢書によるに、沙噀一名沙蒜とし、『温州府志』『酉陽雑俎』等に塗筍、海蛆とす。熬海鼠に製す可き海鼠の種類も一様ならずと雖ども、古人の著書に載する所、海鼠、金海鼠の二種に止まれり。而して今各地に唱る所の名称を挙ぐれば「なまこ」（今仮に「ほんなまこ」と称す）「とらなこ」「きんこ」「おきなまこ」「いそなまこ」「あかなまこ」「たらこ」（淡州北村）「こどら」「とらこ」「あかこ」（一名「ひしこ」）「ふぢこ」「りうきうなまこ」等あり。紅色なるを「あかこ」と云ひ、黒色なるを「くろこ」、黄紅雑のものを「なじこ」と云ふ。此「なじこ」に五色のものあり。而して本邦及び清国にても海鼠の鮮味を嗜好すること古書に見へたり。

近時西洋の動物書によれば、海鼠の種類を三十三種とし、太平洋及び東方の海にて捕獲乾製して商品となし、現今「ニユケレドニヤ」にて其価あるものは唯五種あり。「新和蘭〔オーストラリア〕」より「蘇門答刺〔スマトラ〕」に至る諸島の近海及び「マーナー」湾其他太平洋中所々に産すと雖も、「スルー」群島の東南より「アルロー」島及び「新グイニヤ」の「小珊瑚島」に於て最も多量に産し、「マツカサ」及び「マニラ」を以て之が市場とせり。即ち此地にて産するは褐色、黒色、淡青色、赤色、白色是れなり。而して清国にては黒色なるものを黒海参と名づけ上等なるものとし、白色なるものを白海参と名づけ下等のものとせり。又印度産は多量なれども品位悪くして低価なれば平常の食用とす。而して本邦の外海参を清国に輸入する国は、近年「プージー」諸島にて海鼠漁業流行し、其製品は「シドニー」に輸入し、夫より転送す。然れども其製粗にして拾六貫二百目の量目にて八円より拾円に止り、或は六円に下落することあり。又「タヒーチー」より「加利福尼耶〔カリフォルニア〕」を経て転送せるものあり。

海鼠は本邦の沿海中淡水の注入せざる所は概ね産せざるはなしと雖も、『本朝食鑑』に載する所、煎海鼠及び海鼠腸を製して世に賞賛せらるゝは尾張の和田、参河の柵島、相摸の三浦、武蔵の金沢、本牧、讃岐小豆島等なり。陸前の金華山に産する所の金海鼠は其類異れども、其名著しきより世人は渾て「いりこ」を「きんこ」と唱るものあり。凡そ海鼠を串に貫き乾したるものを「くしこ」、又「からこ」と唱ひ、山陽道にて簀乾したるを「とうじんこ」又は「ほしこ」と称し、「いりこ」を筑前にて「いるこ」、東北地方にて「ゐるこ」と転訛して唱ふるあり。

製法も古来より時勢によりて変遷或は改良し、或は濫造に流れたることあり。古にありて精良品を出せしは延喜年間とす。其後兵乱打続きしより粗製或は廃業し、足利時代に少しく回復し、徳川時代に至りて幕府へ献上と清国貿易との為めに一層改良したりしなり。

煎海鼠を製するの法数多あり。腸を去るあり、去らざるあり。水を加へず、熬るあり。水を以て煮るあり。煮るに潮水を用ふるあり、淡水を用ふるあり。胴を割るあり、割らざるあり。中部を切るあり、頭を割るあり、尾を割るあり、頭部より三、四分下て切るあり。乾かすに火力、大陽力の二様あり。糸吊乾、藤吊乾、串乾、簀乾、筵乾等あり。色を着くるあり、着けざるあり。着色にも種々の法あれども皆不良にして、独り艾葉を以て色をそゆるを善良とす。旧時の製法たる竹串を貫く（串海鼠といふ）あり、藤蔓を貫く（藤海鼠といふ）あり。腹中の砂を除かざるあり。乾燥足らざるものあり。截割の悪しきものあり。然るに串乾、藤蔓乾の如きは漸次廃れたりと雖ども、筵乾を止めて簀乾に改るが如きは未だ一般に行はれざるなり。

今時改良せし良法を挙ぐれば、先づ海鼠を捕獲し清水に浸すこと一夜、腹中に存せる砂を噴き出させしめ、若し出さゞるときは胴の後端を三、四分下げて少しく切り、内部の臓腑を除き能く洗ひ、沸湯に艾葉を少し入れ、此れにて煮ること小なるもの一時間より大なるもの二時間にして、銅製の箸を以て輙く狭〔挟〕み得らるゝを度として取揚げ、壱個づゝ曲らぬよふ簀筐に并べ、藁灰を撒布し、両手にて揉み黒色を表す。之れを焙炉に上せ、火力を以て一昼夜の間だ乾かし、後ち大陽にて乾すこと両三日、全く乾くを認め、箱或は樽に詰め之を密閉するものとす。然るに従前の製法の如く単に大陽の力を以て乾すときは、陰晴常なきを以て徒らに多日を費さゞるを得ず。加之品位も亦火力製に劣る数等なり。蓋し北海道製の諸国に冠たるは夙に火力法を用ひたるが故なり。

海鼠腸に塩を混和したるものを「このわた」と称す。是亦『延喜式』に能登国より貢献のことを載せ、近世は尾張、参河等の産著名にして海醤中の絶品高価なるものなれども、熬海鼠を盛に製する地方にては形状を損傷するを以て之を作ること稀なり。

煎海鼠の産地は近年大に区域を広め、方今産出の国を挙ぐれば、志摩、尾張、三河、相摸、武蔵、陸前、陸中、陸奥、若狭、能登、佐渡、渡島、後志、胆振、石狩、天塩、北見、十勝、日高、釧路、根室、千島、播磨、備前、安芸、周防、長門、丹後、伯耆、出雲、紀伊、阿波、土佐、讃岐、伊予、豊後、豊前、筑前、肥前、肥後、壱岐、薩摩、大隅、琉球の四十四ヶ国にして其産額百八十八万二千四百四十六斤、此価三拾六万三千七百五拾八円余なり。其中に就て一ヶ年千斤以上五千斤以下を産出するは武蔵、相摸、伊勢、三河、陸中、佐渡、隠岐、備前、讃岐、豊後、肥後、壱岐、対馬、胆振の十四国、五千斤以上壱万斤以下は尾張、陸奥、日向の三国、壱万斤以上は志摩、陸前、若狭、能登、安芸、周防、伊予、肥前、石狩、北見、渡島の十一国とす。而して五万斤以上は後志、天塩の二国にして其品質も遠く諸国の上にあり。是等の諸国に産するものは概ね刺参にして、琉球産の海参は肉刺なく真の光参なるものにして、従来年々三、四万斤を製して清国に輸出し、尚を明治七年に至りても壱万八千七百六十斤を輸出せり。而して其品に数種あり。「ちりめん」「しびー」「ぞうりげた」「くらうそう」「しろうそう」「かずまる」「はねぢいりこ」「しなふやし」「めーはやー」「なんふう」等なり。且つ其品位上好其価甚高し。其中「かずまる」と称するものは清国にて「開片梅花参」と称する上好のものなり。又縮緬は百斤の清貨百四拾両、其他も上品五拾両、中品四拾三両、下品三十五両の高価なりし。

煎海鼠は産地によりて品位を異にすと雖も、第一は製造の良否に関するもの多し。刺参は肉刺の長短、鋭鈍、形状、色沢の美悪、等皆製造の如何に由らざるはなし。従来劣視せられし筑前産も、同国志摩郡船越村高武喜三郎が十六年水産博覧会に出品せしものは後志産と価を同ふするに至れり。是皆旧製を改良したる其の結果によれり。南北数百里を隔ちて産地の性質彼是異なるも、製造の改良に由て品位価額を均ふする此の如し。玆に由て之を見れば製造の改良は目今の急務にして、苟も水産経済に志するものは豈黙止すべけんや。

海鼠を捕獲するは網罟及び鈎にして其種類凡十余種あり。網に爬網、欓網の二あり。鈎にて衝きとるものは疵傷つきて品位を害せり。沖にて捕るは爬網にして、其使用は網を舳に附けて船を走らす。又海底の石に着たるものを捕るには魚油を水面に滴らし、塵埃を開かせ、水面を明らかにし、以て欓網にてとる。但し其巧拙によりて収額の多少あり。

冬季の海鼠は色美にして鮮食に適するも、春季は赤色を帯び鮮食によろしからず。夏季に至れば肉痩せて、愈下直となる。冬春のものは煎海鼠[12]十貫目にて煎海鼠三百五十目を得るも、夏季は二百六十目内外にして其形ち三分一、或は五分一に減ぜり。

徳川時代には海鼠の捕獲に法則あり。各浦に定規あり。春の彼岸より秋の彼岸まで捕獲し、或は小きを捕ふるを禁じたる場所あり。春の彼岸に長さ一寸、量八分の海鼠は秋の彼岸に至れば長さ四、五寸、量八、九匁に至れり。春時小なるもの二百個にして僅に一斤の量あるも秋時の大なるものは二十個にして一斤となり、小形百斤の価は三、四円なるも、大形百斤は三拾四円にして、彼是比較すれば秋時の価は春時の二十倍に至る。価格の差も亦大ならずや。

元来清国の貿易たる其創の唐物薬品を我に需むるの目的にて我物産輸出を主眼となしたるにはあらざりしと雖も、徳川時代年々唐物の需用多額に登るを以て、天明元年五番船持渡の唐物代り物として昆布を渡し、安永九年十三番船唐物代銀百五貫目の代り物に煎海鼠を渡したりしことを『経済秘書』に載せ、又『評定所覚書』に往古より銀子を以て仕来りしも自今半額は品物を以てす可きことをのせたり。当時は煎海鼠を大番、中番、小番の三段に分かちしが、爾来俵物役所なるものを設けて専ら金貨の濫出を予防し、物産を以て唐物に代らしむることゝなり、我物産の等差を細別するに至り、煎海鼠を十番に分ち、又番中にも項、大、中、小の区別あり。其番立は左の如し。

（寸法）十番（四寸五分内外）九番（四寸内外）八番（三寸五分内外）七番（三寸内外）六番（二寸五分内外）五番（二寸内外）四番（一寸五分内外）三番（一寸余）二番（一寸）一番（一寸以内）、（員数法）十番（一斤に付、拾五以上三百六十迄の程合平均六十五粒）九番（仝八つ以上五十五迄仝断四十五粒）八番（仝八つ以上七十迄仝断五十五粒）七番（仝大六十五より八十五迄小三百六十迄仝断百五粒）六番（仝九十以上百五十迄仝断百粒）五番（仝百以上二百迄仝断百三十粒）四番（仝二百以上三百迄仝断二百五十粒）三番（仝百以上仝断三百六十粒）二番（仝四百以上八百五十迄仝断五百粒）一番（千二百粒以上）。

概ね右の如しと雖も、十番は松前蝦夷地出産を本体とし、形の大小あるも肉刺鮮鋭なるを此番に定め、津軽、南部、仙台の内上品の分を加へ、諸国出産の内にも刺立北海道産に似たるものは組入、九番は津軽南部産大小を本体として諸国出産の内形大にして刺立宜しきを組入、八番は諸国出産の内形大きなるを大中交へ、刺立に拘はらず此番に組入る。七番は諸国出産の内刺立あるものゝ中小形を交へ此番とす。尤大形の分は九番は組入れ、小形にても刺立宜しきは小七と唱へて此番に加ふ。六番より二番までは大小次第に撰分け、大を六番に定め五番、四番、三番と撰下げ小を二番と定め、一番は諸国出産の内至て小く二番にも成らず、壱粒の量壱分四、五厘程のものを此番に定む。無番は疵物等番立に加へざるものにて「よれ」「ちぎれ」の二品とす。「よれ」は煮直して番立に加へ、「ちぎれ」砂食等は無番とす。

前条の番立は長崎俵物方に於て取扱ひたる徳川時代の慣行たり。維新以来旧法廃れ、新法立ざるに乗じ新業の商家輩出し、番立の法も亦一定せざるが如き有様となりたり。而して現今上海に於ては大中小の三等に分て、喩ば大の九番、中の九番、小の九番、と云ひ、其最も大なるを頂大とす。且其番号区分あるも毎俵内に大、中、小入交りあるにより、是等は見込を以て売買せり。而して価額の等数は十番（七十円）九番（六十五円）八番（六十円）七番（五十三円）六番（四十五円）五番（三十三円）四番（二十円）三番（九円）二番（六円）一番（三円）と云が如し。

本邦産煎海鼠は年々清国の販路を広め、明治元年は十五万三千六百十二斤、此代価五万四千拾円余なりしが、年々増進して十七年には一ヶ年に六十二万六千八百八十二斤、此価拾五万千五百六拾五円の多きに至れり。右を輸出するは函館、横浜、神戸、長崎の四港より之を上海、香港等に輸送し、夫より各地に分輸せり。但し従前琉球より輸出せしものは直輸出せり。而して之を分輸する地方は左の如し。

大九番小十番　十分の四〇〇直隷省　十分の二五〇　山西省　江蘇省　十分の一〇〇山東省
大十番小十番　十分の五〇直隷省　十分の四〇〇四川省　十分の三〇〇江西省　十分の五〇山西省
八、七、六、五番　直隷省　福建省　江西省　江蘇省　浙江省　山東省　安徽省　江南省　湖南省
湖北省　雲南省　広東省　此他各省一般
三番二番　十分の四〇〇江蘇省　十分の二〇福建省　十分の四〇〇浙江省等なり。

近年其輸出額を増したるも、未だ清国内部の需用は普からずして益増進せんとす。而して元来清国には八饌とて大小海味八種を用ふる事あり。即ち煎海鼠は大海味の一にして、数種の割烹となして客饌饗応に用て敬意を表し、且四川地方の五色の菜の一にして其愛深く其需用甚だ広し。

以上説く所によれば、此販路は漸次益進んで需用を拡むるや疑を容れざる所なり。故に漁季を定て海鼠を成長せしめ、漁具漁法を改良して捕獲を多からしめ、製法を精良にし荷造を改良し販売を確実にして信用を厚からしめ、勤めて増益を図るべし。

夫れ海鼠は多肢類、芒刺虫、沙噀部の下等動物なれば、蕃殖成長共に甚速かにして七ヶ月間に四倍以上に成長し、畜養の大利ある他の魚介の及ぶ所に非らず。故に柵を結び石を積んで区域を画し、畜養場を設くる如きは本邦已に周防国都濃郡福川村佐伯吉五郎等の実地経験のあるあり。尚進んで人工

煤助を施し、大に増殖を図るが如きに進歩あらんことを希望の至りに堪（たえ）ざるなり。

一第圖の鮑海煎

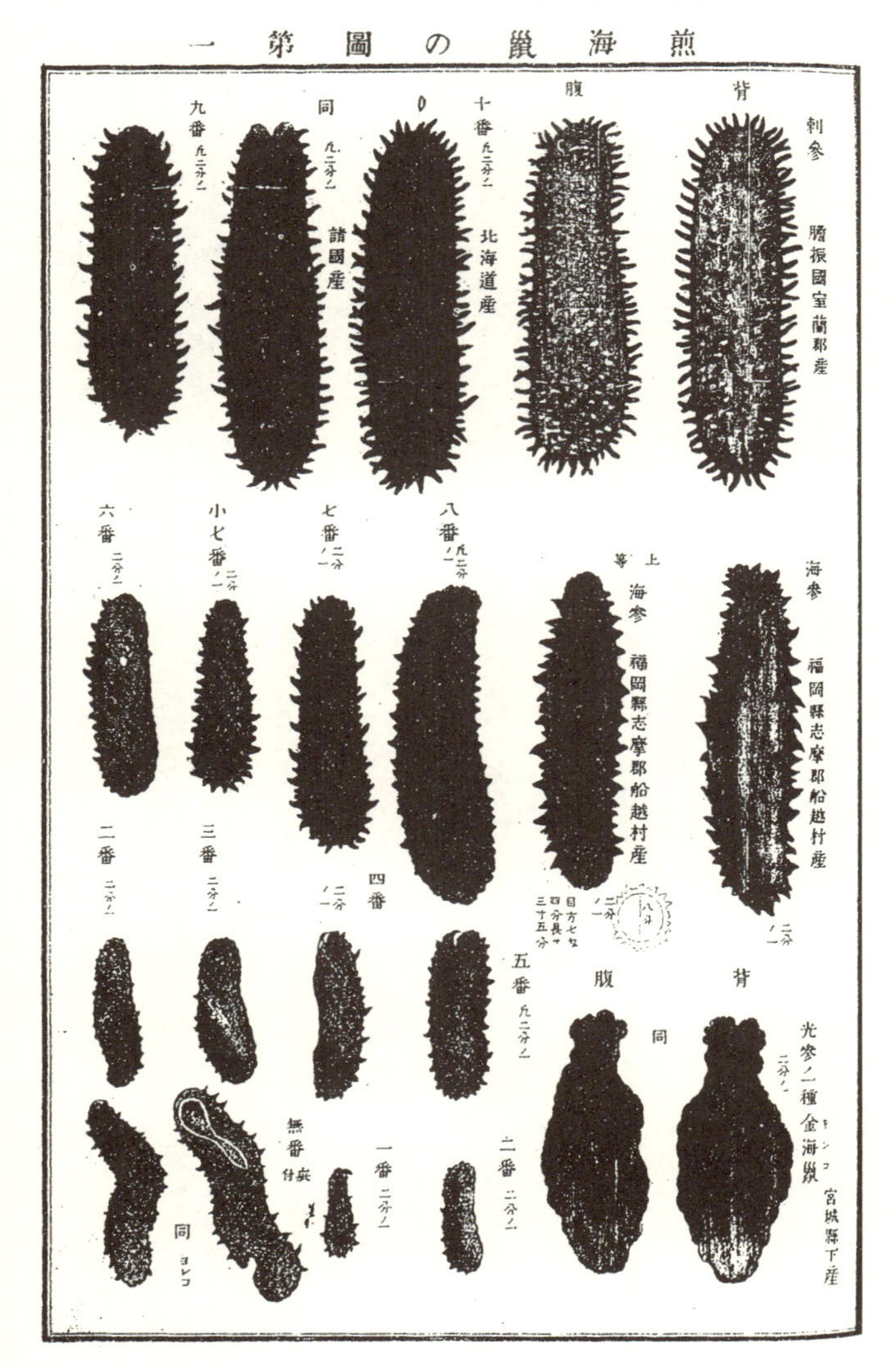
背
腹
刺参
膽振國室蘭郡産
十番
北海道産
同
諸國産
九番
八番
七番
小七番
六番
上等
海参
福岡縣志摩郡船越村産
海参
福岡縣志摩郡船越村産
二番
三番
四番
五番
背
腹
同
光参ノ一種金海鼠
宮城縣下産
無番
一番
二番
同

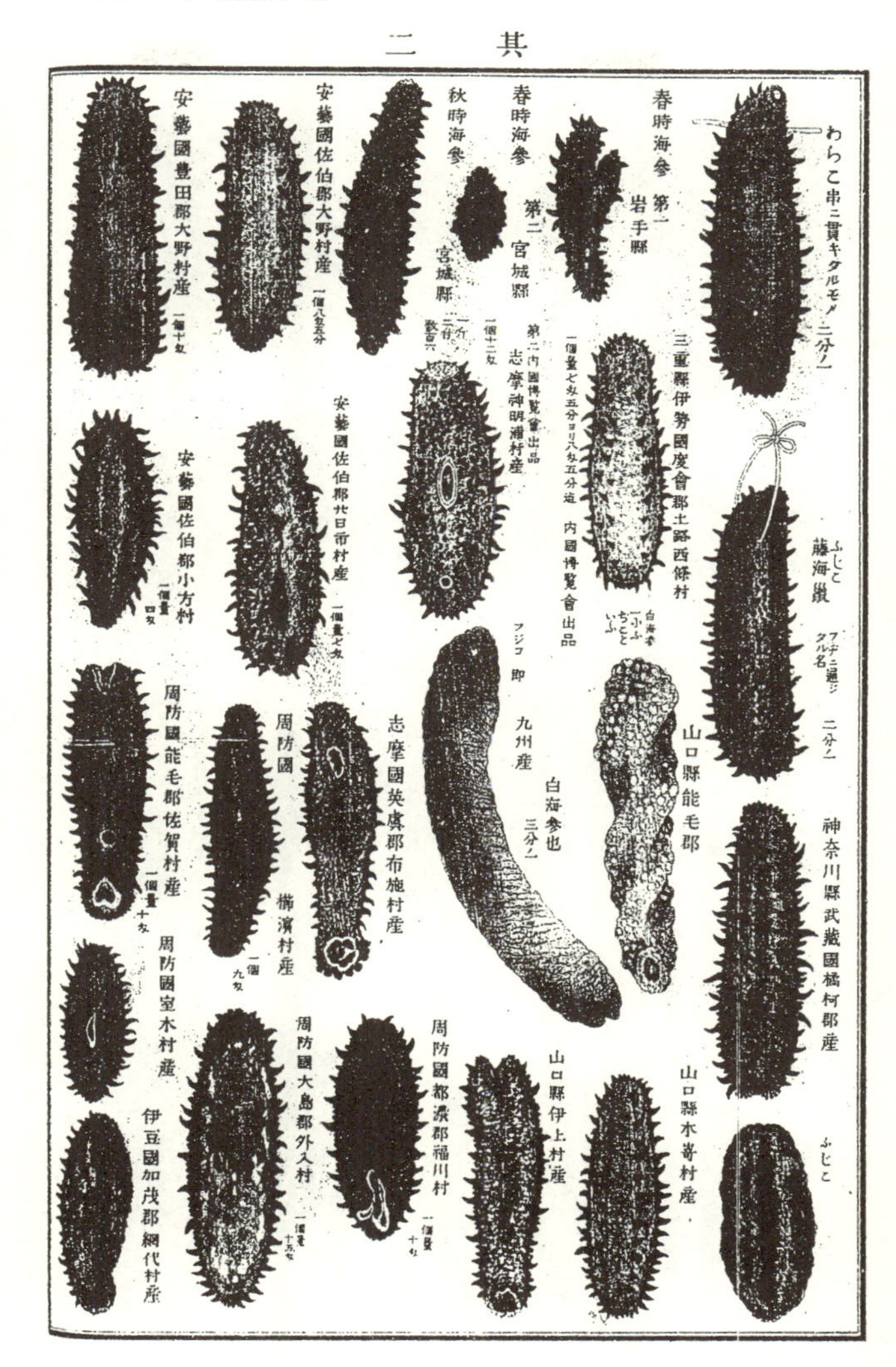
其 二
わらこ串ニ貫キタルモノ 二分ノ一
春時海参 第一 岩手縣
春時海参 第二 宮城縣
秋時海参
三重縣伊勢國度會郡土路西條村
志摩神明浦村産
藤海鼠 フヂニ通ジタル名 二分ノ一
山口縣能毛郡
白海参也 三分ノ一
九州産
志摩國英虞郡布施村産
周防國
周防國能毛郡佐賀村産
安藝國豊田郡大野村産
安藝國佐伯郡大野村産
安藝國佐伯郡小方村
安藝國佐伯郡廿日市村産
神奈川縣武藏國橘樹郡産
山口縣木寄村産
山口縣伊上村産
周防國都濃郡福川村
周防國大島郡外入村
周防國室木村産
伊豆國加茂郡網代村産
ふじこ

其三

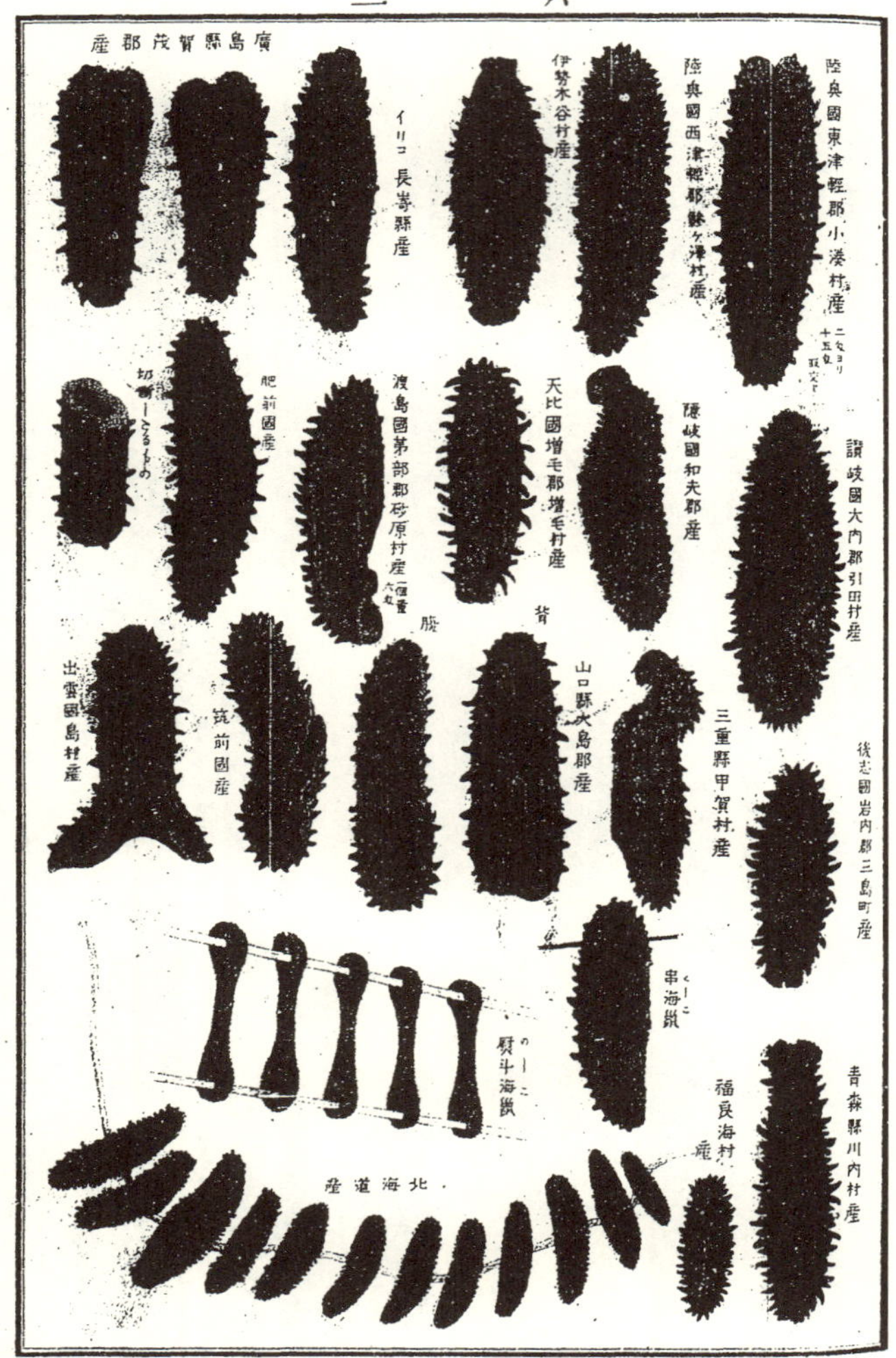
廣島縣賀茂郡産
イリコ 長崎縣産
伊勢木谷村産
陸奥國西津輕郡鰺ケ澤村産
陸奥國東津輕郡小湊村産
切斷したるもの
肥前國産
渡島國茅部郡砂原村産
天比國増毛郡増毛村産
隠岐國和夫郡産
讃岐國大内郡引田村産
腹
背
出雲國島村産
筑前國産
山口縣大島郡産
三重縣甲賀村産
後志國岩内郡三島町産
串海鼠
熨斗海鼠
福良海村産
青森縣川内村産
北海道産

其四

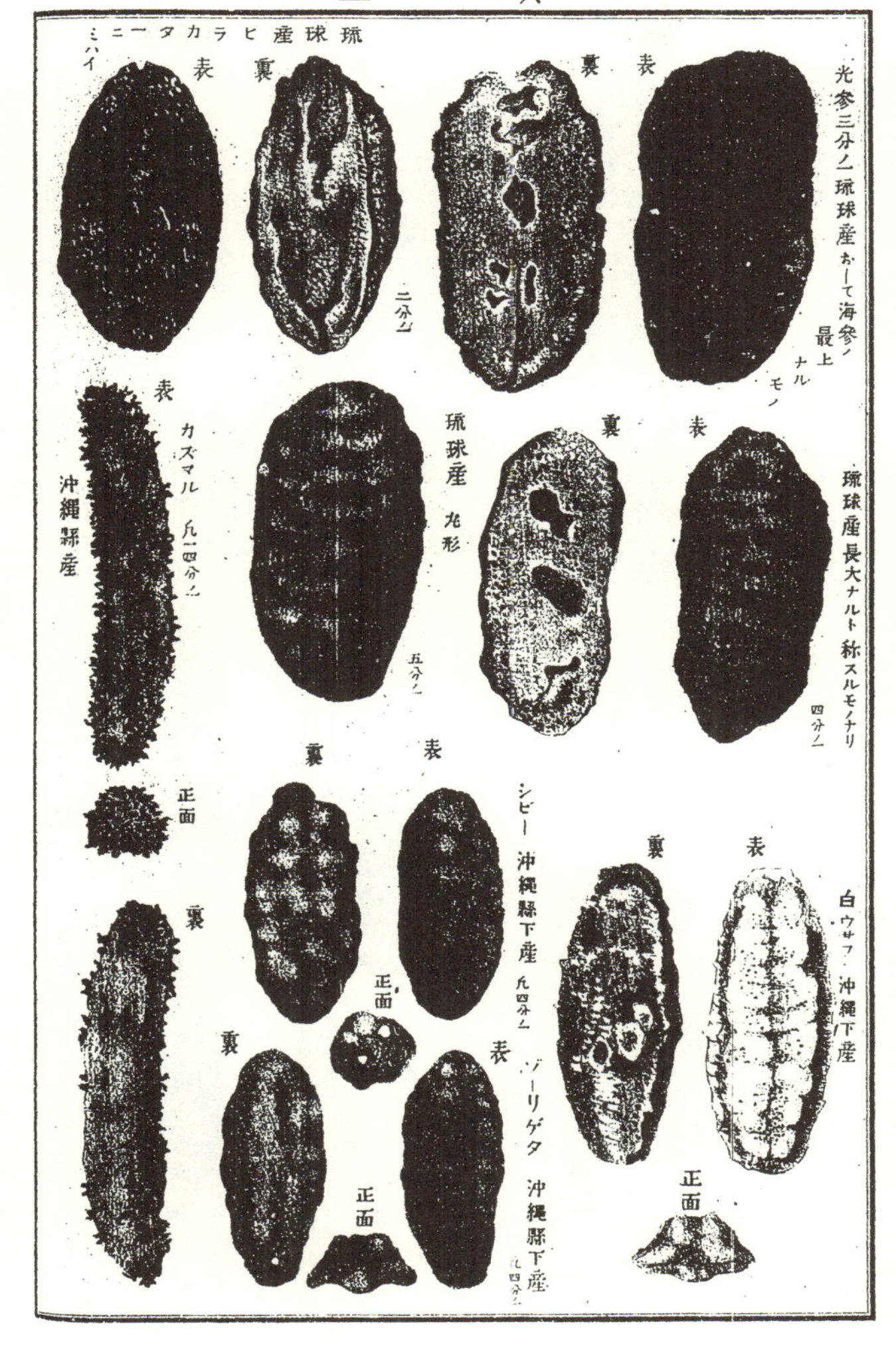

琉球産ヒラカターニミハイ
表
裏
裏
表
光参三分ノ一琉球産おいて海参ノ最上ナルモノ
二分ノ一
表
カズマル
凡一四分ノ一
沖縄縣産
琉球産
丸形
五分ノ一
裏
表
琉球産長大ナルト称スルモノナリ
四分ノ一
正面
裏
表
シビー
沖縄縣下産
凡四分ノ一
裏
表
白ウサフ
沖縄下産
裏
正面
裏
表
ゾーリゲタ
沖縄縣下産
凡四分ノ一
正面
正面

其五

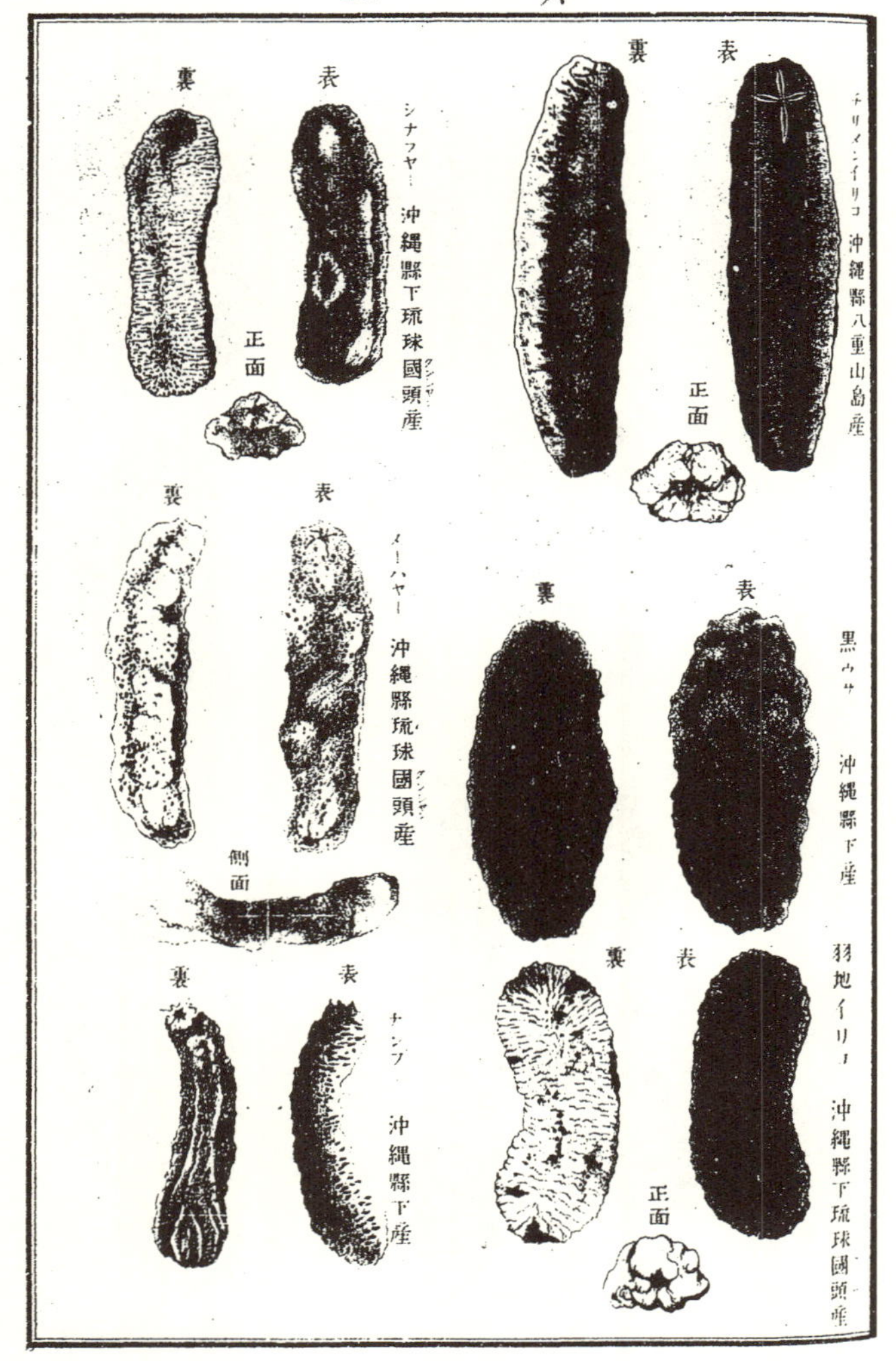

表
裏
チリメンイリコ
沖縄縣八重山島産
正面
表
裏
シナフヤー
沖縄縣下琉球國頭産
正面
黒ムサ
沖縄縣下産
表
裏
メーハヤー
沖縄縣琉球國頭産
側面
羽地イリコ
沖縄縣下琉球國頭産
表
裏
正面
ナシフ
沖縄縣下産
表
裏

生海鼡の圖

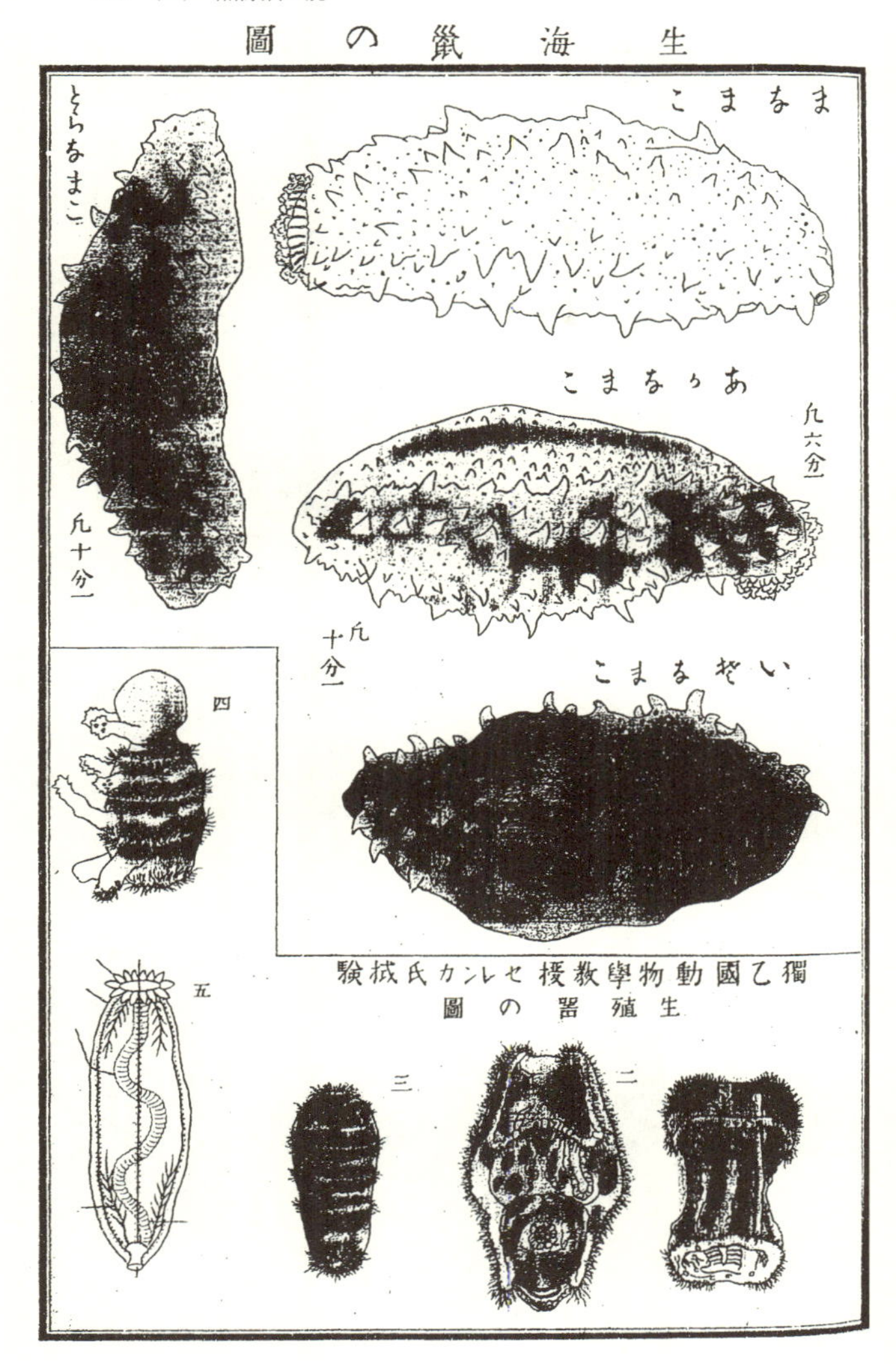
まなこ
とらなまこ
凡十分一
あかなまこ
凡六分一
凡十分一
いぞなまこ
四
五
獨乙國動物學教授セレンカ氏摭驗
生殖器の圖
三
二

其　二

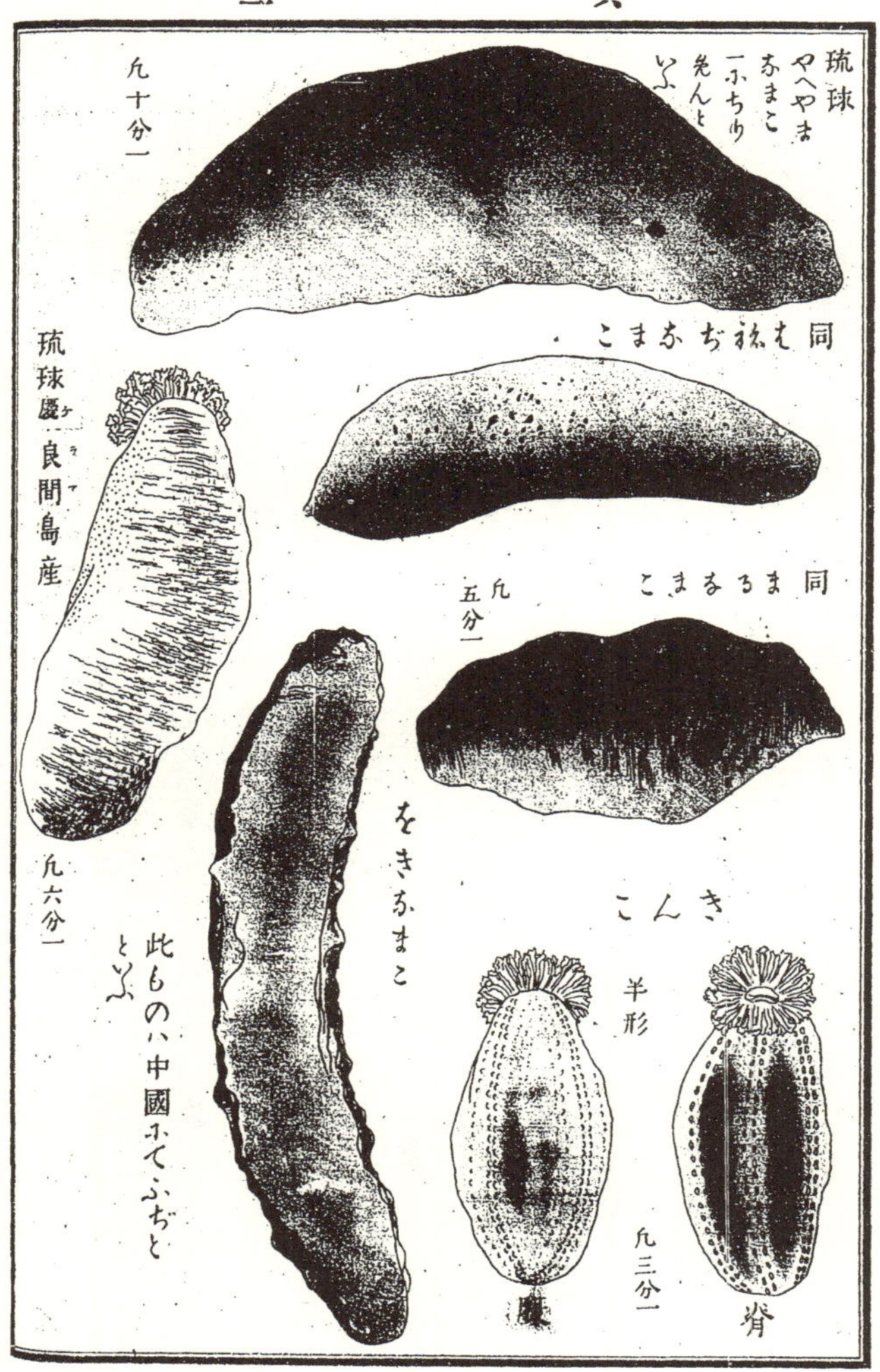
琉球
やへやま
なまこ
一ふちり
免んと
いふ
凡十分一
同　えらぶなまこ
同　まるなまこ
凡五分一
琉球慶良間島産
凡六分一
をきなまこ
此ものハ中國ニてふちと
といふ
きんこ
半形
凡三分一
腹
背

（四）　乾鮑の説

乾鮑は鮑肉の乾かしたるものにて、一に「ほしこ」「むしあはび」「むしかひ」とも云ひ、清国にて鮑魚と称せり。而して此鮑は介中の長として古へより賞美し、朝貢神饌に供したり。而して又清国へ輸出する海産の重要品たり。『新撰字鏡』に鮑並に鰏の二字を阿波比と訓じ、『延喜式』は鰒の字とし、『和名鈔』は鰒、一名鮑、和名阿波比とし、鰒、鮑の二字を用ふること久し。而して『本朝食鑑』は鰒は俗称、鮑殻を石決明と名くとし、『大和本草』は石決明又蚫と云ふとあり。本草書及び府県志等数十部の書を案ずるに、鰒及び石決明の文字あるも鮑、蚫の二字を「あはび」に充るを見ず。弘景、蘇恭は石決明と鰒魚を一物とし、『異魚図賛』にも二名同物とす。而して蘇頌と時珍は一種二類とし、『閩書』は石決明、鰒魚との二種あるが如く記載したるを以て小野蘭山は石決明をあはび、鰒魚を「とこぶし」に充てたり。而して各書とも鮑は乾魚なりとありて、更に石決明、鰒等の名にあらず。然れども方今清俗は鮑魚の字を用ゆ。故に此編専らこれに従ふ。

夫れ鮑は往古種々の製法ありて、『延喜式』に載する所ろ、豊後、筑前、隠岐、阿波、肥前に御取鮑あり。志摩に雑鰒、鳥子鰒、都々伎鰒、放耳鰒、著耳鰒、長鰒あり。安房に丸鰒あり。相摸、隠岐、阿波、伊予、肥前に短鰒あり。上総、出雲、常陸、紀伊、佐渡、阿波に鰒あり。出雲、石見、長門、肥前、日向に薄鰒あり。若狭に鰒耳鮨あり。阿波、肥前に鮨鰒あり。豊後、筑前、肥前に羽割鰒あり。豊後に葛貫鰒あり。豊後に蔭鰒、鞭鰒、腐耳鰒あり。肥前に腹漬鰒あり。筑前に陰鰒、火焼鰒あり。肥前、肥後に熬海鰒あり。豊後に躭羅鰒、短七鰒、堅鰒あり。是れ皆内膳、大膳、神祇の三大式に供する所の貴重の食品にて、天智天皇の時大嘗会の御饌に供したること、『日本書紀』に載せたり。而して以上各種の製法の如きは『本朝食鑑』に詳かなるを以て玆に略す。

前条は往古の製法にして、又徳川時代には隠岐、佐渡の串鮑、丸鮑を上品となしたり。其後塩煮鮑を製し創しは元禄の頃にして、其方法たる、鮑肉十箇に食塩四合を抹し、空鐺にて熬り、自然に汁湧出でゝ尽るを俟ちて取り出し、籃にならべ陰乾とし、二十日を経てこれを収む。肥後熊本藩より幕府に献じたるもの即ち是なり。熨斗鮑も古しへは神饌に供し、又食品となしたるものなりしが、近世に至りて単に慶賀の章符に用るのみとなりたれども、此等の符の如きは栄螺熨斗、海茸熨斗、海蘿熨斗等の如き廉価のものにて事足るを以て、今世に貴重せらるゝ食品の鮑を用ふるに及ばざるなり。

其今日に最も要用なる明鮑、灰鮑及び薄片製の三法も一は品種により、一は製法の精粗によりて其品位を異にせり。左に其区別を説き明すべし。

鮑を区別すれば、「めかひ」「またかひ」の二種は乾して其色褐黄にして微しく透明なるが故に明鮑となすによろしく、其中「またかひ」は形の大なるものは明鮑によろしく、小なるものは灰鮑によろし。「くろかひ」は乾して外面淡黒色なれば明鮑、灰鮑ともに形色よろしからず。故に別に「くろ」と称し廉価を以て売買せり。然れども鮮食には「またかひ」に次ぎ、「めかひ」に優れり。「とこぶし」「みゝかひ」の二種は鮮食となすも味佳らざるのみか明灰二鮑となすも、前品に劣れりと雖ども、是を薄片の連接製となす時は遥かに明灰二鮑の上位に居るものにして、清国漢口等の市場に於て佳高価を占たり。

明鮑（鼈甲）灰鮑（白乾）とも品位数等ありて、三番（上）二番（中）壱番（小形下）の三段あり。三番中に大中小、弐番中に大小の別あり。明鮑は一に鼈甲と唱ひ、本鼈甲、馬爪等の差あり。

明鮑は製法も地方によりて其法大同小異ありと雖ども、其中に於て最も良好の方法を挙ぐれば、鮑肉を殻より放ち、鮑百個に食塩凡そ五、七合許の割を以て殻へ付たる方に擦つけ、一昼夜を過ぎて竹笊にいれて海水に浸し、足を以て踏、よく汚物をさり、而して沸湯に投じ煮熟し、後淡水にて洗ひ、竹簀に並らべ水分を飛散せしめ、大陽にて晒すこと二、三日にして、石炉の炭火に藁灰を覆ひ、培乾器を其上に置き、上下転換すること数回の後大陽に晒し、再び火力を与へ、全く乾くをまちて箱に収べし。本邦人の削り鮑となして食するものには生乾をよろしとすれども、清国に輸出するには充分に乾燥すべし。しからざれば需用地に達せざるうちに腐敗をきざし、価を低落せしめ、国産の名声を失ふに至れり。是広東地方等に於て美麗良好なる明鮑を欲せずして粗造なる灰鮑の方を高価にて好み買取る所以なり。

灰鮑にも数法ありと雖ども、其最も要とするは乾燥にあり。北海道粗造品の他国産より高価を占るものは乾しかたのよろしきによるのみ。他国産も北海道の如く乾燥せば極めて良価を得べく、北海道産をして他国良製品の如くならしめば一層の良価を得るや必せり。故に玆に灰鮑の尤適切なる方法を挙ぐれば、鮮肉百顆に塩三合許を以て漬け、暑中は二日間、寒中は四日間を経て淡水にて洗ひ、沸湯に投じて煮沸し、復た淡水にて洗ひし竹簀に並べ、水分を飛散せしめ、大陽にて乾かすこと五日乃至十日間にして箱に収め、蓋を覆ひ置き、自ら表面に白粉を発せしむなり。

両製共に日光を借り乾製するの習慣なりと雖ども、若し霖雨に遭ふときは糸に繋ぎ、急に焚火の上に掛け、薫し燥すが故に其色変じて暗黒色となるあり。三陸、北海道に於ては日光に乾かすに鮑の中心を蔓、或は蒲葉を以て貫くの弊あり。此等の製法の如きものは価格の下る実に夥し。現に明治十五年中横浜其他各港の貿易上に就て見るに、百斤の価僅に弐拾三円にして、千葉県製明鮑及び北海道、三陸等の白乾上製の如きは百斤五拾円乃至五拾五円に昇り、其差最も甚し。然れども北海道の如きは竹簀に並べ乾すときは烏の啄ところ夥しく、為めに之れが番衛等に費すこと多く、寧売価は幾分の廉なるも、斯る煩冗を免るゝに若かずとて旧慣の蔓吊乾を改めざるあり。亦青森県下にて貫穿の旧法を改めざるが如き、共に遺憾の至りなり。千葉県の如きは近時焙炉に掛け、炭火を以て之を乾製するの方法に改め、上製をなすもあり。

元来乾鮑は乾燥の良否によりて清国の需用を伸縮せしむるものにして、北海道製の如き形色の粗悪なるも貯蔵久しきを保つを以て上海地方大に之を購収し、漢口、天津等の市場に於て名声を博せり。故に世人は灰鮑の疎製は明鮑の精好なるに優れりとするものあり。然れども決して明鮑あしきに非らず。畢竟明鮑の疎製なるによれり。明鮑は広東人の大に嗜好する処にして、亦四川、江南、江北、浙江等へも転鬻するものにして、今商務局の販路図[13]に依て見るに、本品の需用は啻に清国の一部に止まるのみならず、将に麻剌加「マラッカ」地方に及ばんとす。故に乾鮑の輸出は方今上海と香港とは嗜好自ら其製を異にするが如し。上海には明鮑を輸出すと雖も、品の払底なるか亦は価格の騰貴せるときは黒色製の如きを再製して明鮑の如くならしめ、分輪をなすといふ。故に明鮑は上海に輸出し、灰鮑及び馬爪色、白色、塩入製乾鮑は香港に輸出す。此外黒色は香港に輸出し、又時としては米国桑港

〔サンフランシスコ〕在留清国人に輸出せり。但し明治十三年に岩手県陸中国東閉伊郡飯岡村鈴木善助製造の明鮑を創めて香港に輸出せり。三陸製の灰鮑は其製法北海道産に類似するを以て外見は殆んど同一なるも、肉厚くして味佳ならず。北海道製は佳味なれば価格も優り、北海道産百斤三十円なれば三陸産は二十二円五十銭なり。

灰鮑の販路は将来に見込あるは香港なり。目下該港の価格は左の如し。

灰鮑（北海道産）（上等三拾二円、二拾七、八円、二拾五円、二拾一円、一八、九円、拾六円迄）
大形明鮑（房州、伊勢、志摩、隠岐産）（仝上三拾円、二拾六、七円、二拾四、五円迄）
中形明鮑（磐城、常陸産）（仝上二拾九円、二拾五、六円迄）
小形明鮑（陸前、陸中産）（仝上二拾七円、二拾四、五円、二拾三、四円迄）
馬爪色及び黒色鮑（陸中産）（仝上二拾二円、拾八円迄）
白色鮑（仝上）（仝上二拾四円、二拾円、拾八円迄）
塩入鮑（仝上）（仝上二拾円、拾六円迄）

明鮑、灰鮑の上海、香港両港に輸出するの比較は左の如し

明鮑｛香港拾分の一
　　　上海拾分の九

灰鮑｛香港十分の九
　　　上海十分の一

右を清国人に売買するには従来之を三番、二番、一番、無番の四等に分ち、又番毎に大中小に区別せり。其番立法たる三番は平戸、五島等の産の内上品三歩通（とおり）、諸国出産の内上品四歩通、北海道、三

陸の産小形なれども上品の分三歩通を交へ、歩割に拘はらず上品の分は此番に加ひ、二番は諸国出産の三番に成らざる大の分六歩通、三陸産四歩通ほどを加ひ、此番に定む。但（ただし）歩割に拘らず諸国出産の内三番に成らざる大の分、又は北海道産の内三番に成らざる分を交ゆ。一番は諸国出産の中至（うちいたっ）て小の分を此番とす。無番は疵付並（きずつきならび）に色合悪（あし）く、渾（すべ）て形状色合の不良のものをいふ。而して本邦より清国へ輸出するの総額は明治元年には二十一万〇二百四十斤、此代価六万五千五百三十四円なりしが、爾来年々多少の増減あるも概ね増額に趣き、十五年には百〇七万千九百五十斤、此価二十八万五千九百二十一円に至れり。

上海、香港より分輸するの地方は湖北、湖南、江南、河南、陝西、四川等の諸省にして、四川省の如きは有名なる五色菜の一（黄色）にして、遊客の饗膳に欠く可（べか）らざる大海味の一として之を割烹するには鮑魚糸、鮑魚片等の切り方ありて、栄鮑魚、紅焼鮑魚、細滷鮑魚、清湯鮑魚等種々大碗の調理に供せり。而して其煮方たる、乾鮑を温湯に五、六日間浸して充分柔になして切り、他の菌菜とともに火腿の煮汁及び氷砂糖熬汁に調理せり。

鮑に「あはび」「とこぶし」「みゝかひ」の三種あり。「あはび」に「またかひ」（一に「また」又「またか」）「めかひ」「くろかひ」（一に「くろ」）の三品あり。「まだか」は凡そ十五尋（ひろ）以上、三十尋許の深き処に棲み、其肉の外面淡黄色をなし、肉縁厚く其殻深しと雖ども、「くろかひ」に比すれば浅し。「めかひ」は十三尋より十七、八尋の処に棲み、肉の外面黄色を帯び、殻甚だ浅く肉縁薄し。「くろ」は十三尋以下にありて、肉の外面淡黒色、或は稍々（やや）青色をなすものありて、肉及び肉縁厚くして殻深し。此三品は其質各異にして、「くろがひ」は鮮肉の味ひは他の二品に優ると雖ども、明鮑には色あしく、灰鮑には形よからず。故に乾鮑に適せざる品なり。「またがひ」は煮て食するに味よろしく、乾鮑にも適せり。「めがひ」は煮て食するには「またがひ」に劣るも、乾鮑となすに最適せり。以上三品に就て海底の深浅をいふは総、房の海に就て検査せし所なれども、地方によりて多小の異同あるべし。又「とこぶし」は鮑を産する海に多けれども、東京以北の地は次第に少なく、北海道には全くなし。其棲息する所は鮑に比して極めて浅く、其形小きを以て世に鮑の児なりと云ふものあれども全く別種なり。是を煮て食し、或は塩辛となすの外世の需用狭きにより従て其価も低きを以て之を薄片製となし清国に輸出せば、遂には一の製産となるに至るべし。而して「みゝかひ」は沖縄諸島に多く産するものにて、其形較「とこぶし」に似て長き湾形をなし、殻に比すれば其肉頗る大なり。其需用及び将来の目的ともに前「とこぶし」に同じ。

抑　鮑殻は其色質閃彩美麗なるが故に磨て器皿とし、截て釦鈕とし、或は螺鈿の用に充つべく介殻中頗る用あるものなりと雖ども、本邦未だ鏇製に巧ならざるを以て其殻を欧洲に輸出し、却て其製品を求むるは遺憾の至りならずや。若し機械を使用し釦鈕を作るに至らば其利極めて多かるべし。凡そ鮑を捕るには海人の水中に潜没して其在る所を認め、急に鉄箆を以て刮り起して捕ると魚叉を用て突捕るの旧慣なりしが、近年潜水器を使用するに至り従来海人の達せざる深き所のものをも捕るに至れり。然れども一利興れば一害の生ずるは数の免れざる所にして、各所此器械を以て一時に多量の収獲を得るのみならず鮑児をも捕獲せしにより、遂に繁殖に害を及ぼすに至る。既に遠江の如きは明治十三年に二万斤の収利ありしも十五年には絶て産出を見ず。又全国の統計は十三年に百十一万六千七百六十二斤の産額なりしも十五年には八十万六千五百二十八斤となり、三十一万斤の減少を来せしのみならず、小貝と粗製との価は殆ど半額に及べり。

夫れ本邦は全国の沿海に鮑魚を産するを以て濫捕を制限して繁殖を図り、製造を改良して品位を善良にし、浪費を省きて価を廉ならしめ、容函を堅固にして湿気を防ぎ、商売を確実にして需用者の信用を厚からしめ、以て其利を永遠に伝へ、国家の経済を助けずんばあらざるなり。

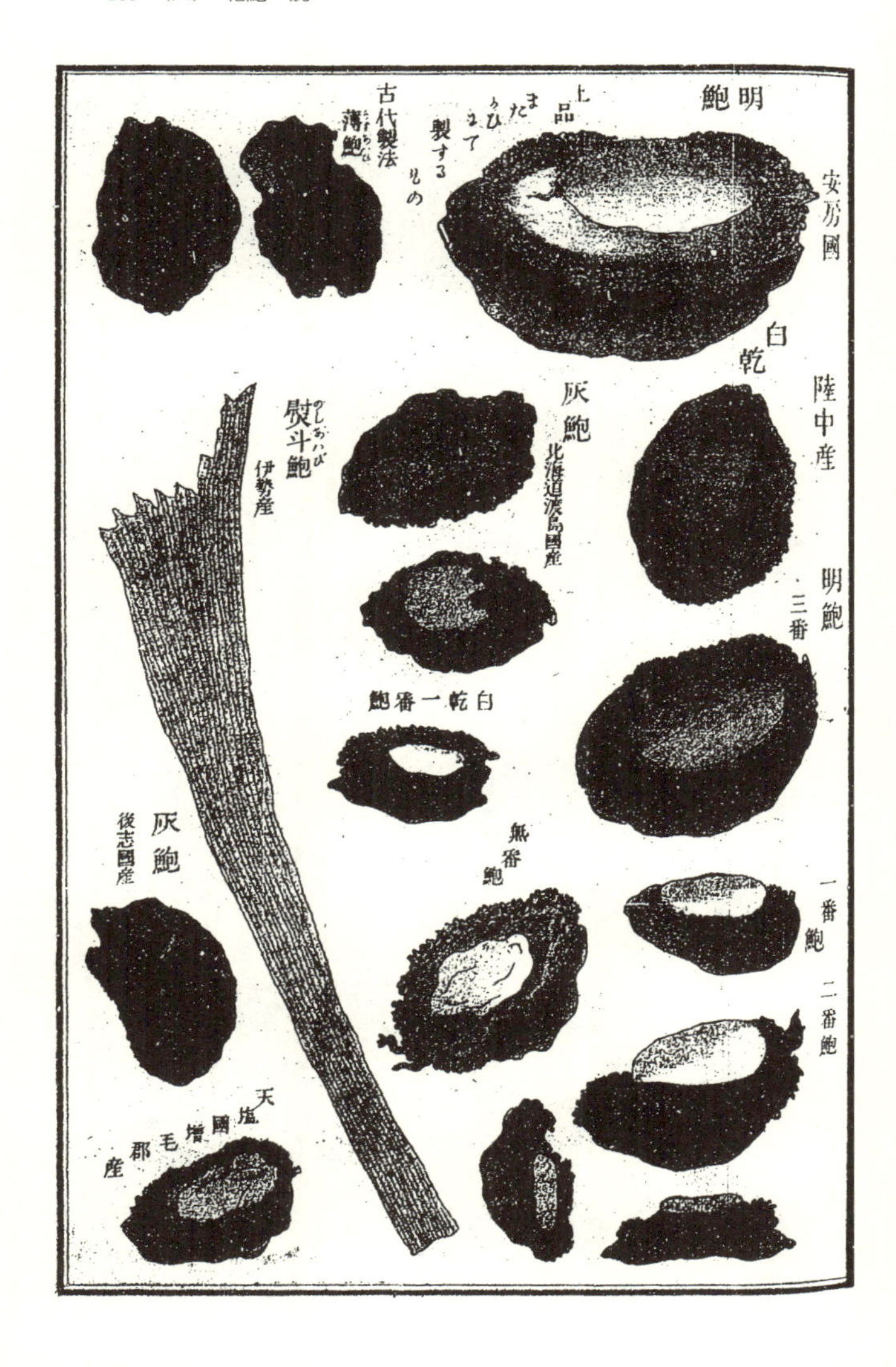
明鮑
上品 またはひとして製するもの
古代製法 薄鮑
安房國
白乾
陸中産
灰鮑
北海道渡島國産
熨斗鮑
伊勢産
明鮑
三番
白乾一番鮑
灰鮑
後志國産
無番鮑
一番鮑
二番鮑
天塩國増毛郡産

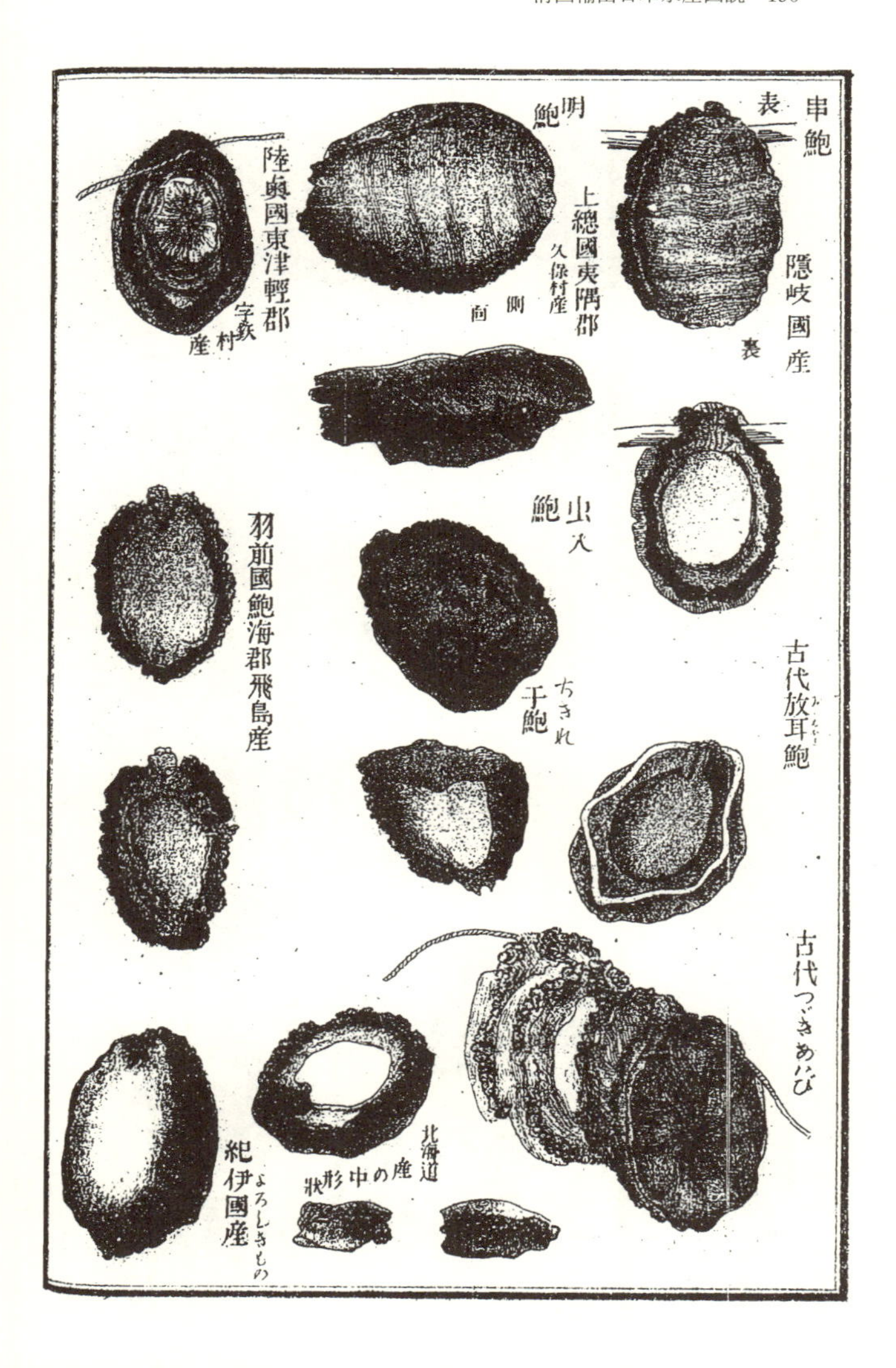
串鮑
表
隠岐國産
裏
明鮑
上總國夷隅郡
久保村産
側面
陸奥國東津輕郡
字鉄村産
虫入鮑
古代放耳鮑
ちぎれ
干鮑
羽前國飽海郡飛島産
古代つぎあはび
北海道産の中形状
紀伊國産
よろしきもの

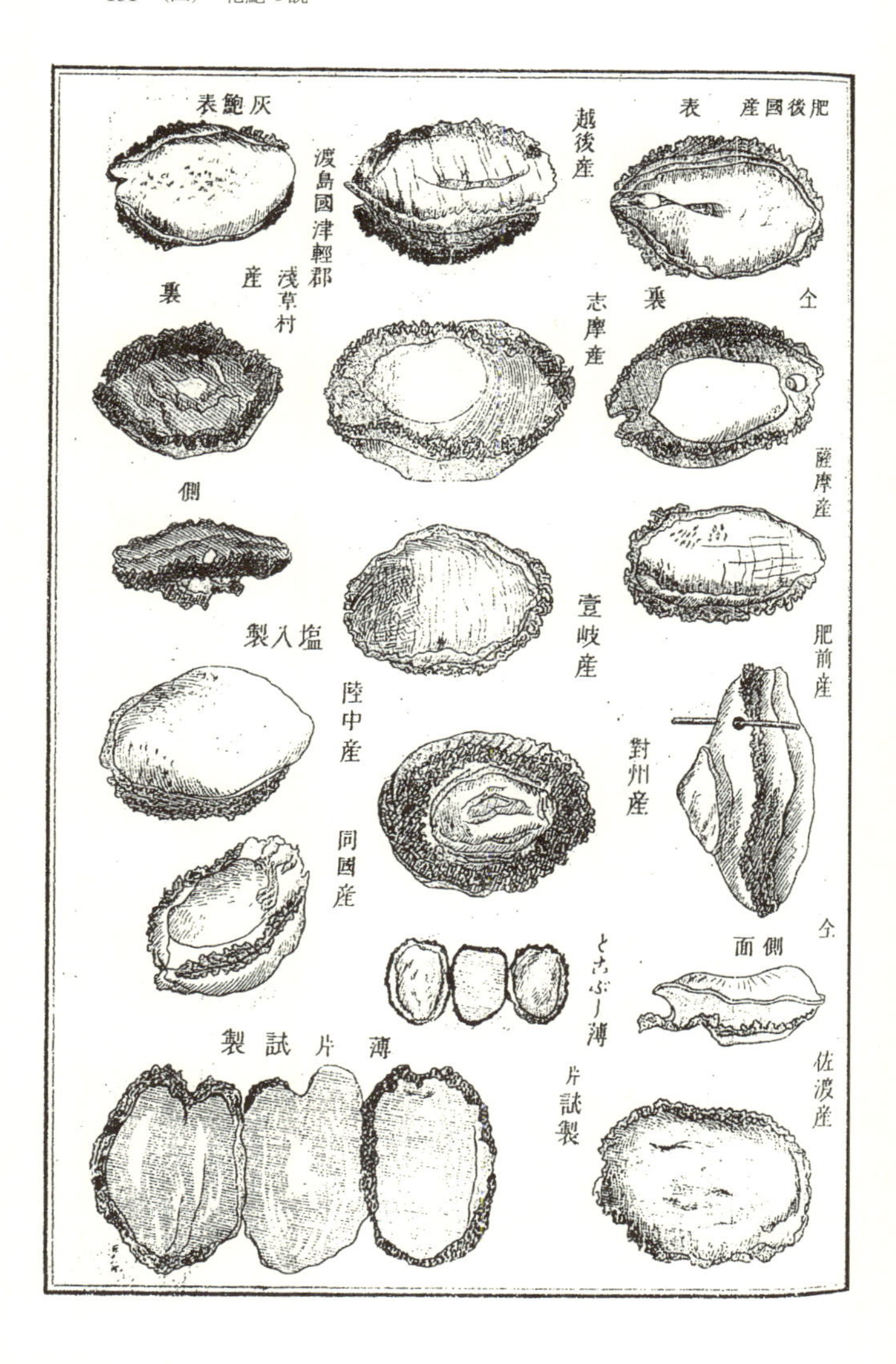
表鮑灰
裏
側
渡島國津輕郡浅草村産
越後産
肥後國産 表
仝 裏
志摩産
薩摩産
製入塩
陸中産
同國産
壹岐産
對州産
肥前産
仝
側面
とこぶし薄片試製
薄片試製
佐渡産

磐城國菊田郡関田村産

裏面

表面

側面

陸奥産

肥前平戸産

常陸産

裏

表

薩摩國諸縣郡夏井村産

裏

表

磐城國産

陸中産

志摩國産

陸奥産

越中産

北海道産

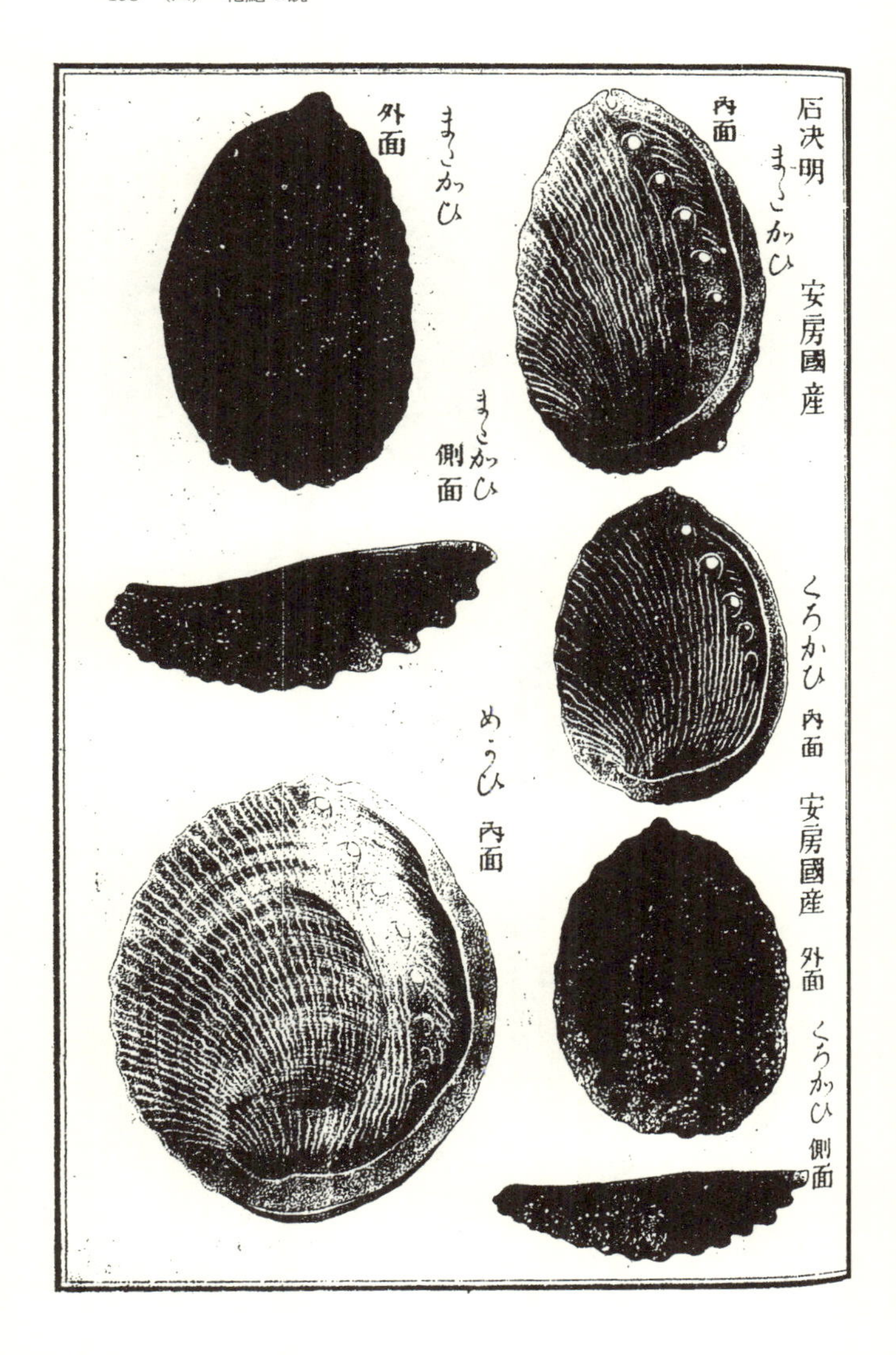

石決明
まこかひ
安房國産
内面
まこかひ
外面
まこかひ
側面
くろかひ
内面
安房國産
外面
くろかひ
側面
めかひ
内面

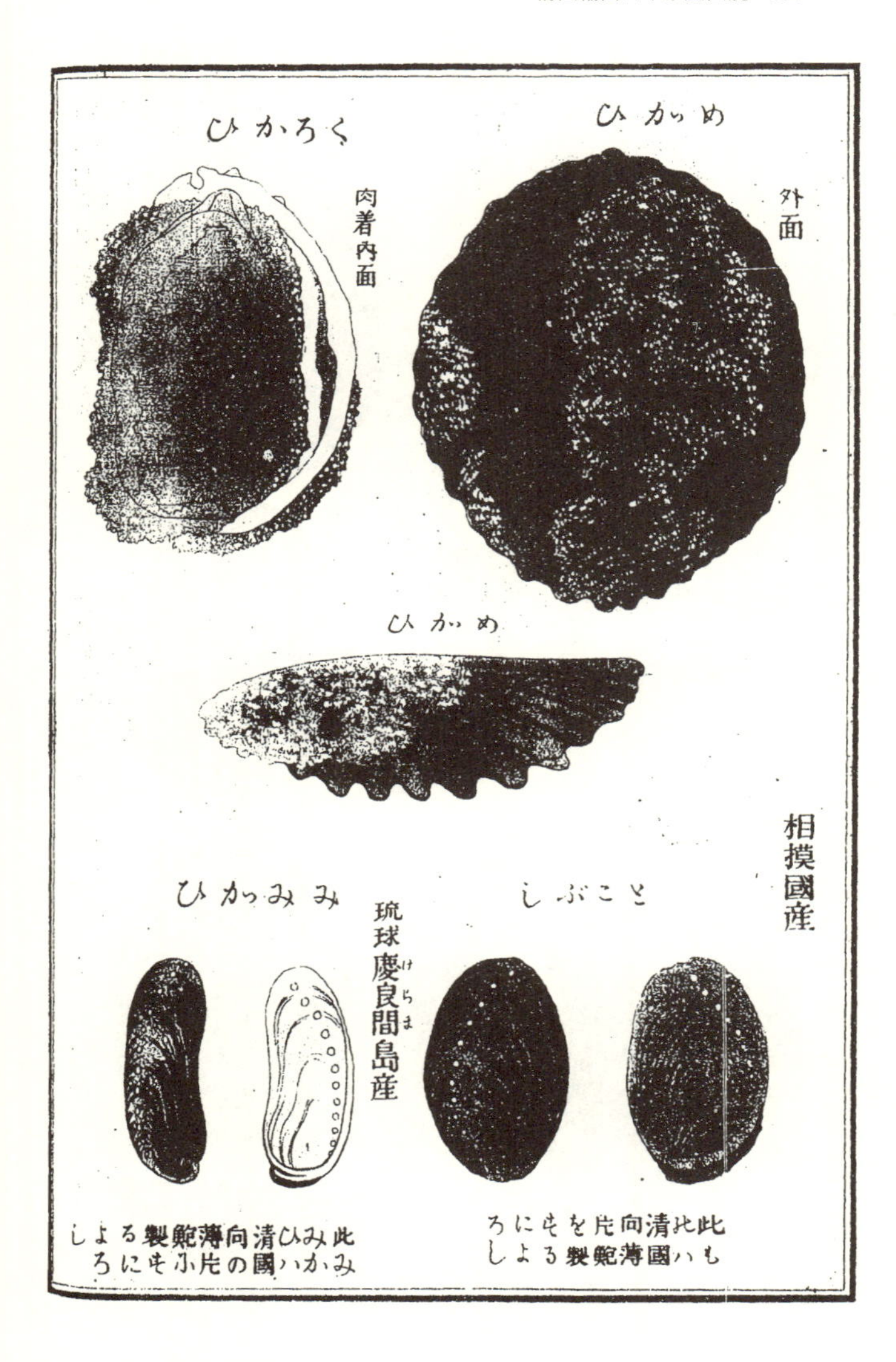
くろかひ
肉着内面
めかひ
外面
めかひ
相摸國産
みみかひ
琉球慶良間島産
とこぶし
此みみかひハ清國向の薄片鮑に製するによろし
此ものハ清國向薄片鮑に製するによろし

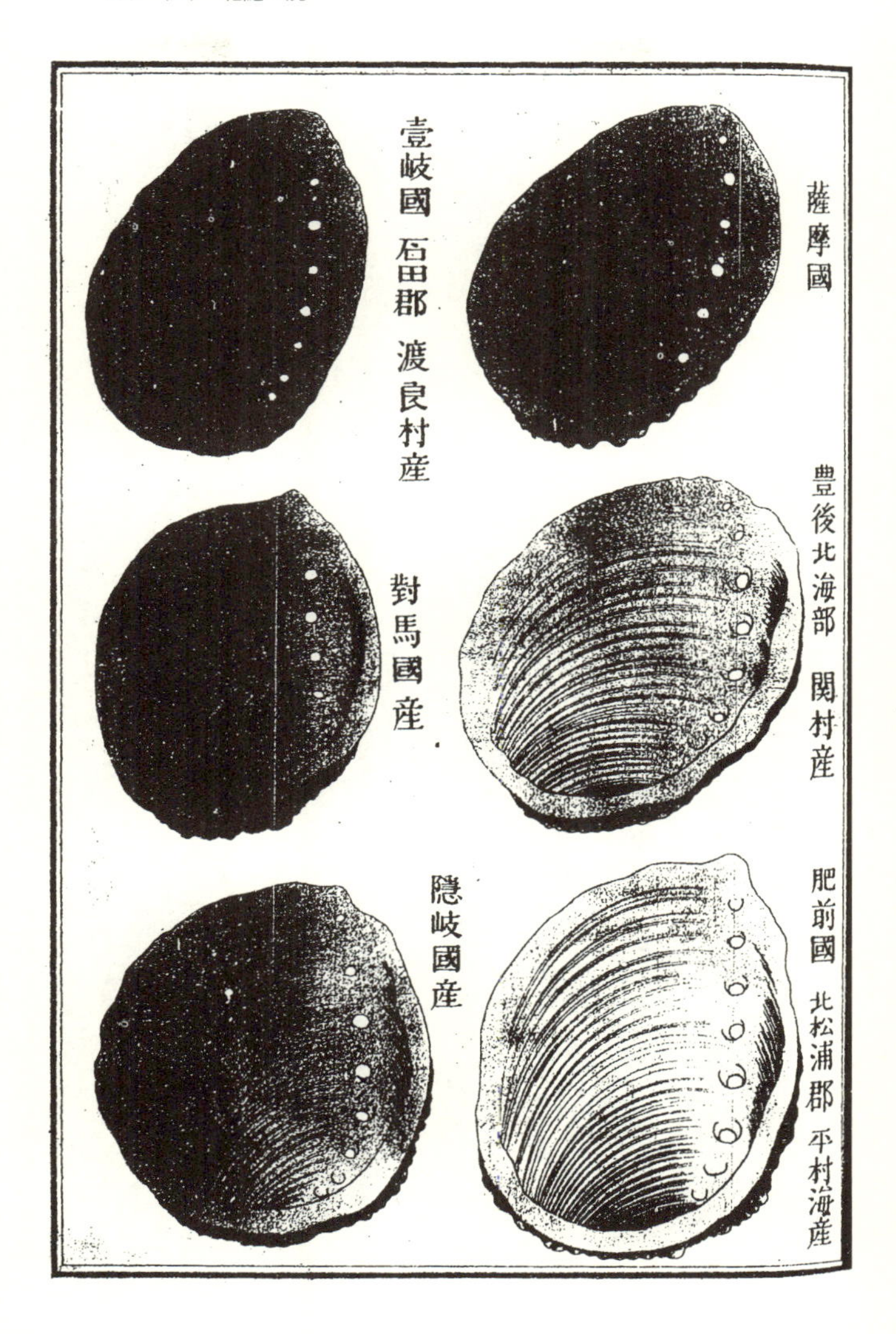
薩摩國
壹岐國 石田郡 渡良村産
豊後北海部 関村産
對馬國産
肥前國 北松浦郡 平村海産
隠岐國産

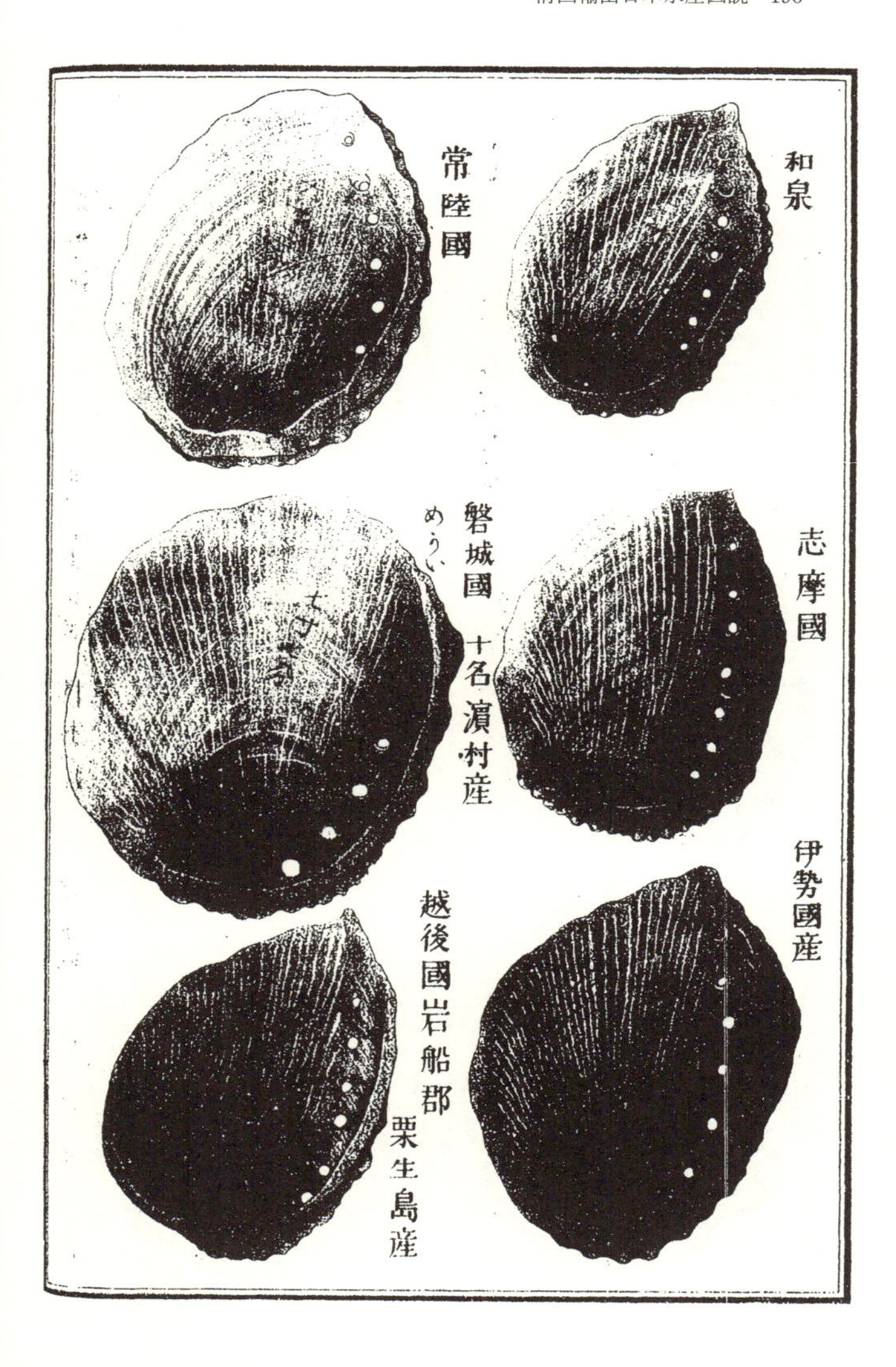
常陸國
和泉
めうい
磐城國
十名濱村産
志摩國
伊勢國産
越後國岩船郡
粟生島産

中巻

（五） 鱶鰭の説

鱶鰭は鯊の鰭を乾製したるものなり。此魚は軟骨魚類にして、九州にては「ふか」、東国にては「さめ」といふ。「さめ」とふかとは別物なれども概ね混称す。「ふか」には種類多く、今『水族志』に載する所三十五種あり。「めじろふか」（此ものは伊勢にて「むきはらさめ」、紀伊長島にて「いらざめ」、同国九木浦にて「あぶらざめ」、淡路にて「つのこ」、紀伊熊野にて「つまりぶか」といふ。是『雨航雑録』『漳州府志』等の白鯊なり）、曰く「ほしざめ」（一名「かすごろう」）、曰く「くろぼし」（一名「ほしざめ」）「ちからざめ」（一名「ほうずぶか」）、曰く「しろぶか」、曰く「めじろぶか」（一名「まいらぎ」又「だれ」といふ。漢名白眼鯊）、曰く「つのじ」（一名「つの」又「はりさめ」「つのさめ」。漢名『寧波府志』の刺鯊）、曰く「ぎんさめ」（一名「ぎんぶか」又「はたざめ」「つのじ」ともいふ。『福州府志』の剣鯊）、曰く「てんぐふか」（一名「てんぐさめ」又「はたざめ」といふ）、曰く「はたざめ」（一名「てんかひざめ」。漢名黒鯊）、曰く「こつうを」（一名「さがぼり」。漢名燕尾鯊）、曰く「かつたひざめ」、曰く「うばざめ」（一名「うはぶか」又「うさめ」）、曰く「いつちやう」、曰く「しゆもくぶか」（一名「しもくざめ」又「かぜふかいてうさめ」。漢名は『閩書』の双髻鯊）、曰く「もだま」（大なるを「いなき」といふ。漢名鮀魚）、曰く「おきむば」（一名「なぬかぶか」、伊勢にて「あぶらこ」、尾張にて「のうくり」、備後因島にて「お丶ぜ」。『台湾府志』に云（いう）、龍文沙にして鯊最佳にして其翅尤美なりとす）、曰く「おふぜ」（一名「どぜうざめ」又紀伊熊野にて「したち」、熨斗鯊ともいふ）、曰く「しゝむしやう」、曰く「さゝいわり」（一名「ころざめ」又紀伊若山にて「ねこざめ」、筑前福間浦にて「かねうち」、漢名虎頭鯊）、曰く「なでぶか」（一名「みづいらき」又「ひれなか」）、曰く「水ぶか」、曰く「鼠ざめ」、曰く「おろか」、曰く「すねぶか」、曰く「つまりぶか」、曰く「からす」、曰く「とがり」、曰く「たちをざめ」（一名「はりざめ」又「しらざめ」、漢名『台湾府志』の扁鯊）、曰く「ゐびざめ」（一名「ゐびぶか」、漢名『広東通志』の蝦錯）、曰く「ひらかしら」、曰く「かつたひうちは」（一名「うちは」又「こふたゐひねこ」等なり）、曰く「うちはざめ」、曰く「のこぎりぶか」（漢名は『広東名勝志』の鋸鯊）、「さかたぶか」（一名「かいめ」又「すきのさき」「すきゐひ」、漢名『閩書』の犂頭鯊）等なり。亦東国にて鱶を採り製するものは「青ざめ」「目白ざめ」（「まめじろ」「つまり」「とがり」「ひらかしら」「へら」等の別あり。漢名『寧波府志』の白眼鯊）、「ばけ」、尾長、尾羽毛、星鮫、白鮫（漢名『寧波府志』の鯐鯊）、姥鮫、四ツ目ざめ「いらぎ」「かせざめ」「みすざめ」「しゆもくざめ」（漢名『閩書』の双髻鯊）、「ふしきり」等なり。

『新撰字鏡』は鮐、鮑、鮰の三字を佐女（さめ）と訓じ、『本草倭名』は鮫一名鯌魚、又魦を佐女と訓ず。而して二書ともに「ふか」を載せず。『延喜式』には鮫楚割、鮫皮、鮫鱐、沙魚皮、鮐皮等を載せて、是亦「ふか」を載せず。『倭名鈔』に始めて『弁色立成』の鮝魚を和名布可と訓じ、別に佐女を載せたり。然れども古は「さめ」と「ふか」との区別分明ならず。而して『塵添壒嚢抄』に鱶を「ふか」とし、『本朝食鑑』は鱶を「ふか」と訓ず。『康熙字典』によれば鱶は鮝と同じとし、又鮝は乾魚なりとありて「ふか」の名にあらず。『本草綱目』には鮫一名錯魚とし、『本草綱目拾遺』に鮫一名は鯊魚亦魦に作るとあり。『閩書』には魦魚一名鮫、一名鰒、一名鯌、一名鰡とし、黄鯊（はたざめ）、犂頭鯊（かいめぶか）、双髻鯊（しゅもくざめ）、等の種類を載するも鱶の字を見ず。然れども邦俗従来鱶の字を用ひ来るにより其鰭を鱶鰭と称せり。而して清俗は魚翅と称し、『英華字典』には鯊翅とし、又白魚翅、黒魚翅、の二類に分ち、『支那貿易品解説』は魦翅とし、白魚翅、黒魚翅の二類に分ちしこと前に同じ。

鱶鰭は熱湯をかけ、外皮を去りて糸状とし、美なること銀糸の若（ごと）し。これに黄白の二種ありて、黄色のものは「きんひれ」又「きんすぢ」にて『肇慶府志』の金糸菜なり。白色のものは「ぎんひれ」又「ぎんすぢ」にて『広東新語』の銀糸菜なり。

清国人が鱶鰭を食するの法は、先づ乾鰭を温湯に浸すこと両三日、柔くを見て外皮を去り、筋のみとなして直ちに割烹に供し、或は此筋のみを乾し貯へ置き、再び水に浸し、鶏肉の角切を油炒にしたるを煮だしとなし、水酒等分、醤油二分程淡塩梅にして椎茸、葱等を混じ煮て、碗に盛るに鰭を上にす。これを魚翅湯（ユツータン）といふ。此他紅燉魚翅（カウドンユツイ）、清湯魚翅（シンタンユツイ）、白菜魚翅（ヘツアサイユツイ）、蟹粉魚翅（カイブンユツイ）、金銀魚翅（キンギンユツイ）、爛糊魚翅（ランコユツイ）、西滷魚翅（ツアイハユツイ）、魚翅球（ユツータウ）、等の割烹ありて、何（いず）れも厚待の上割烹とす。

鱶鰭は高価のものゆゑ官菜（ざしきりようり）に供して家常菜に用ひずといへども、其需用高頗る多量にして、海外より清国に輸入する額は一歳凡三千担（たん）（14）、其中（そのうち）漢口のみの銷路高三、四百担に及び、明治十八年の価格平均は百斤白鰭弐拾五、六両、黒鰭弐拾両なり。

前条清国に輸入する鱶鰭、台湾、新嘉波〔シンガポール〕及び印度、布哇〔ハワイ〕、並（ならび）に本邦等にして、他邦のものは背鰭多く胸鰭少く、而して其鰭には些少の肉骨をも附着せず。其品位は本邦産に優り、殊（こと）に品位を数等に分ち、各標号あり。印度及び新嘉波等より輸入する黄玉剪、黄玉吉、等の如きは表面淡青色に白色を帯びて、裏面淡黄色にして光沢あり。故に百斤の価六拾八、九両の高価なりとす。又同地方産にして隔紫弐沙、正中皮、板皮力、上吉三沙、弐沙等と称するものも何れも表裏光沢ありて良好なり。此中には西洋に産するものもあり。台湾産にて六港玉吉、寧波産にて沙婆、広東産にて老勾と称するものも上好にして、本邦産にはかゝる品位はなし。然れども是等の種類なきに非ず。乾製法の不良なると善悪の差等を分たず混交するによれりとす。

鱶鰭は自然の儘乾かして販売するのみにあらず。外皮を去り筋のみとせる者をも商品とせり。是を堆翅といふ。価殊に貴く其品位に差等を分ち、広東堆翅、月翅、双堆翅、単堆翅、台湾月翅等の標号あり。之れに反し本邦より輸入するものは皆肉骨を附着せしむるの弊あるのみならず、善悪を混交して品位を分たず。本邦人は肉骨を付け、又水に浸して斤量を増し利するところあるが如く誤認し、為めに忌厭せられ百斤の高にて拾五、六両の差を生じ損失するに至れり。製産者の最も注意すべき要点なりとす。

本邦にて鮫類の肉を魚糕に用ひて欠く可らざるものとし、或は焼き、或は煮、或は塩にし、或は乾かし置き食用とせしも、鰭を用ひしことは甚少なし。山陰中納言の料理書に[15]「さしみ」の「けん」に「しらが」と称し「ふかひれ」を用ふるを当流の秘伝とすとあるのみ。東国の人は殊更に知らずと雖ども、寛政年間出版したる『清俗紀聞』に魚翅割烹の仕方をのせたり。

本邦よりこれを輸出したるは長崎に清国互市を開きし頃にして、『華蛮交易治聞録』に貞享、元禄年間長崎より輸出したることを載せ、又『経済秘書』にも安永九年に外国渡航船貿易品中に鱶鰭の目あり。又琉球よりは清暦康熙年間以来年々福州に輸出したること琉球藩の旧記に見へ、爾来絶へず長崎、那覇両港より輸出したるも東国にては之を知るものなし。只江戸にありし長崎会所にて取集め輸出したり。当時日本橋の魚商は日々鬻ぐ鮫の鰭を切り溜め置き、会所に送りたり。該会所にては壱貫目にて僅に銀六匁（今の十銭位）を以て買収せしは文政年間のことなりし。然るに年移り物変り、嘉永年代に至り外国貿易の途開け、市場を横浜に設くるや、魚商の中に始めて鱶鰭の清国の貿易に適するを知りたるものあり。玆に於て鱶の鰭を切取るや、之を船に載せ横浜に送り、清国人に売込むの業を始めたり。当時横浜に於て清国貿易を専業としたる問屋は僅に三家ありしのみ。即ち太田町四丁目浜田屋元吉本町中井某及び同所水島屋某のみなりき。去れども公に売込問屋と称せしは中井、水島の二戸なり。凡そ此頃の取引品は生鰭なるが故に其運送と云ひ、品物の処置と云ひ、頗る不便たりしが、半ヶ年の経験により遂に乾燥するの利あるを知り、爾後は直に乾製し之を横浜に販売するに至れり。是東国商人が鱶鰭を製造するの来歴なり。本邦在留の清国人及び上海等にて鱶鰭を売買するや、背鰭一枚、胸鰭一対、尾鰭一枚合せて四枚を揃へたるを具備の品とし、価も交り品に比すれば増加することは広業商会等の毎にいふ所なり。四枚壱揃のもの壱斤の価壱円五拾銭なれば不揃の下等品は四拾銭なり。平常の相庭は軀の長六、七尺の鱶なれば其乾鰭六拾枚にて百斤の量ありとし、又白と称する最上品は約百斤五十円に売却せらるゝも、簀と称する品は下等にして弐拾弐円に過ず。然るに備具せざる鰭は仮令白の最上品にても尾鰭のみなれば僅に四円に止まれり。故に壱揃となすも一の要点なり。

鱶を捕獲するは各地異同ありと雖ども、九州地方の仕方をよろしとす。故に玆に其方法を挙れば、縄釣にして其縄の長さは三百六十丈、これに通例十一個の鈎を連垂し、其鈎と鈎との間は各二十四丈を隔て、縄の両端には周囲三尺五寸、長壱尺五寸の浮樽を繋ぎ、縄は直に錨に聯接す。其に用る餌は量目二貫目許の鰤を十一に切り、毎鈎餌を挿し、漸次縄を垂る。而して朝に収むるを朝縄といひ、夕に収るを夕縄といふ。「おろかぶか」の如きは釣りて船に近きたる時懸鈎二本を用ひて口唇にかけて捕り、又探釣といふものあり。其鈎は長壱尺三寸、量目九十目あり。鰤の頭部を餌となし、艫辺に提下し其緡を舟中に繫ぎつけ、漁人これに枕して鱶の餌にふるゝを待ち、其響きに応じて急ぎ緡を曳く。時に当り鱶は其餌を逐て水面に出づ。此とき銛を擲ちて衝き捕るものとす。

　鱶鰭を乾製するには簀の上に並べて晴日に晒すに過ざれども、其鰭新鮮のものをよろしとす。故に日数を経るものは色沢次第に劣れりとす。又雨天の時は焙炉にかけて乾かすをよしとす。

　清国の販路に於ても各地方需用者の嗜好一ならず。湖北省は堆翅、白皮、力墨を欲し其需用中数なり。湖南省は皮力、堆翅、を欲し需用中数なり。江西省は白、黒ともに欲し需用大数なり。河南省は堆翅、皮力を欲し需用大なり。陝西省は堆翅のみを欲すれども需用中数なり。四川省は堆翅を欲し需用大数なり。外崇、慶州〔崇慶州カ〕、資州、錦州、茂州、酉陽州の如きは堆翅を欲し需用広大なり。是を以て見れば堆翅即ち糸製を望むもの多きに居れり。本邦の如きも宜しく堆翅を製して輸出せば、利益を増加すること少々にあらざるべし。

　夫れ本邦は内には四周の海に鱶魚群泳し、外には四億万人の鱶鰭需用者あるも鱶漁を営むもの甚少く、東北清国の如きは鱶を漁捕するも貴重なる鰭を廃棄して顧みず。故に本邦鱶鰭の輸出は甚多からずして、明治十七年の輸出高は僅に二十四万二千〇二十九斤、此代価七万〇〇五十壱円余に過ず。宜しく当業者は鑑ずんばあるべからず。

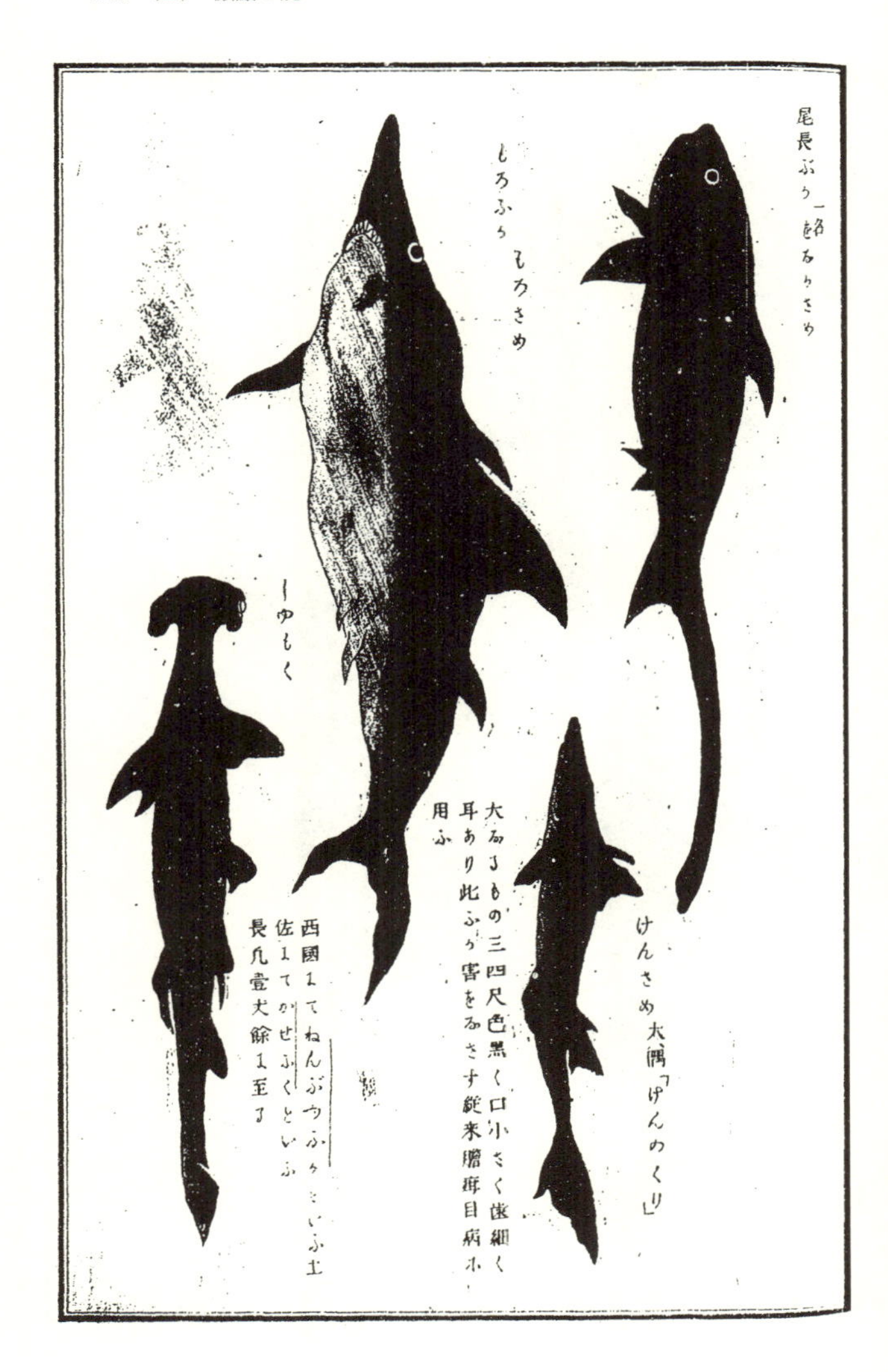

尾長ぶか一名をなかさめ
もろぶか もろさめ
けんさめ大隅「げんのくり」
大なるもの三四尺色黒く口小さく歯細く耳あり此ふか害をなさす従来膽瘀目病に用ふ
しゅもく
西國にてねんぶつぶかといふ土佐にて乢せぶくといふ長凡壹丈餘に至る

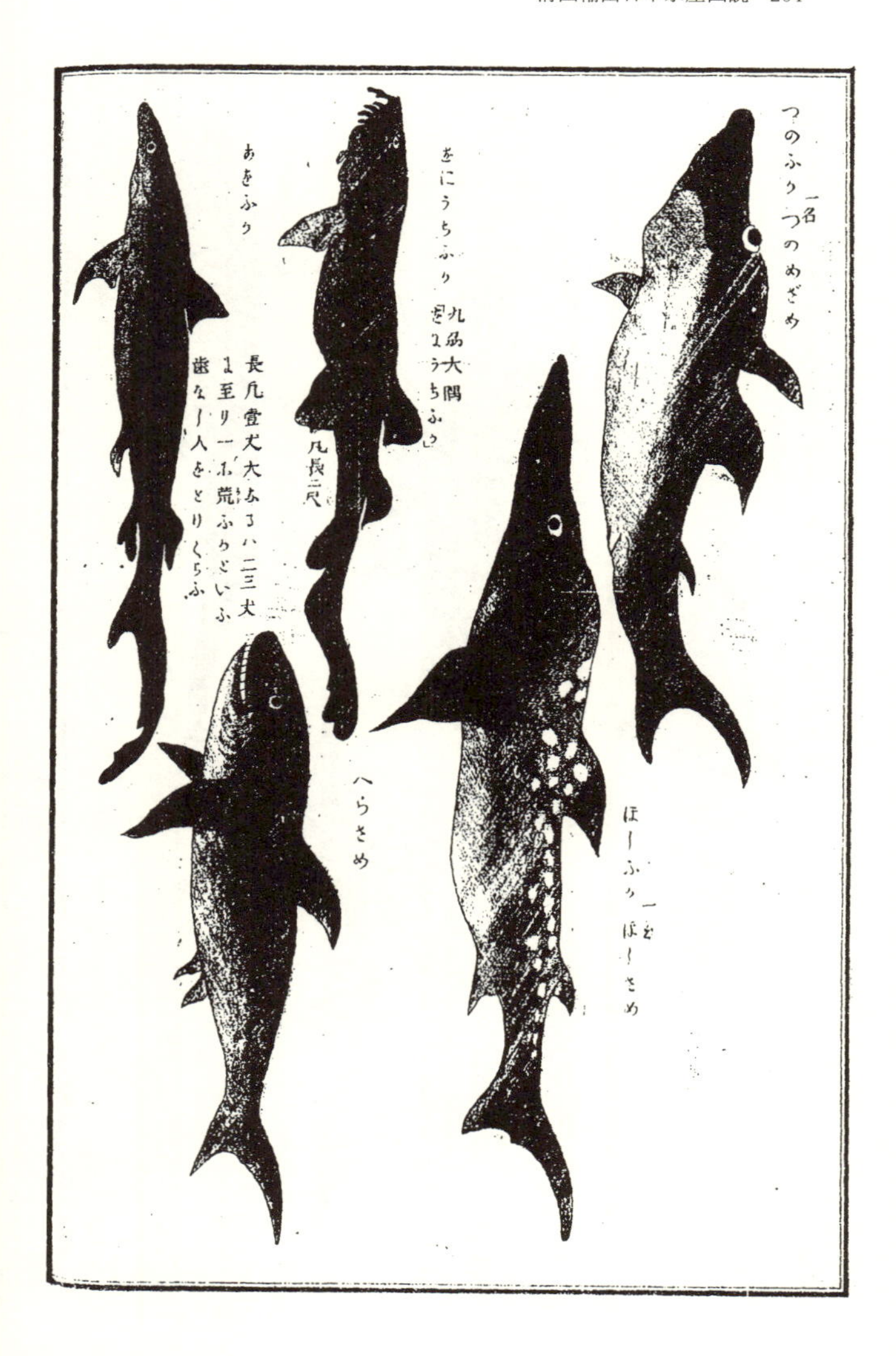

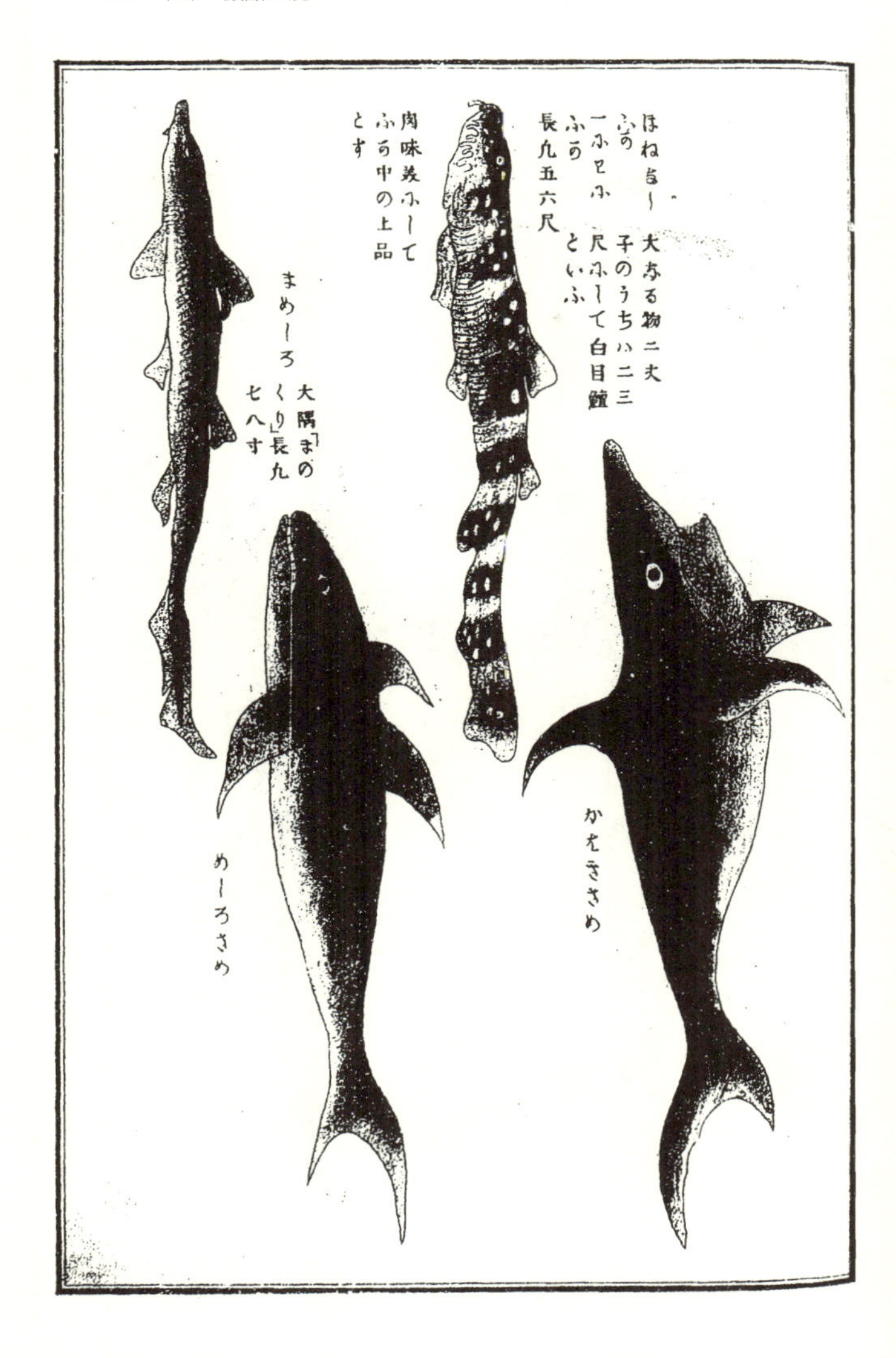
ほねなし 大なる物二丈
ふの 子のうちハ二三
一ふとふ 尺ふして白目鱣
ふの といふ
長九五六尺
肉味美ふして
ふの中の上品
とす
大隅「まの
くり」長九
七八寸
まめしろ
めしろさめ

ヨシキリザメ
シロザメ　一名シロフカ

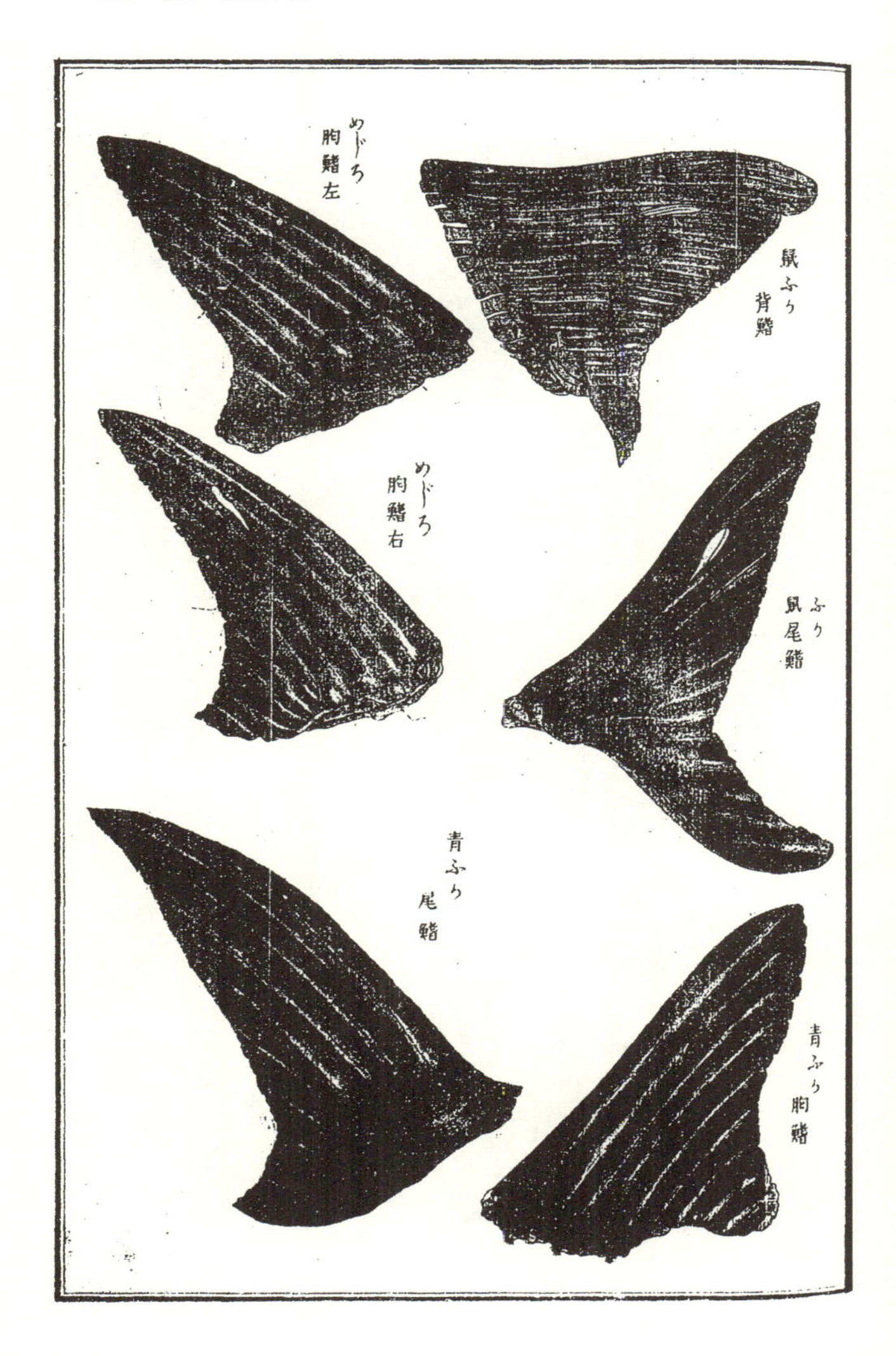
めじろ
胸鰭左
鼠ふり
背鰭
めじろ
胸鰭右
ふり
鼠尾鰭
青ふり
尾鰭
青ふり
胸鰭

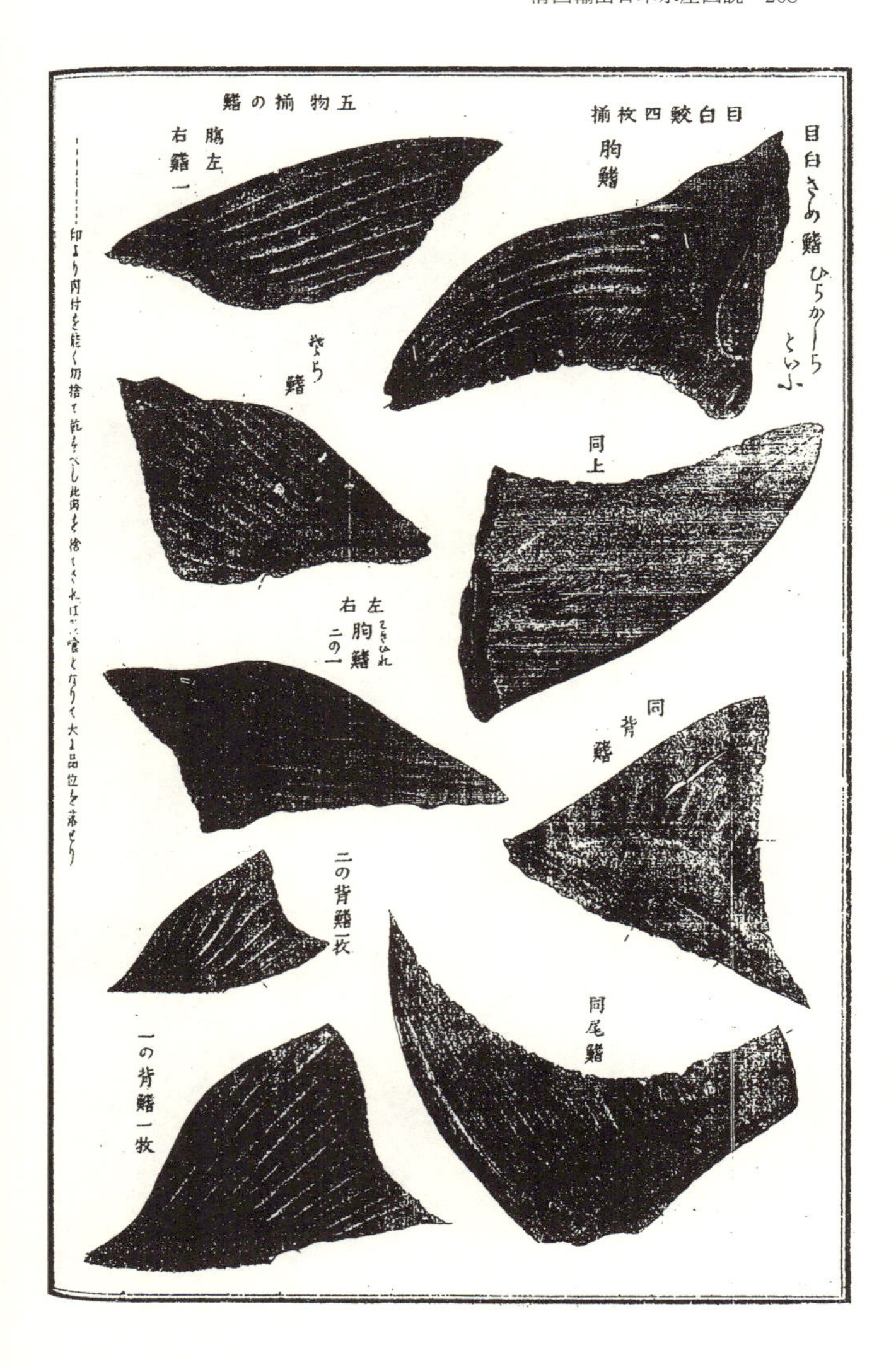
五物揃の鰭
目白鮫四枚揃
目白さめ鰭 ひらかしらといふ
胸鰭
右鰭一
左
同上
左右胸鰭二の一
同背鰭
二の背鰭一枚
一の背鰭一枚
同尾鰭
印より肉付を能く切捨て乾すべし
大に品位を落せり

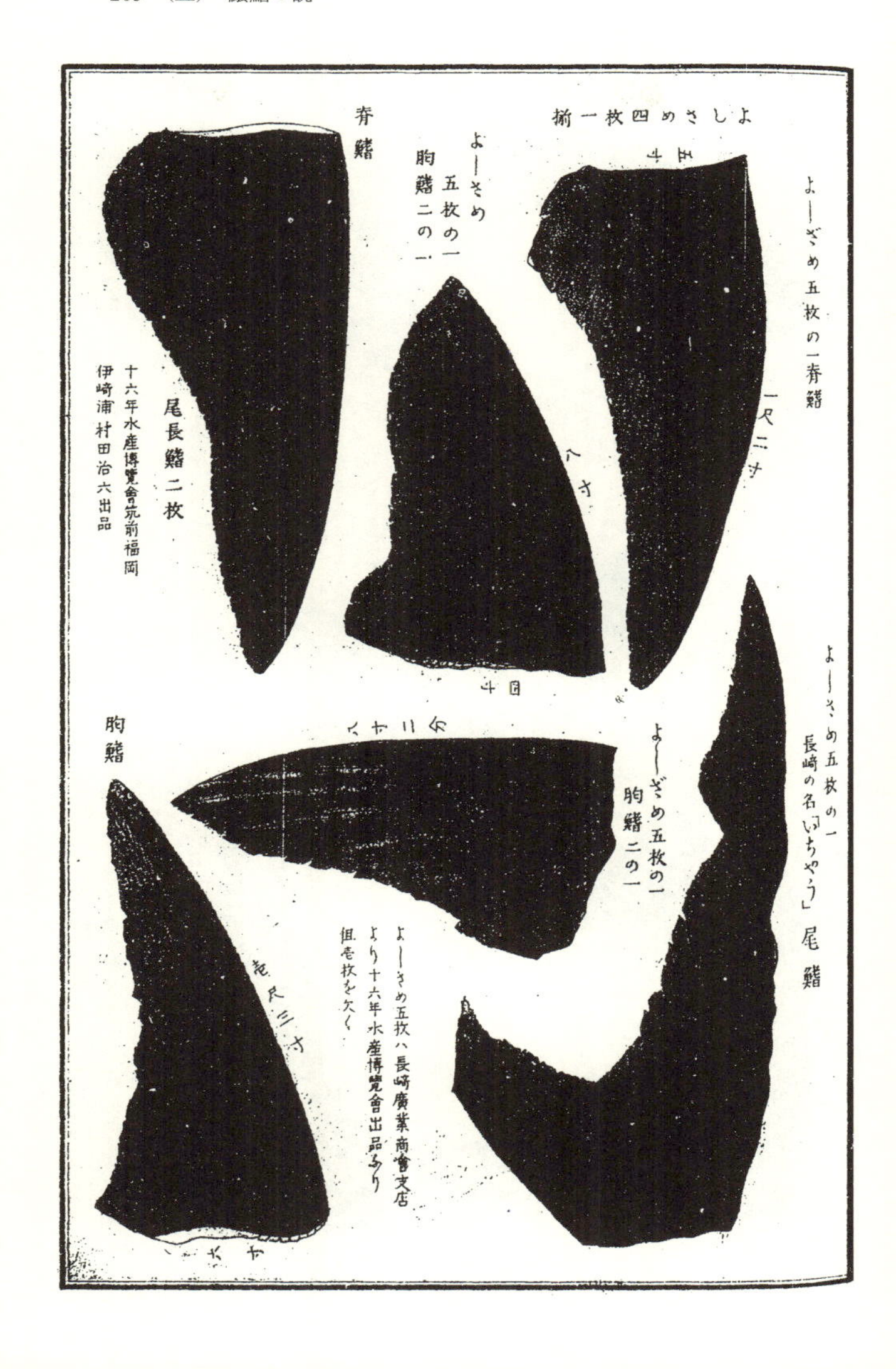
よしさめ四枚一揃
脊鰭
よしさめ五枚の一
胸鰭二の一
よしさめ五枚の一脊鰭
一尺二寸
八寸
尾長鰭二枚
十六年水産博覧會筑前福岡
伊崎浦村田治六出品
胸鰭
よしさめ五枚の一
胸鰭二の一
よしさめ五枚の一
長崎の名「いちやう」尾鰭
壱尺三寸
よしさめ五枚ハ長崎廣業商會支店
より十六年水産博覧會出品なり
但壱枚を欠く

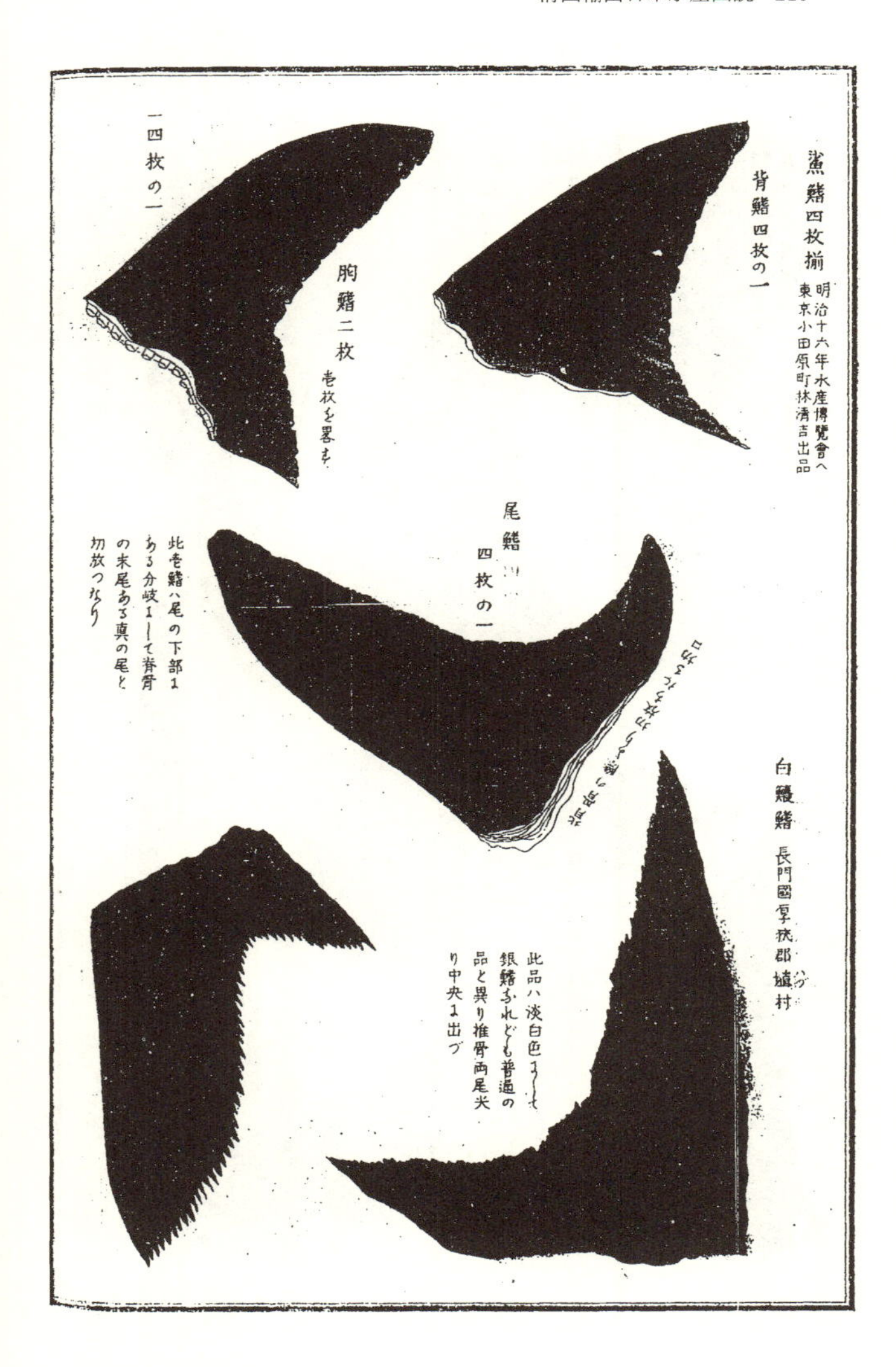
鯊鰭四枚揃
明治十六年水産博覧會へ
東京小田原町林清吉出品
背鰭四枚の一
胸鰭二枚
壱枚を畧す
一四枚の一
尾鰭
四枚の一
此壱鰭ハ尾の下部ニ
ある分岐ニして脊骨
の末尾ある真の尾と
切放つなり
白鱶鰭
長門國豊浦郡「ハガ」村
此品ハ淡白色ニして
銀鰭なれども普通の
品と異り推骨両尾尖
り中央ニ出づ

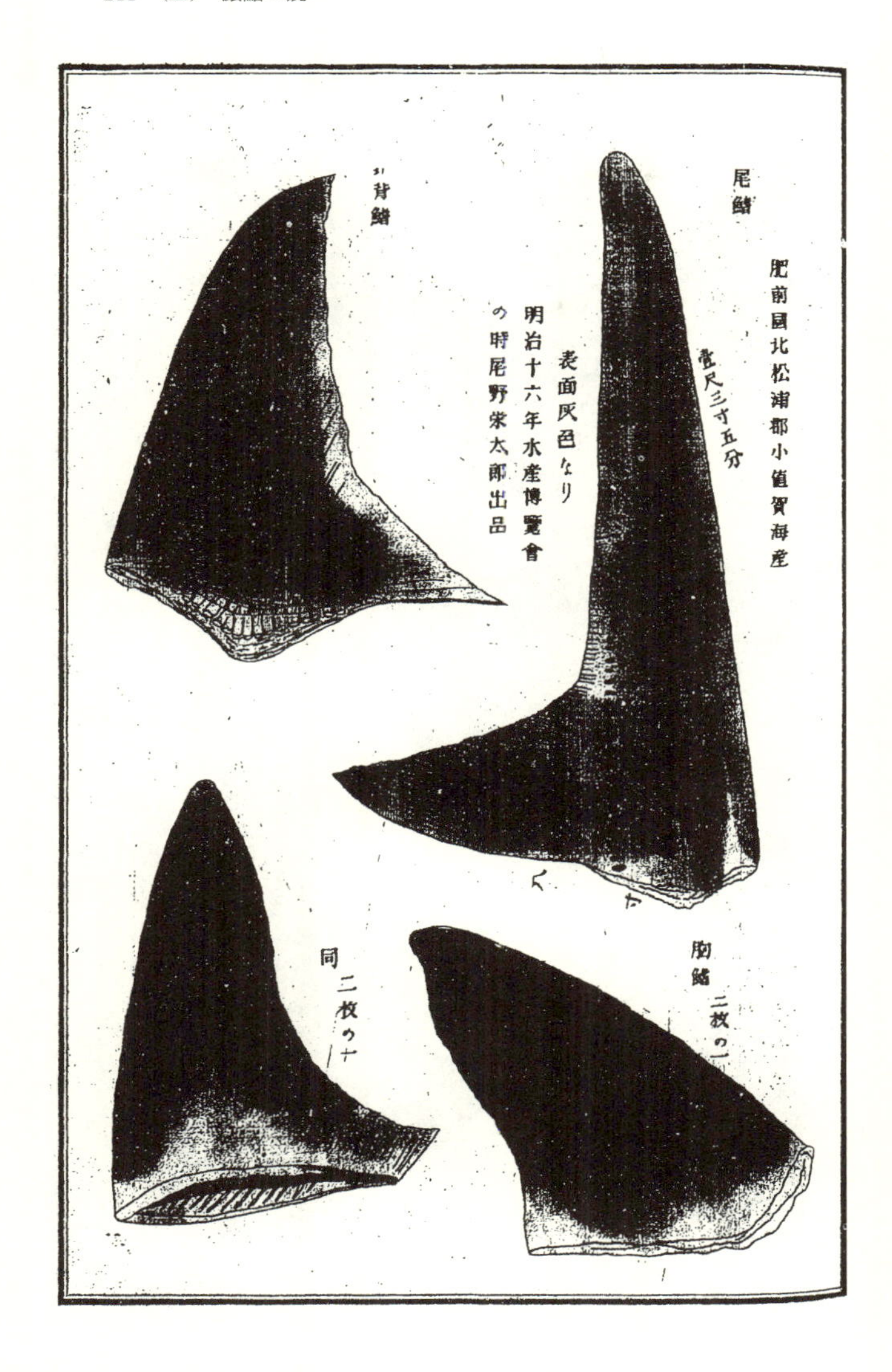
尾鰭
肥前國北松浦郡小値賀海産
壹尺三寸五分
表面灰色なり
明治十六年水産博覽會
の時尾野栄太郎出品
背鰭
胸鰭
二枚の一
同

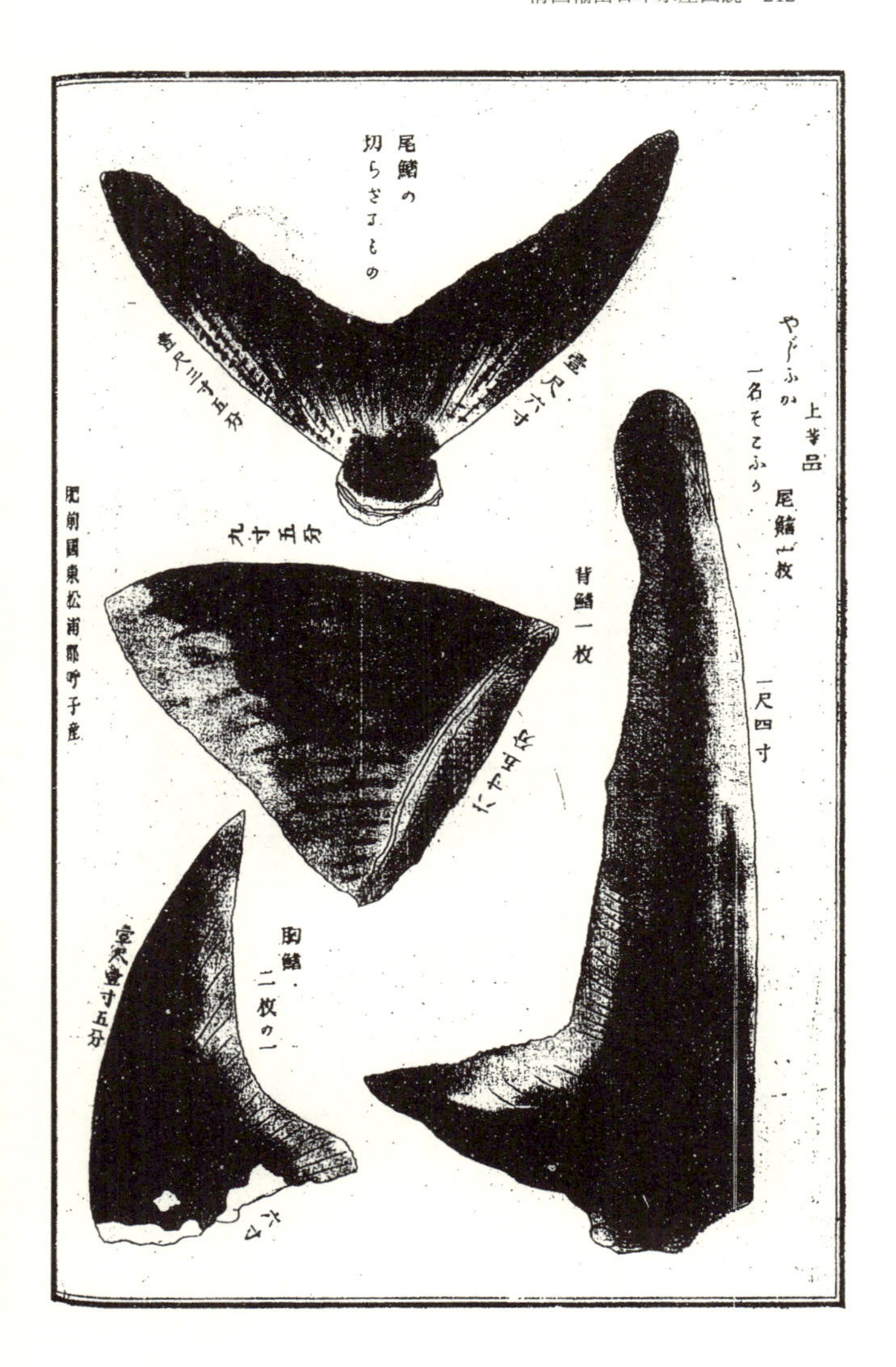
上等品
やじふか
一名そこふり
尾鰭一枚
一尺四寸
尾鰭の
切らざるもの
背鰭一枚
九寸五分
胸鰭
二枚の一
肥前国東松浦郡呼子産

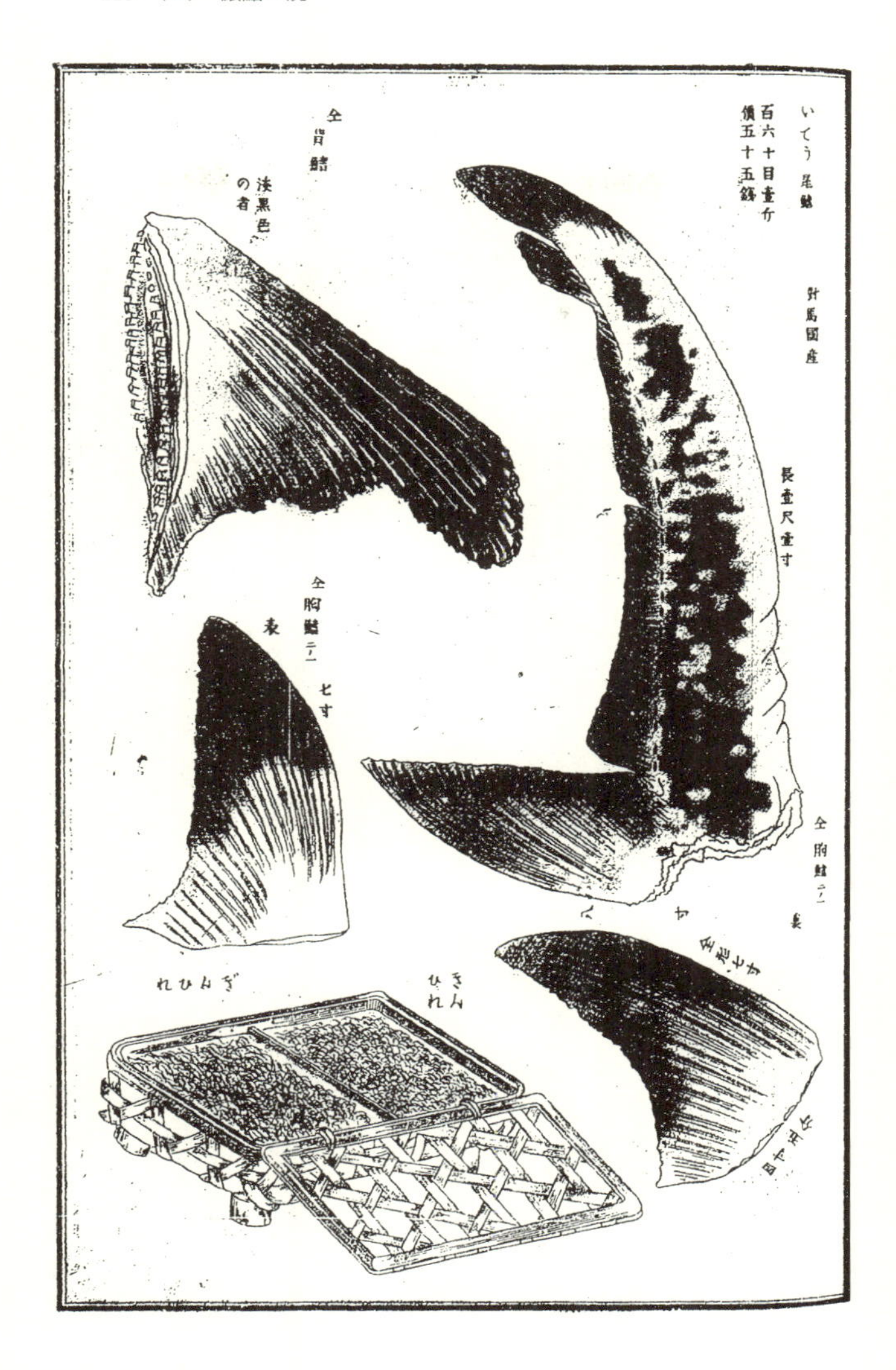
いてう尾鰭
百六十目壹斤
價五十五錢
對馬國産
長壹尺壹寸
仝
背鰭
淡黒色の者
仝
胸鰭ニノ
表
七寸
仝
胸鰭ニノ
裏
ぎんひれ
きんひれ

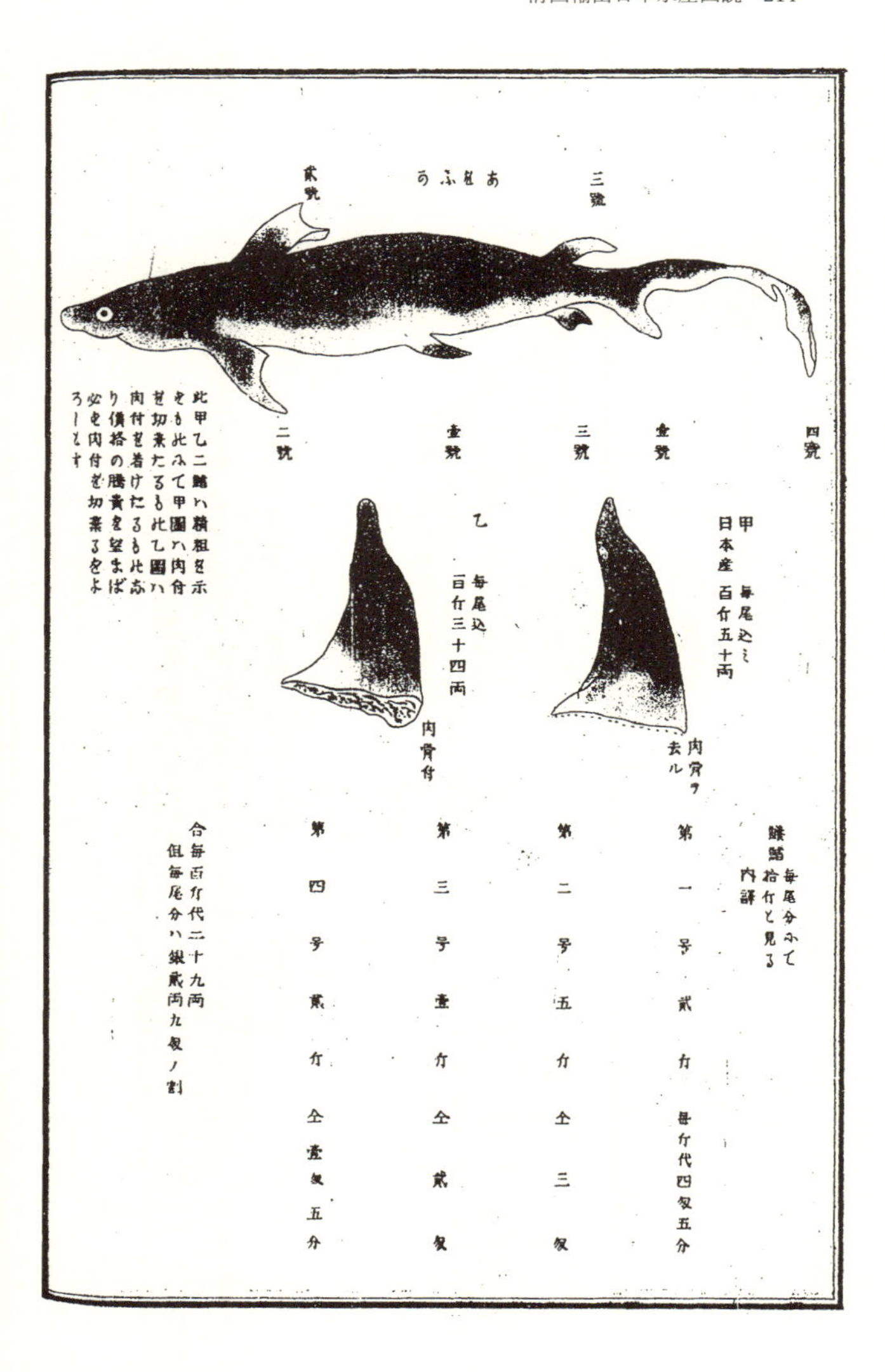
あをふか
貳號
三號
四號
壹號
三號
壹號
二號
此甲乙二鰭ハ積粗を示さも此ふて甲圖ハ肉付を切棄たるも此乙圖ハ肉付を着けたるも此ふり價格の騰貴を望まば必も肉付を切棄るをよろしとす
甲
日本產　百斤五十両
每尾込ミ
肉骨ヲ去ル
乙
每尾込
百斤三十四両
肉骨付
鱶鰭拾斤と見る
每尾分ふて
內譯
第一号　貳斤　每斤代四匁五分
第二号　五斤　仝　三匁
第三号　壹斤　仝　貳匁
第四号　貳斤　仝　壹匁五分
合每百斤代二十九両
但每尾分ハ銀貳両九匁ノ割

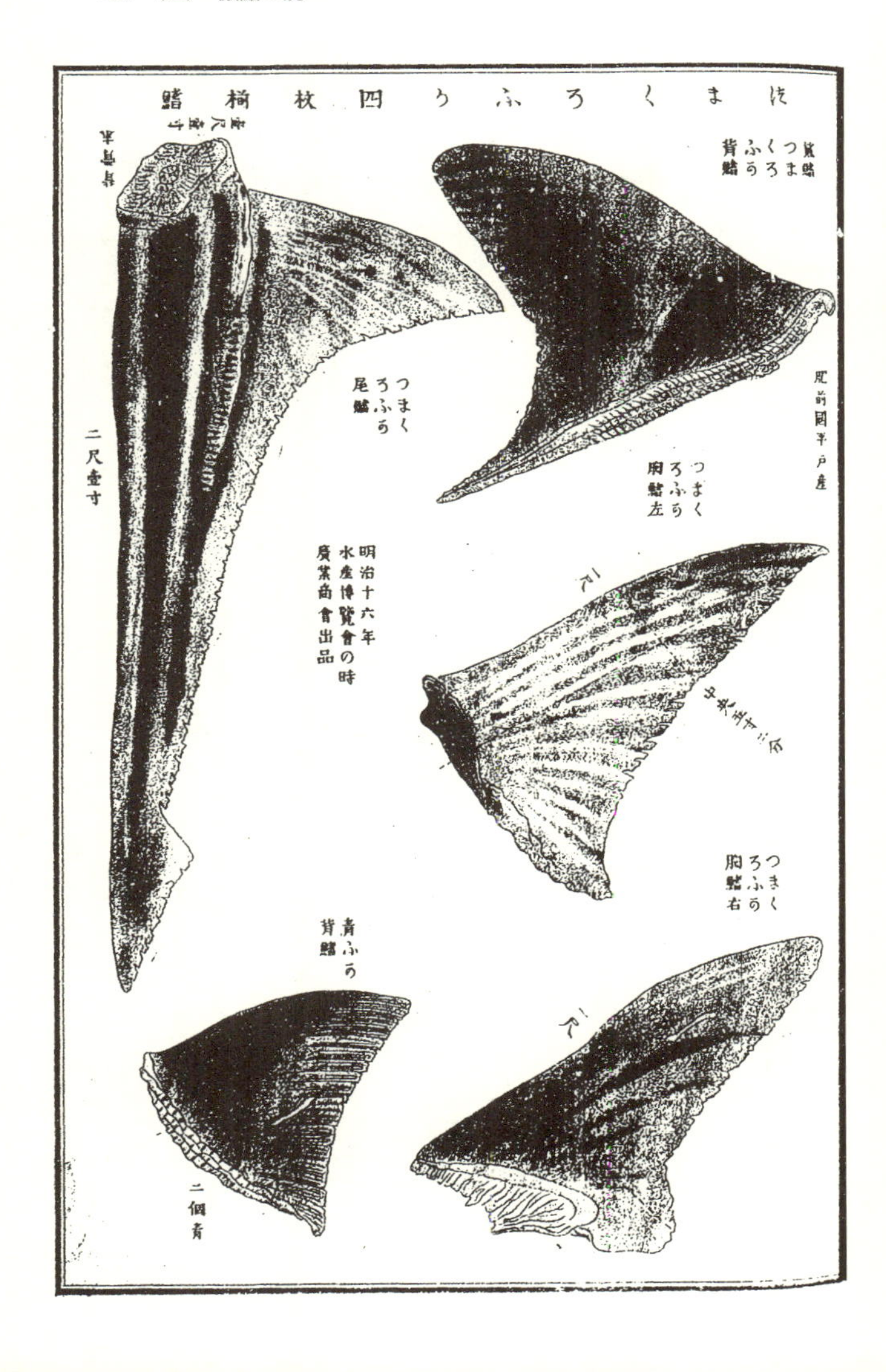
はくまろふり四枚揃鰭
背鰭
二尺壱寸
鯊鰭つまくろふり背鰭
肥前國平戸産
つまくろふり尾鰭
つまくろふり胸鰭左
明治十六年水產博覧會の時廣業商會出品
つまくろふり胸鰭右
青ふり背鰭
二個青

（六）　寒天の説

寒天は本邦にて菓子職及び割烹家の用に供し、欠く可らざるの品たり。加之海外へ輸出する水産物の中にて重要のものとす。此品は石花菜を煮て凝せし瓊脂を寒天に曝して凍せたるものなり。『漢語抄』『和名抄』に大凝菜あり。『本朝式』には凝海藻を古留毛波と訓ず。『延喜式』に上総より凝海藻、阿波より凝海菜を貢献すとあり。又同書主計式諸国輸調に凝海藻を奉げたる事、毎国四十斤、内膳の所須月科四斤八両とあり。賦役令〔『令義解』第二巻〕の輪雑物の部にも凝海藻一百二十斤を載たり。然るに『大和本草』に石花菜、今按ずるに心太なるべし、国俗「ところてん」と称すとありて、寛永の頃には「ところてん」の名もありて此漢名に充たり。是よりさき慶長元和の頃には是等の称なかりしと見へ、『多識篇』には石花菜は南蛮美留なりとせり。此他貞享以後の書には石花菜を「こゝろぶと」又は「ところてんくさ」と訓ぜり。『書言字考』『和漢三才図会』の石花菜の部に小凝菜の名を載せたれども、是は『漢語抄』の小凝菜、崔氏『食経』の海髪にして、『倭名鈔』に以木須と訓じ、『延喜式』に志摩より貢献する所の別物のものなり。而して近世に至りて一般に石花菜の字を用ひ、俗に天草、寒天草と称し、又「ぶとさう」「ぶとのり」といふ地方もあり。また『和名鈔』に俗に心太の二字を用ひ古々呂布止といひ、『庭訓往来』にも西山の心太とあるを「こゝろたい」又「こゝろてい」と訓じ、「こゝろてん」「ところてん」と転訛したり。此「ところてん」を略して「てん」といふより寒天或は干天の名あるに至れり。然るにこれに充つる漢字なきにより凍瓊脂と名づけたるは『製品図説』[16]を編むの時にあるなり。但し清俗は洋菜（ヤンツァイ）と称せり。

『本草綱目』『閩書』『広東新語』其他の本草書、府県志等にも、石花菜一名瓊枝は沙石の間に生じ、高二、三寸、珊瑚の如く紅白の二色ありて枝上に細歯あり。一種略（ほぼ）大にして面（おもて）鶏爪に似たるを鶏脚菜といひ、白色なるを瓊枝といひ、紅色なるを草珊瑚と称し、煮て凝結（こごら）せ食する等を載せたるは我が「ところてん」に疑ふ可らざるを以て先哲は之に充てたるなるべし。而して今清国産の石花菜を見るに、本邦の「つのまた」にて牛毛菜が本邦の「ところてんくさ」なり。茲に於て又疑を生じたりしが、『本草綱目拾遺』に麒麟菜は瓊枝菜の類なり、一種石花菜あり、又細く牛毛の如きものを牛毛とす。而して清国より来る麒麟菜を見るに、琉球角股（つのまた）にして三種を混称することあるが如し。本草書、府県志等各書に夏月煮沸して凝結せしめ、或は膠凍となすといひ、或は瓊脂と称し、『本草綱目拾遺』には石花膏等の製法ありて、薑酢等を以て広く食用に供することを載せたり。而して現今藻のまゝ本邦よりも輸出し、之を売買するには皆石花菜の称を以てせり。

夫れ石花菜は海中の巌石に生ずる藻類にして、一根より数十本を出して多くの枝を分ち、紅白（うすあかしろ）、黄、紫緑の数色あれども概ね紫色にして、其長さ三、四寸より七、八寸に至る。其品位数等あり。「大ふさ」「ながまるすぢ」を上品とし、「あらつち」之に次ぎ、姥草は扁平にて下品とす。紀伊にて鬼草一に「おにもくさ」又「ひらもくさ」と唱（とな）うるものは形平たくして堅く煮て溶ること遅し。故に最も下等とす。採収季節は各地差異ありと雖も概ね三月より十月に至る。早きに失すれば嫩（もろ）く、晩きに失すれば萎むの憂（うれい）あり。採収方に三あり。一は海に入りて掻採り、一は器具を用ひて掻き揚げ、一は波浪の為め海岸に打寄せたるを拾ふ。其器具は天突「じよれん」「のふと掻」「てんとり鎌」「がんがりまんぐわ」「小たけ網」「木製二股かき」「てんとりあみ」等なり。然れども「がんがり」は木の枠に鉄又は竹の櫛歯状のものを着たるものなれば、根部を悉く抜き採より蕃殖を妨るの憂ありとて廃せし地方もあり。乾燥法も亦大切のことにて、伊豆産の如きは品質志摩産に劣らざるも、採撰の粗なるのみならず乾燥不充分にして雑物を交ふるの弊習あり。志摩産は他物を混ぜず精選するを以て世に名声を博し、大坂市価の基本となせり。

石花菜を採収して販売する地方は伊豆、相摸、安房、志摩、紀伊、豊後、伊予、土佐、肥前、日向、対馬、其外渡島、胆振、大隅、薩摩、豊前、肥後、和泉、伊勢、三河、遠江、上総、下総、常陸、陸前、羽後、若狭、越前、能登、越後、佐渡、但馬、伯耆、出雲、石見、隠岐、備前、周防、長門、阿波、壱岐等凡四十余国なり。

瓊脂を製し創しことは考ふべからずといへども、往古凝海藻、煮凝の名称あるによれば、古より煮て凝となせしものなるべし。又『庭訓往来』に西山の[17]心太の名物あるを見れば、已に元弘の頃嵯峨辺にて製し売しならん。寛永二十年の著書なる『料理物語』に鮒のにこゞりに夏は「ところてん」を加へることをのせて追々他物をこゞらせるの料にも用たりしと見へ、其後は諸国に伝り、夏月これを造らざる地方はなきに至れり。而して其製法は石花菜八十匁より百匁許を一夜水に浸し洗ひ、根際の砂石を去り、釜中に水二升七、八合を入れ煮て、後に醸酢五勺を入れ攪ぜ、暫くして別の器に入れ、溶けざる滓は再び釜中に返し、水を加ゆること前量に同じ。これに酢五勺を加へ煮て、再び濾て漆器に入れ、冷ゆるを待ちて程に切ものとす。若し早く冷さんとせば、暫く冷水に浸すべし。

寒天を製へ創めしは万治元年の冬にして、山城伏見の駅美濃屋太郎右衛門方に薩摩侯の宿りし時、饌羞に出したる瓊脂の食余を地上に棄てしもの数日の後自ら凍り乾きたるを見て太郎右衛門自得するところあり。爾来百方工夫を運らし屢試験を経て終に良品を製し、之を心太の乾物と称せり。此時来朝したる黄檗の開山僧隠元見て、仏家の食に適当するものとし寒天と号たりといふ。『日用料理集』(18)に貞享、元禄の頃「かんてん」已に世に行はれしことを載せ、爾来伏見の特産なりしが、其後摂津にて製し、天保十一年に至りては丹波地方に伝へ、又信濃諏訪郡に始まり、又各地に開業するものありしも廃業するもの多く、現今に至りては城、摂、丹、信四国の特有産物となり、営業家七十余戸に至れり。

寒天の製法は瓊脂を長さ尺許の柝木様に切りたるを簀の上に並べ、寒夜に凍らせ翌日太陽に曝し乾すものなり。最南向の地に棚を造るをよろしとす。是其所にて直に乾かす故に速に乾きて潔白ならしむるが為なり。

寒天は石花菜を以て製するものなれども、山城、摂津等にては恵期草を混合せり。此ものは馬尾藻属に寄生する藻にて、出羽、越後、陸奥にて「えこ」、岩城にて「いご」、能登にて磯草、出雲にて江籬、石見にて牛毛石花菜、豊前にて中独活と称す。此品を晒乾して蘇方にて染たるを猩々海苔と称し、魚軒の相手、或は精進料理に用ゆ。又酢を加て煮溶し凝せたるを「えごてん」又「えここんにやく」と称し食用せり。城、摂にて寒天に混用するものは能登、加賀、越前、丹後等の産を多しとす。

前条に説きたる寒天製法は従前の法にて、近年は較業を進たり。其法たる、九、十月の間に碓を流水の上に設け、石花菜一碓の量一貫五百目に水を加へて舂くこと三回にして笊籬に入れ、沙石穢物を淘り去り、之を簀の上に曝すこと七日許、斯くすること二度或は三度に及び其色潔白となるに至り、簾に包み貯ふ。又恵期草も此時に曝し置べし。偖て厳寒に至り愈寒天を製する時は未明に径り四尺許なる釜の上に底なき桶を重ね水拾三石を入れ、松の薪の乾きたるもの八分と半乾きのもの二分を混じて焚き、沸き起つをうかゞひ、晒したる石花菜九十七貫目と恵期三貫目を入れ、熾火を引去り余火を留めてとき〴〵木片を以て攪ぜ、にえこぼれぬよふにして黄昏に至る頃火勢十分の九を減じ、釜に蓋をなし暫く蒸し、翌日の暁に及んで更に水一石五斗許を加へて温め、煮菜を布嚢に入れ、万力と唱ふるものにて木匡の中に入れ、汁を大桶に漉し取り、然る後三十六の小桶に分ち凝結を見て、三股及び馬耙と称するものを以て截て片となす。是即ち瓊脂なり。斯て角寒天は長壱尺三寸、方一寸五分許に切り、細寒天は細条となし簀の上に薦を敷き其上に並べて晒すこと角寒天は二夜、細寒天は一夜にして凍りたるを晒し乾すものにて、乾上りの長さ九寸五分、方壱寸を適度とし、一釜に角寒天なれば二千五百本を得るものとす。赤寒天は角寒天を蘇方にて染て乾すものとす。但し是は清国には輸出せず。

製品の佳悪は原藻の良否にも因るといへども、製法に尤精密を尽さゞれば上品を得べからず。前に掲ぐる所の製法は皆寒気の適度と練磨の効とによりて良品を産せり。細寒天は造易く、角寒天は造難し。細きは凍易く、太きは凍難く、白き色を出す能はずして灰色を帯るものとす。是其地の気候、寒暖、晴雨、降雪等に注目して其適度に応ずるを尤も緊要とす。細寒天の一把は量四十目、角寒天は百本にして其量往時は三百二十目許なりしも、今は二百八十目を適度とす。原草は各地の産を適宜に混合しこれを凍せるものにて、色沢を美ならしむる等多年の経験によれり。山城にては志摩産

（五分）伊豆産（二分）安房産（一分）紀伊産（二分）を以て製せり。但し豊後産は寒天にして微青色を帯ぶ故に他の産を配合して之を製せり。其混合は営業者の経験に因るものとす。恵期草は粘多く、寒天の量目を重くす。故に利ありとし城、摂の製造者は之を用ふ。然るに信濃にては之を用ひず、専ら伊豆産を多く、僅に安房産を加ふるにより信濃産の寒天は量目軽し。依て清国人は大に好めり。初め城、摂の製造者は信濃産を蔑視したりしが現今は城、摂の産声価を落し、反て高価を占たり。又城、摂にては冬至前より大寒の候凡七、八十日間製するも、信濃にては十日前始めて後るゝことも廿日にして都合三十日間の製造日多く、故に製額も増加し、目今寒天製造の適地とす。

三島のりは山城伏見にて製す。是『和漢三才図会』に所謂色かんてんの類にて、紅緑色の凍瓊脂を縷切し紫菜及び紙の如く方六寸許に製したる者なり。用法は湯にて洗ひ、直に膾軒の点綴に用ふるに紅白緑の三色間道に作るより三島と唱へ、また紫菜に似たるより「のり」と云ふなるべし。

本邦にて寒天を用ふるの法数多あり。煮て凝らせたるを切りてさしみに作り、或は細条となして薑酢、酢味噌等を和して食し、種々の寄物を作り、金てん銀てんと称する黄白色のものに製し、又は難波羹、羊羹をも造れり。『画工潜覧』(19)に寒天の煮汁を紙上に塗り、古き書画を偽造し膠礬に代用する等のことを載せ、煮汁を籠に塗り隙を塞ぎ水を入れて魚を養ふ戯れあり。又寒天を煮溶したる汁を薄く広き器に入れ、凝らせ乾すものを「びいどろかみ」水晶紙と称し、黄汁を雑へ煮て薄き器に流し入れ、黒斑を置き乾したるを玳瑁紙と称す。

寒天を海外に輸出するは貞享年間長崎に試売せしよりはじまり、逐年清国人の購求する所となり、漸次産出輸出共に増加し、文政二年諸株設立の時に至て寒天株を六拾三株と定め、一釜を一株と称し、一株に付冥加金として金二分（今の五十銭なり）を収む。大坂大町三町人の一なる尼崎又右衛門之が取締をなす。尤輸出は細寒天のみにて、角寒天は内国用のみなりし。然るに内国の需用増すを以て支那輸出を減少するの憂なきに非ずとて、文政四年内国用も尼崎に取締を為さしめ、製造者原草買入高の八分五厘は支那向細寒天となし、一分五厘は内国用角寒天となすこととせり。然るに文政十年より内国用愈増加せしに因り、止むを得ず角寒天製造二十株を増し、天保年間には三十余株を増すに至り。而して年々細寒天二十万斤を長崎奉行へ回送せり。此頃大坂にて大根屋小十郎は細寒天問屋を、中村治兵衛は角寒天問屋を始め、各盛んに営業せり。此時清国輸出細寒天の価は三十斤入壱個に付百二十五匁とす。天保三年の頃に至ては角寒天製造者も一切他に消費せずして、総て右二人へ売渡すこととなれり。其後弘化三年に至て丹波桑田郡にて二十釜を設立す。之を紀州製と唱へ、製品は直に長崎に回送せり。然るに元治元年の頃に至ては大坂にて問屋数を増して八戸とし、製造家摂、丹二州にて三十余釜に定め（一釜に付原草二千貫目と定む）其余を休業せしむ。明治元年に至り諸株廃せられたるのみならず、通商司[20]より資本を貸与せしかば一時に増加し九十余釜となり、爾後益増進して同四年には四百五十余釜に及びたりしが、亦六年より貸資を廃せられたるにより随て減少し一時衰微せしが、又十三、四年頃より大に回復し、十六年には摂州島上、島下の二郡のみにて六百八、九十釜に及べり。

清国輸出の額も従来一ヶ年二十万斤を定度としたるものなりしが、明治維新以来漸次増加し、九年に至ては百万斤余に至れり。斯く俄に増進せしは蓋広業商会に於て貿易資本の便利を計りしと本邦在留の清商等競ふて之を購求したるによるならん。

従来寒天を清国に輸出するや、荷造のよろしからざるより損害を来すこと屢々あり。摂津、山城産を大坂まで出すに、細寒天は四十二把を上下括り之を三丸合せて一箇となし、三所胴縄を掛、竪縄を四方にかけ上包をなして量五貫目内外とし、角寒天は菰に包み胴縄三所竪縄四方小口縄かゞりとなし、壱俵五百本入とす。而して大坂より細寒天を海外に輸出するには、又は青筵に包、胴縄三所竪縄四方掛け小口縄かがりとなし、其量は七十斤、七十五斤、百斤の三様に作れり。又角寒天を各地に運輸するには、菰或は莚に包、五百本入胴縄三所掛け竪縄四方小口縄かゞり、或は五百本入三丸を合せて一箇となし、胴縄二所括り四方竪縄掛け小口綴ぢつけとなせり。元来細寒天の荷造は明治初年頃迄は総て莚包にして一個の量目三十斤入なりしに、三年頃より運賃諸雑費減省並に運搬便利のためとて量目を六十斤又は七十斤或は七十五斤百斤入りに造りたるに、亦仝十六年頃より良品は其品位を保たしめんがため青莚に包み、中以下の品は従前の如く莚包とし、量目は七十斤又は七十五斤入造り、外国輸出は圧搾器を以て体積を減縮せしむ。現今此法にて別に差支あるを感ぜずといへども、輸出の量は一箇百斤に一定するを可とすと云り。何となれば運賃荷造の費用を大に節減すればなり。

　清国にては寒天は一般之を燕巣に代用せり。燕巣は『閩書』に燕窩菜とありて、『支那通商案内』『支那薬物字彙』『英華字典』等に載する処、英名に鳥の巣と云ふ語ありて、即ち小なる燕の巣にして全く凝固物質を以て綿密に組立たるものにして、石花菜類の海藻を以て鳥の作る所たり。其燕窩は上等一担（一担は我拾六貫〇九拾九匁六分九厘八四）の価は二千五百両（両は我金貨壱円三拾九銭四厘六）乃至三千八百両、下等のものにても百五十両より下らざるものにて、寒天は割烹に用て形状甚似たるよりこれが代用とするを以て其需用を広め、本邦より清国に輸出するもの明治元年は二十四万七千二百五十七斤なりしも、五年に三十三万三千三百九十九斤、七年に五十六万六千余斤、八年に七十七万六千余斤、九年に百十七万千九百余斤と漸次多額に進み、爾来年々百余万斤を輸出するに至れり。其輸出は神戸、大坂に九分二厘五毛を占め、横浜に六厘、長崎に二厘五毛の割合に当れり。而して清国従来の需用地方は牛荘、天津、芝罘、宜昌、漢口、汕頭、鎮江、上海、寧波、温州、福州、淡水、打狗、厦門、北海等なれども、若し十八省一般に販路を拡むるに至らば幾多の額に至るや量る可らず。加之（しかのみならず）又欧米諸国にも一の需用ありて米、英、独、魯等に年々幾分の輸出あり。又印度、暹羅〔シャム〕等にも輸出することあり。

本邦の外、清国浙江省寧波地方にて方洋菜（かんてん）と唱ふるものを産すれども、光沢乏しく黒色を帯び、品位下劣にして価低く、産出亦僅少なり。

前説を以て考ふれば、将来我寒天の輸出は年々増加するも減少するの憂なきは疑ひを容ざる所なれば、能く品位を精良にし彼の信用を厚からしめ、以て拡張を図るべし。夫れ本邦の沿海には石花菜を産する最も多く、未だ採収せざる地方もあり。加之（しかのみならず）東北諸国には製造の適地も少からず。故に勉めて採収製造に力を尽さば幾多の増額に至るも量るべからず。然れども商業上に於て往々狡猾者の為めに失敗を来すことあり。当業者は注目せざるべからず。

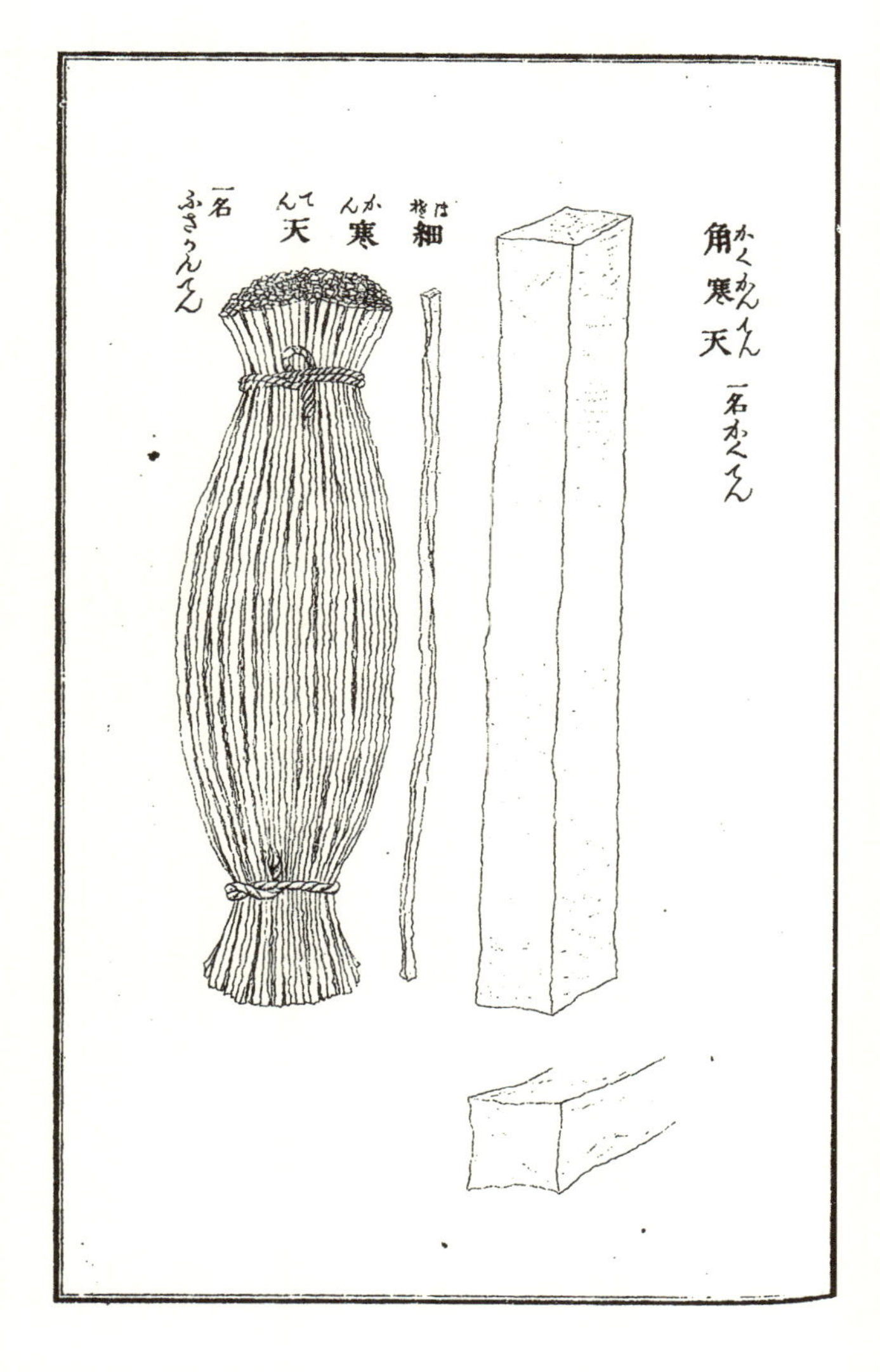
角寒天 かくかんてん
一名かくてん
細寒天

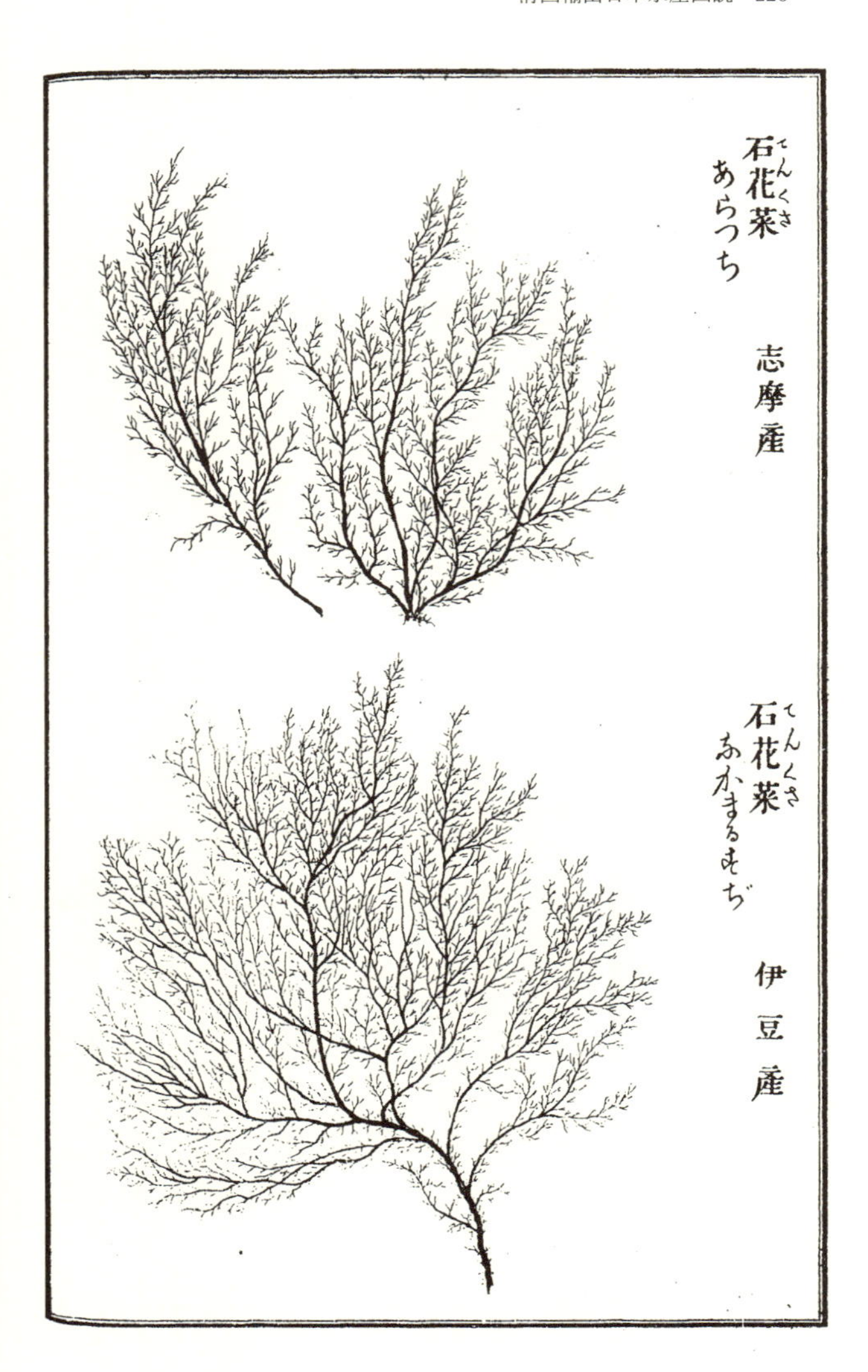
石花菜(てんくさ)
あらつち
志摩産
石花菜(てんくさ)
あかまるもぢ
伊豆産

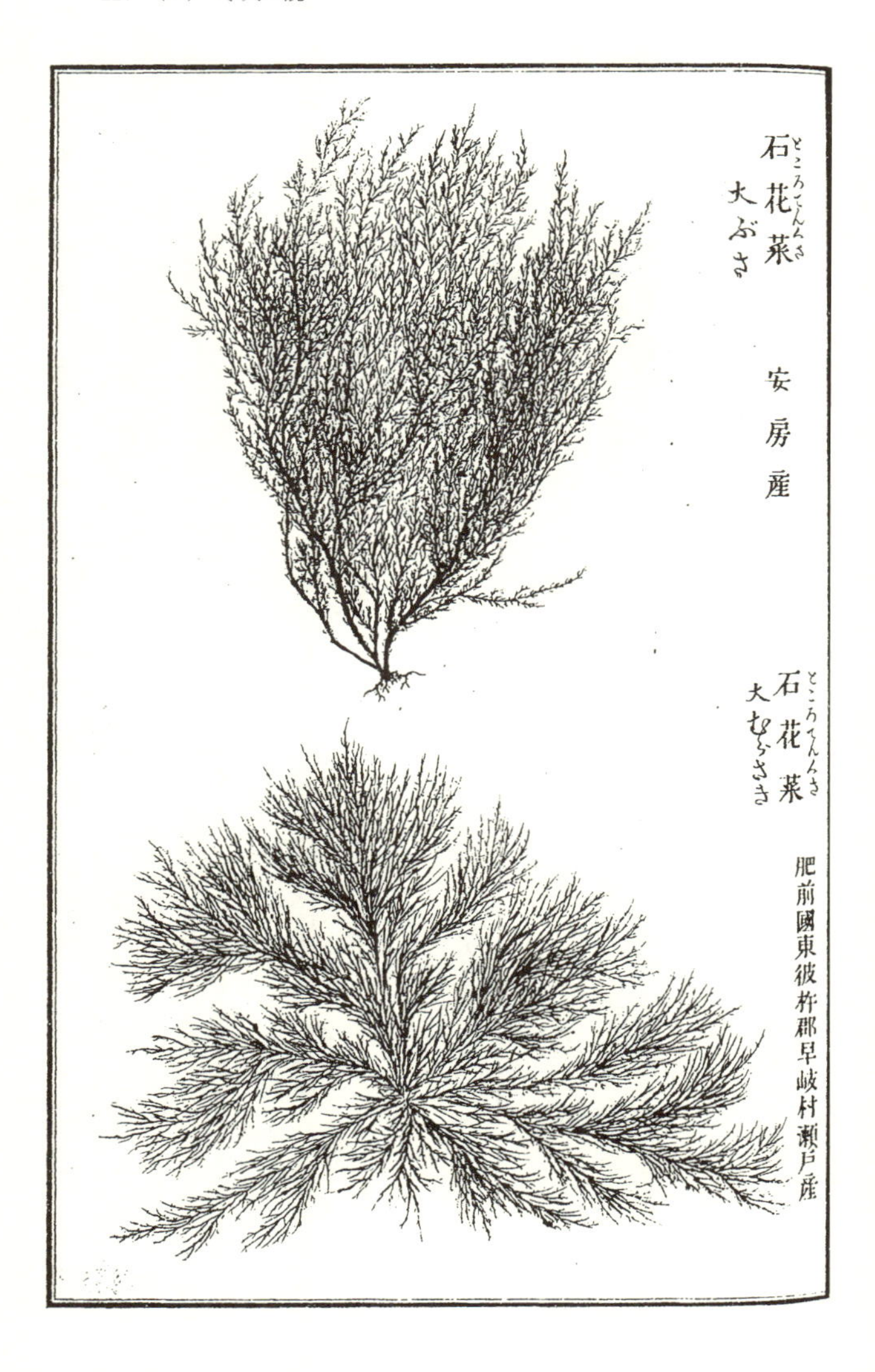
石花菜（ところてんぐさ）
大ぶさ
安房産
石花菜（ところてんぐさ）
大むらさき
肥前國東彼杵郡早岐村瀬戸産

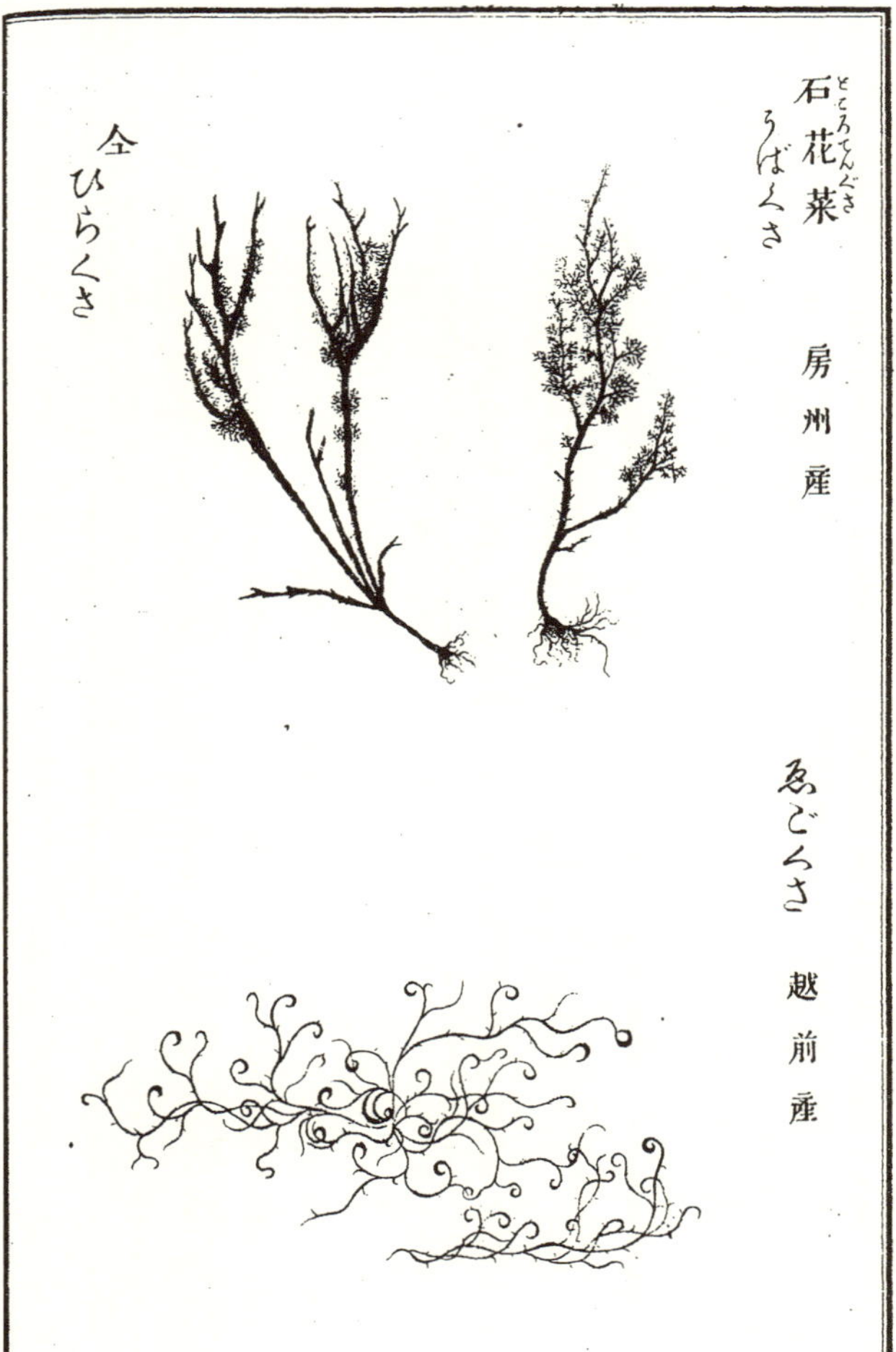

石花菜（ところてんぐさ）
うばくさ

房州産

仝
ひらくさ

ゑごくさ

越前産

（七） 乾鰕の説

乾鰕は海河に産する鰕類を乾したるもの丶総称なり。其鰕の品類は数多しと雖ども乾製となすは四、五種にして、皆清国へ輸出する所の重要のものなり。

夫鰕は恵比と訓しむ。『新撰字鏡』には蛃の字を衣比とし、『和名抄』に七巻『食鏡〔経〕』を引て、鰕和名衣比、俗に海老の二字を用ゆとありて鰕類の総称なりしも、『本朝食鑑』に海老は今海蝦の名と為すと。而して大小蝦類は千有余年の古昔より海老と称して賀寿饗燕の嘉殽とし、殊に龍蝦は元旦門戸の松竹に煮紅海老となして懸け、蓬萊盤中に盛飾て祝寿を表し、又『延喜式』主計部に伊勢、摂津、和泉等より貢献することを載たり。

今清国に乾鰕となして輸出するは「しばゑび」「しらゑび」「てながゑび」「くるまゑび」等なり。

本草書及び府県志物産書等に載する所の鰕類の名を挙ぐれば、沙虹、何魵、玉徳公、季遐、水晶人、謝豹、長鬚公、虎頭公、曲身小子、水母目、鰝、鰕魚、丹蝦、紅蝦、蝦魁、蝦抷、神蝦等なり。其中形状の大小等によりて名を異にするあり。元来蝦は河産のもの丶総称、海鰕は海産の物の総名にて海鰕の大なるを鰝と云ふ。紅鰕は長さ二尺余のものなり。『嶺表録』には長七、八尺なるものあることを載せたり。閩には五色の鰕あり。亦長さ尺余のものを両両に乾すを対蝦といひて上饌に充つとあり。福州地方の人は其形ち尺余のものを乾製して嗜好し、『閩書』南産志には大なるを鰕魁と名け、鰕抷、龍鰕、赤鰕、沙鰕、水港鰕、斑節鰕、白鰕、泥鰕、梅鰕、蘆鰕等あり。蘆鰕は蘆の花の時変ずるを云ひ、梅鰕は梅雨の時出るを云ひ、泥鰕は稲花の発する時暴(さら)して之を藁にて括るをいひ、採みて皮を去りたるを鰕米といふ。是れ古(いに)しへ本邦の通俗裸鰕といひ、今「すりゑび」と云ふものなり。李時珍曰く鰕米は食するに薑醋を以す。又嶺南に天鰕あり。酢と作(な)して食し[21]饌品の珍とすとあり。此他丹鰕、大脚鰕一名草蝦は本邦の「かせゑび」一名「てんこうゑび」なり。亦蚕蝦あり。『三才図会』には泥蝦の一名を苗蝦とし、『福州府志』に一名塗苗又醤蝦とあり。時蝦は本邦の「あみ」なり。『海物異名記』に塩を加(くわえ)て醤となすことを載せたり。

　元来本邦に産する蝦の種類は甚だ多く、淡鹹二水の産とも各形状に大小あり。而して鹹水に産するものは「いせゑび」一名「かまくらゑび」（又名）「ゑびかね」「けんゑび」一名「つちがゑび」「くるまゑび」「しばゑび」「びしやもんゑび」一名「ゑひのをば」（又名）「ゑびかね」「うちはゑび」一名「たびゑび」（又名）「てながゑび」（又）「かしはゑび」（又）「あしながゑび」「あなご」（一名）「いしはじき」（又）「たいこうち」（又）「しやくゑび」「しやなき」（一名）「しやくなげ」（又）「しやこ」（又）「しやく」（又）「しやつぱ」（又）「しやくう」（又）「おにゑび」（又）「ほろじやく」（又）「やまめゑび」等なり。淡水に産するものは「つえつきゑび」（一名）「てながゑび」（又）「はたさゑび」（又名）「かれき」（又）「たなかゑび」「かたゝゑび」（一名）「かはゑび」（又）「てんごうゑび」（又）「てんほうゑび」「しらさゑび」（一名）「しらさい」「てんす」「たゑび」「つけほり」「つゆゑび」「はだかゑび」「ぬかゑび」（一名）「あみ」「あみざこ」（又）「あめゑび」「あなゝみ」（又）「あめこり」（一名）「つみあみ」等なり。

以上の各種中「いせゑび」は志摩に産し、伊勢より京都に送る故に伊勢ゑびと云ひ、勢、尾両国にては志摩ゑびと云ふ。東京にては「鎌倉ゑび」と云ひ、肥前長崎にては「ゑびかね」と云ふ。「けんゑび」は龍鰕の一種両鬚扁大にして長く相並（ならび）て剣の如き者。「くるまゑび」は『閩書』の斑節蝦にして尋常の蝦の形なるが、大さ六、七寸に過ず。殻厚くして白く節毎に紅斑あり。煮る時は全身深紅色曲りて車輪の如し。諸州皆多し曝乾する者を縄にて編み、十尾を一連として薩摩より出し、肥前、筑前、筑後等にては首尾を切り串にさし焼乾として販売せり。近時肥後にて皮剝製となす者は清国に輸出せり。『広東新語』に蟳蝦鹹水中に産し対蝦と為し上饌に充（み）つとあるもの即ち是なり。『八閩通志』にも対蝦は土人熟し乾し両両対挿以て遠きに寄す可しとあり。「しばゑび」は大さ三、四寸に過ずして殻薄く白し。手足鬚ともに短く細し。煮るときは淡赤色是れ鷹爪蝦の属なり。其至て小なるもの諸州に産し、味また佳なり。本邦古くより曝乾し、之を遠きに送れり。此物の皮を剝ぎ乾製したるは乃（すなわ）ち蝦米の上等なるものにて扁平上等乾鰕と称し、近年肥後、筑後等にて多額を製し輸出せり。「びしやもんゑび」は長七、八寸、倒（さかさま）にして腹の方より見れば毘沙門天の形状ありとて名（なづ）けたりといふ。此もの九州には甚だ大なるものありて其味良好なり。「うちはゑび」は形状扁（ひら）たく、頭部殊に大にして長く団扇の如し。径（わた）り二寸余、長さ三寸許にて尾は下に曲れり。「あなご」は長さ一寸余、一手は小し、一手は長大にして堅田ゑびの形の如し。是『邵武府志』の大脚蝦なり。赤尾蝦は海中の小蝦にして『八閩通志』に赤尾蝦は蝦の小なる者金鉤子より小なりとありて、鮭菜廿七種の中に加へて甚（はなはだ）嗜好せり。「しやくなげ」は『食療正要』[22]に「やまめゑび」と称す。是は『漳州府志』に蝦姑（しやこ）、『開元天宝遺事』の青龍、『埤雅広要』の管蝦と称するものにて、形状蝦に類して扁平、其頭尾ひとしく背の節灰白色にして碧色を帯び、煮るときは淡紫色に変じて石南花の色の如く大なる者は七、八寸に至る。然れども此ものは海鰕類とは種類異るものなれども其需用は同一なり。「つえつきゑび」は淀川の名産にして又各地にも産し、長さ三寸許にて首部大なり。前の両足身より長し。是は『八閩通志』の草蝦にして頭ら大きく、前足大にして長く池沢中に生ぜり。一種江州堅田より出るものは長さ一寸許、一手甚だ長大にして一手は小なり。「堅田ゑび」一名「かわゑび」と呼ぶ。是れ『邵武府志』の大脚蝦なり。一種川ゑびの形にして色白きものを「しらさゑび」といふ。『八閩通志』に白蝦江浦中に生ずと云ふもの是れなり。普通の「かはゑび」は淡青黒色のものにて漢名青蝦なり。近江琵琶湖の「大ゑび」は大さ二寸に過ぎず。皮鬚硬く下品にして春夏秋ともに捕獲せり。水田および池沢に生ずるものは「たゑび」と云ふ。是泥蝦なり。土佐にて長さ三寸許、流水泥中に生ずるを「つちほり」といふ。これも同物なり。『邵武府志』に蝦の小者俗に泥蝦と呼ぶ。田塘池沼中に生ず。之を炒熟す。色白きものは殻軟く、色紅者は殻硬く、亦食す可しと云り。「つゆゑび」は『八閩通志』の海蝦にて梅雨の時に洲渚間に出づとし、四、五月ころ田畔流水中に最多く産するものなり。十月頃蘆蒲中群をなすものは『八閩通志』の蘆蝦なり。

凡そ蝦類の煮て曝乾して殻尾鬚足蛻去したるを「はだかゑび」「むきゑび」「ほしゑび」とも云ひ、清国にて蝦米と称し、従来より長崎来船の清商は広東産の蝦米を携来りて食せり。即ち長七、八分のものにて其中に大扁と円身との二あり。時珍『食物本草』の銀鈎鰕は大扁鷹爪鰕は円身にして皆味の鮮美を珍賞せり。『珠璣藪』といふ書に鷹爪は大蝦米とも云へり。『泉州府志』に銀鈎蝦米とあるは白き者を撰び曝乾して其殻を揉去し肉堅く白鈎の如きを云り。又黄鰕なる者あり。則ち金鈎と名く。

「あみ」は泥海に多く鯘鰔とし又乾ても佳なり。『本朝食鑑』に浅紫帯黒色と潔白両端純紅色との二種あり。是『閩書』の苗蝦なり。『広東新語』に銀蝦は状ち鏽鍼の如し。銅鼓と名け塩蔵したるを蝦醤といひ、味また美にして香山といふ所にて造るものを美なりとし、香山蝦ともいふとぞ。元来清国人は古来より蝦醤を嗜好といへども本邦未だ此製なし。目今輸出する者は「手長蝦」「芝鰕」にて製したる皮剝ぎ製、又常陸産の桜海老等なり。此桜海老は横浜市場にては頗ぶる名声ありて、明治十四年の輸出額は三万四千七百六拾壱円に至れり。

摺蝦（即鰕米）の製法は水五斗に塩一升を加へて釜に入れ沸騰せしめ、蝦壱升を入れて程能く煮へたる時揚げて、汁を能く滴し莚上に散らし、晴天二週間程乾燥したる後ち桶に入れ、かき回して皮をすりむくべし。其摺方は摺板と称する長さ四尺、巾壱尺の板に中央まで縄を纏巻たるもの、又は竹を叉に作りて縄を巻きたるもの等を桶の中に差入れ、両手にてかきまはす時は其殻悉く脱け離るゝなり。是を桶又は箱に収め蓋をなし、空気の入らざる所に貯ふるものとす。而して其尾殻の付たるものを尤も清国人は嗜み好めり。常陸にて製する桜蝦は皮を脱離するに、臼に入れ杵にて搗く。故に尾殻脱して価額を低せり。又近時奸商輩之を売るに量目を増し、其色を美ならしめんが為め水を散布するの弊あり。斯の如くせし品は永く貯るに耐ずして腐敗するが故に甚だ信用を失ふことあり。

鯫は生乾、煮乾、塩漬等ともなすべく、煮乾鯫は大釜に入れ暫時沸騰せしめ、「竹しよをけ」（籠）にてすくひ揚げ汁を滴し去、莚の上に厚薄なく散布し、晴天に一日乾せば良品となるべし。煮方のあしきものは五、六月頃に至り黄色の黴を帯び、随て味ひ劣り久しく貯蔵しがたし。近来漸く発明する所ありて湯の沸騰するの度を六分時間程とせり。かくすれば乾上りも速にして数月を経るも変色の患なし。漬鰛は九月頃のもの形細かにして柔かく味美なりと雖ども、数日を経るに及んで腐敗を催し、永く保存しがたし。十月以後のものは佳味にして貯ふるによろし。又鰛壱升に付きて加ふる塩は三合より四合位をよろしとす。

前条各種の蝦類中、方今清国輸出の品類は僅々三、四種に過ずと雖ども、製造を精良ならしめ彼れの需用に適せしめば他種のものをも輸出せしむるを得可く、又清国の販路は（湖北省）には扁円共に需用あり。湖南省、江西省、河南省、陝西省、四川省等には扁形の需用甚だ多し。

本邦の海河には鰕属の繁殖甚だ多きも、製法未熟にして能く其需用を充たす能はず。去る十七年度の調査によれば一ヶ年の輸出額は三十八万二千八百七十二斤、此価四万四千八百十五円に過ず。然れども既往に逆上りて見れば、明治二年には僅に一万九千四百九十八斤、其価五千三百三十八円の少数にして、爾来年々に増加して斯の数に昇りたり。之に徴して見れば将来必らず増進すること疑ひなし。

夫れ鰕類は清国及び東亜細亜の海浜河岸に繁殖するものにて、就中本邦を富めりとす。清国には暹羅〔シャム〕より乾製を輸入するも少数にして、本邦より輸入するものを多数なりとす。清国にては寧波の産著名にして品位佳良なりとす。

夫れ鰕類は関節虫部の下等動物にして、其産殖甚だ速かなるものなれば、能く捕季を定め産卵場を設けて繁殖を図るに於ては夥しく増殖すべく、而して製方を良好にして需用者の信を得るときは其販路拡まり将来益増進するに至るべし。

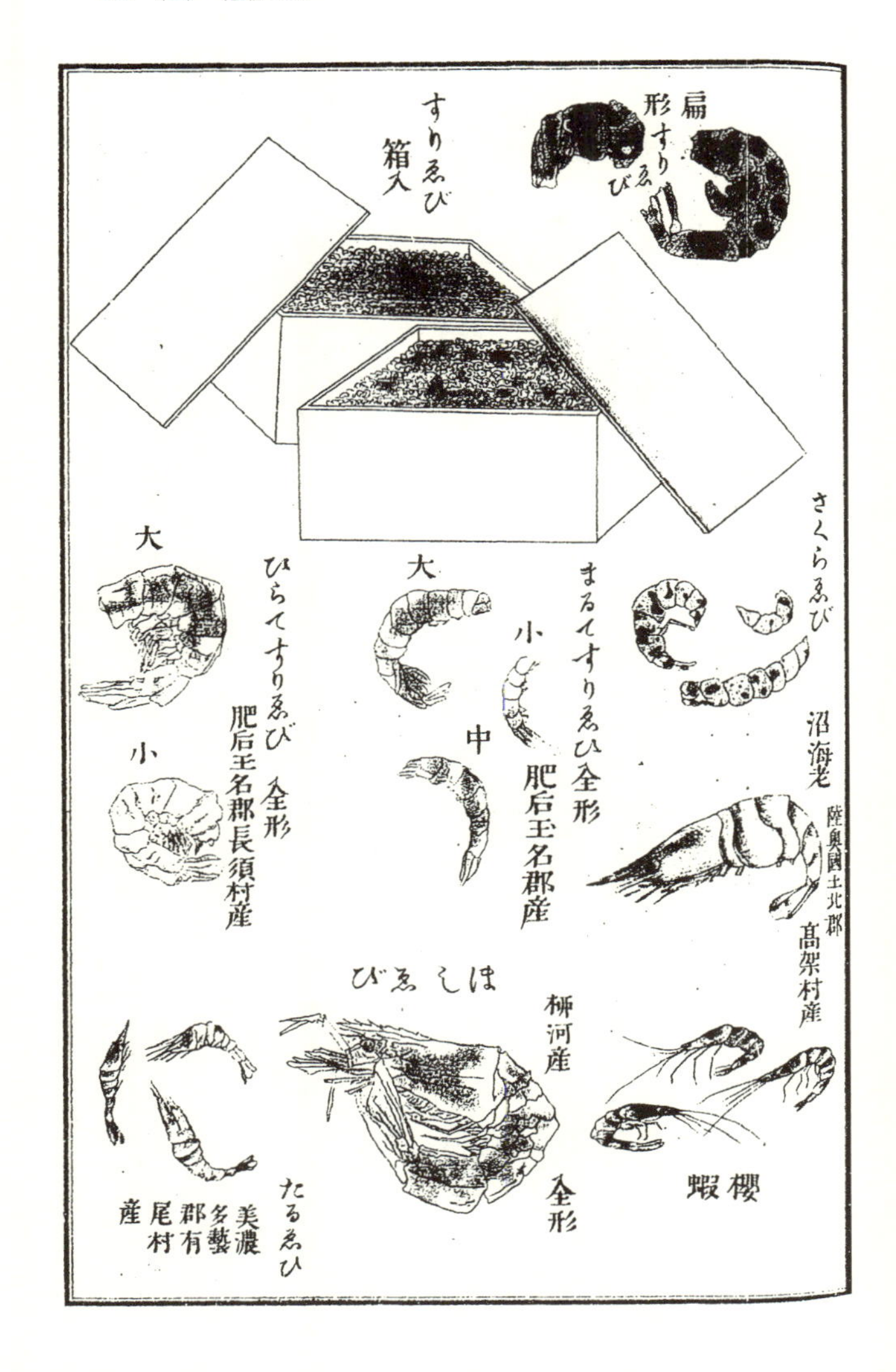
扁形すりゑび
すりゑび箱入
さくらゑび
まるてすりゑび全形
大
小
中
肥后玉名郡産
ひらてすりゑび全形
大
小
肥后玉名郡長須村産
沼海老
陸奥國土北郡高架村産
はしゑび
柳河産
全形
櫻蝦
たるゑび
美濃多藝郡有尾村産

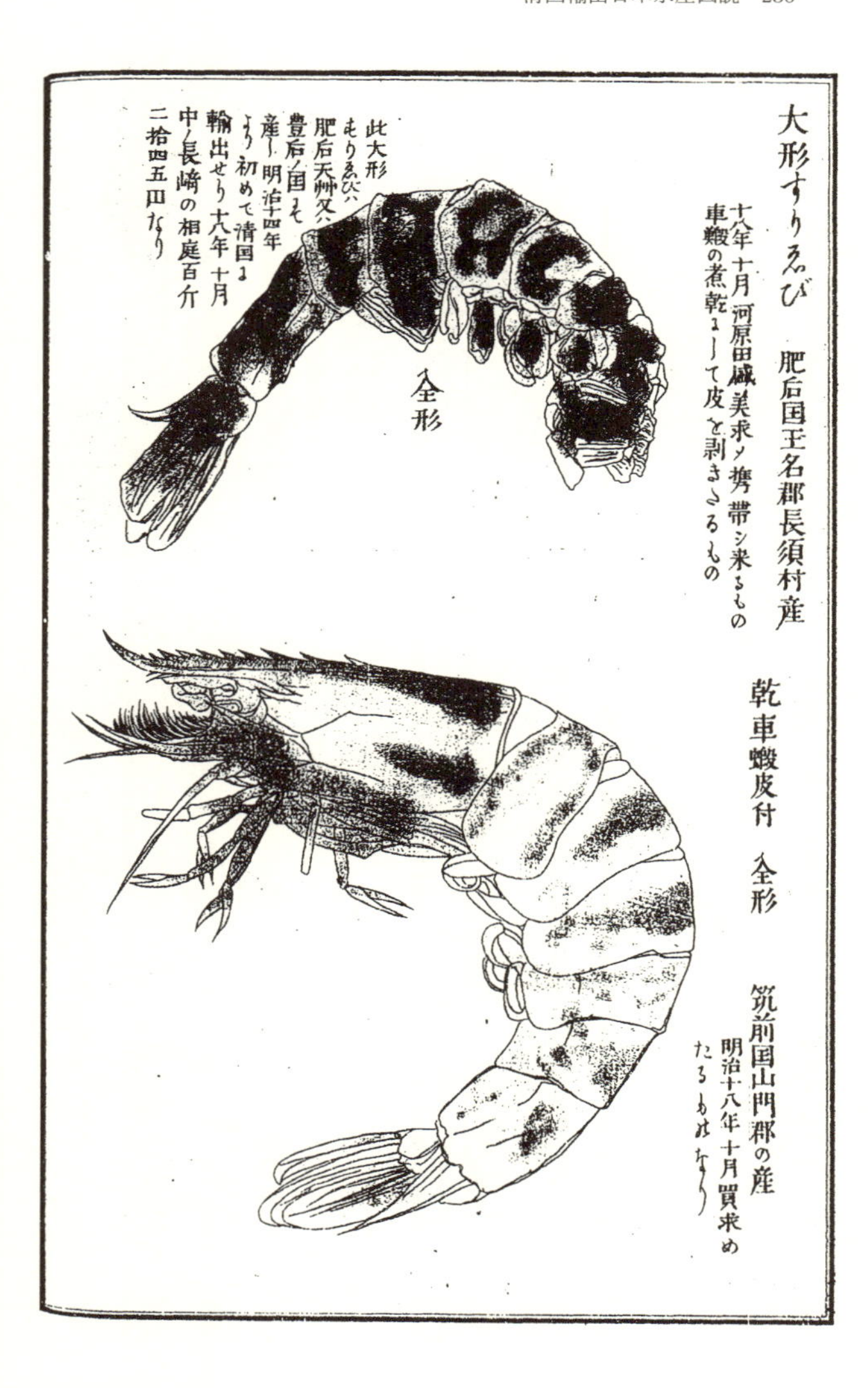
大形すりゑび　肥后国玉名郡長須村産
十八年十月河原田盛美求メ携帯シ来るもの
車鰕の煮乾ニ〆て皮を剥きさるもの
此大形
もりゑびハ
肥后天草又ハ
豊后ノ国ヨ
産シ明治十四年
より初めて清国ヨ
輸出せり十八年十月
中ノ長崎の相庭百斤
二拾四五円なり
全形
乾車鰕皮付　全形
筑前国山門郡の産
明治十八年十月買求め
たるもれなり

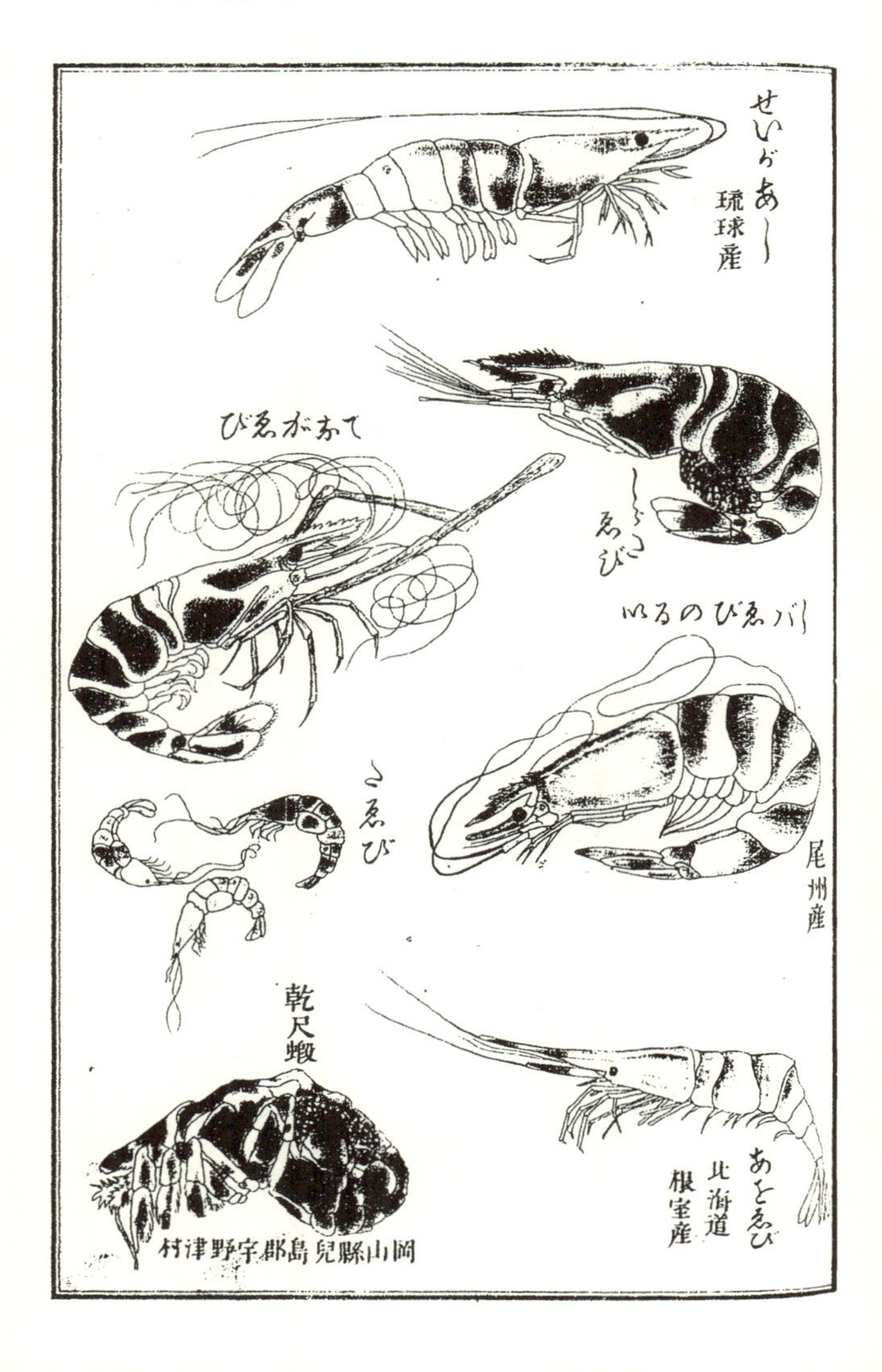
琉球産
てながゑび
しばゑびのるい
こゑび
尾州産
乾尺蝦
岡山縣兒島郡宇野津村
あをゑび
北海道根室産

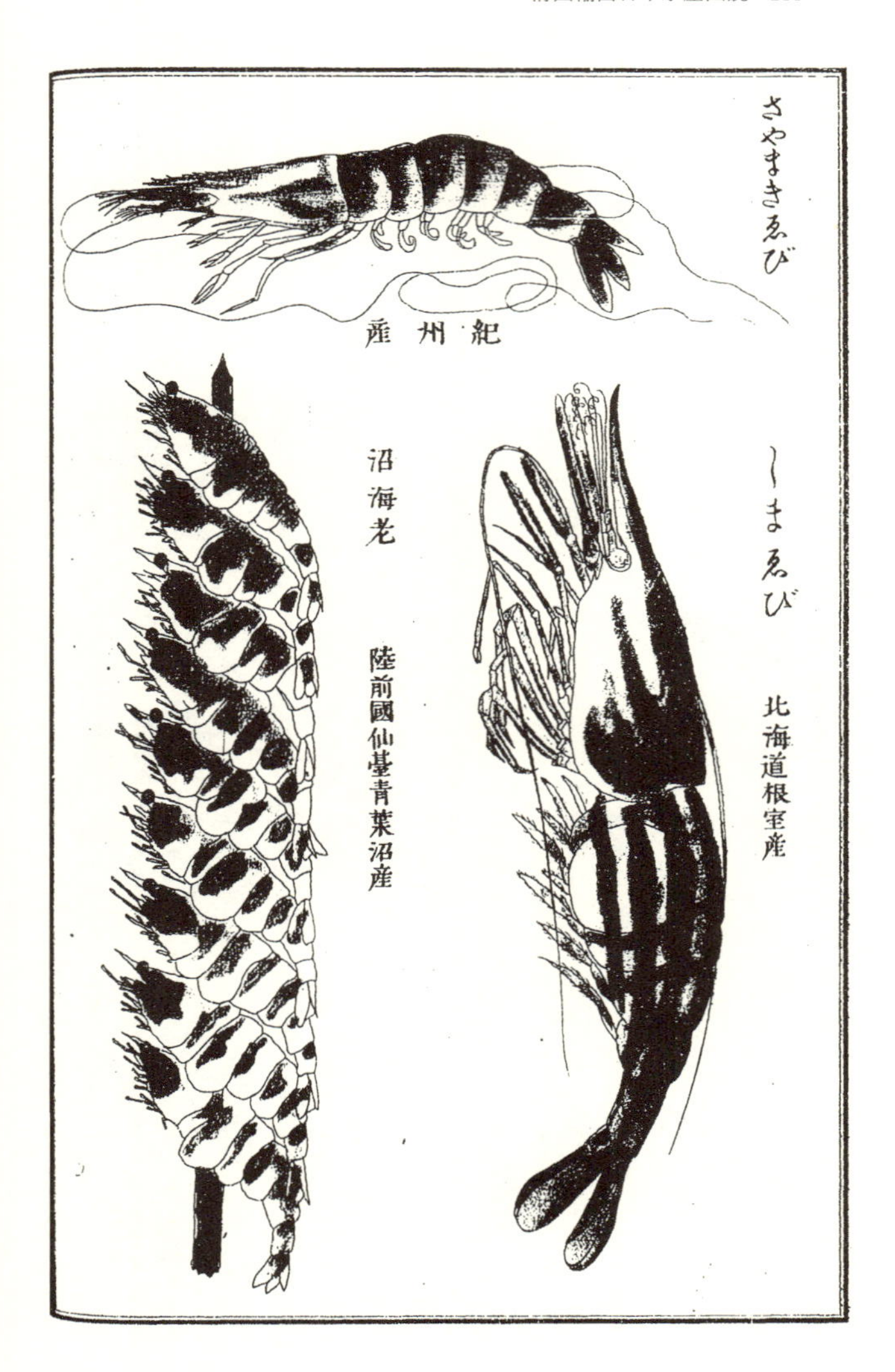
さやまきゑび
紀州産
しまゑび
北海道根室産
沼海老
陸前國仙臺青葉沼産

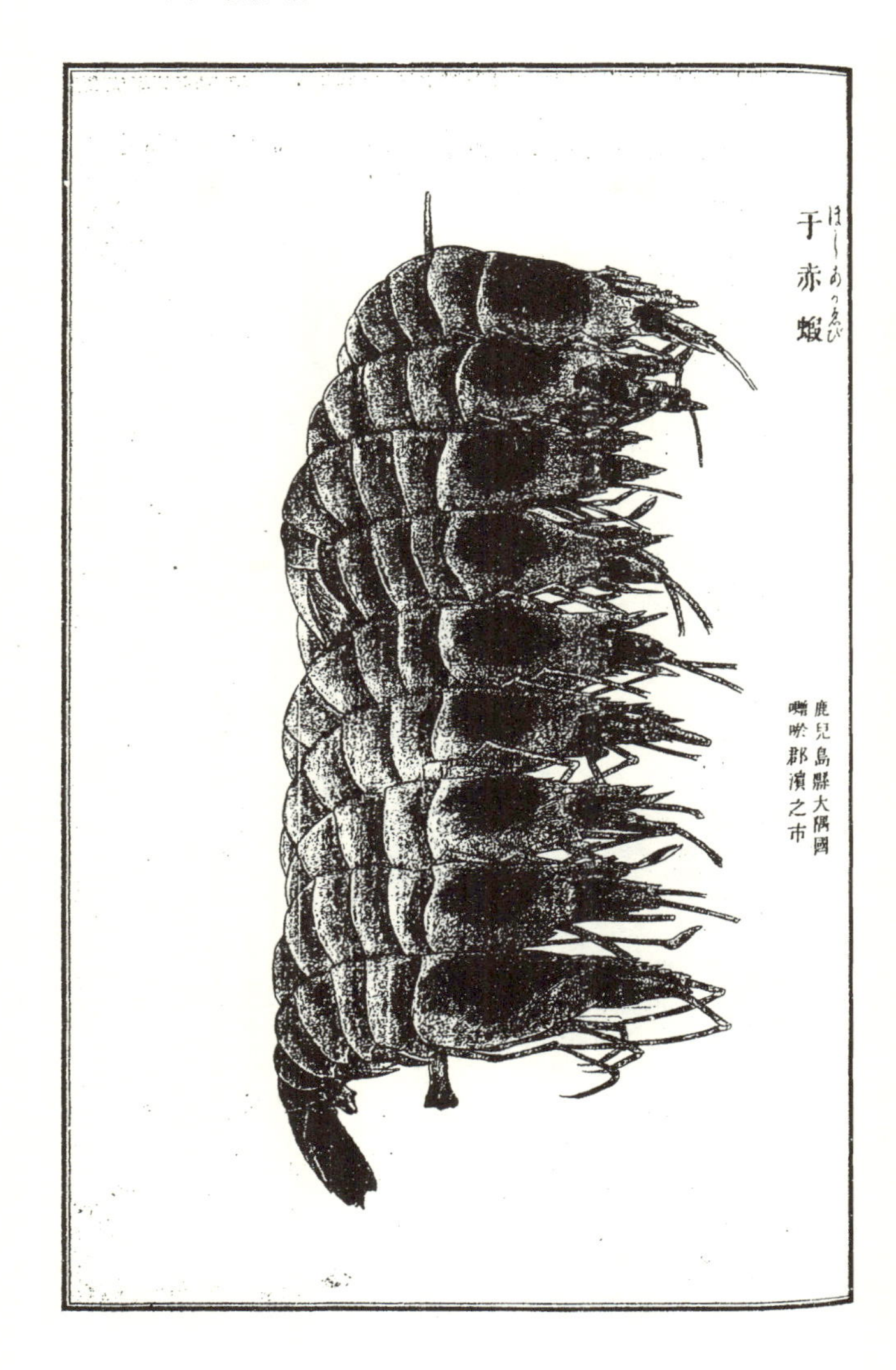
ほしあかゑび
干赤蝦
鹿兒島縣大隅國
囎唹郡濱之市

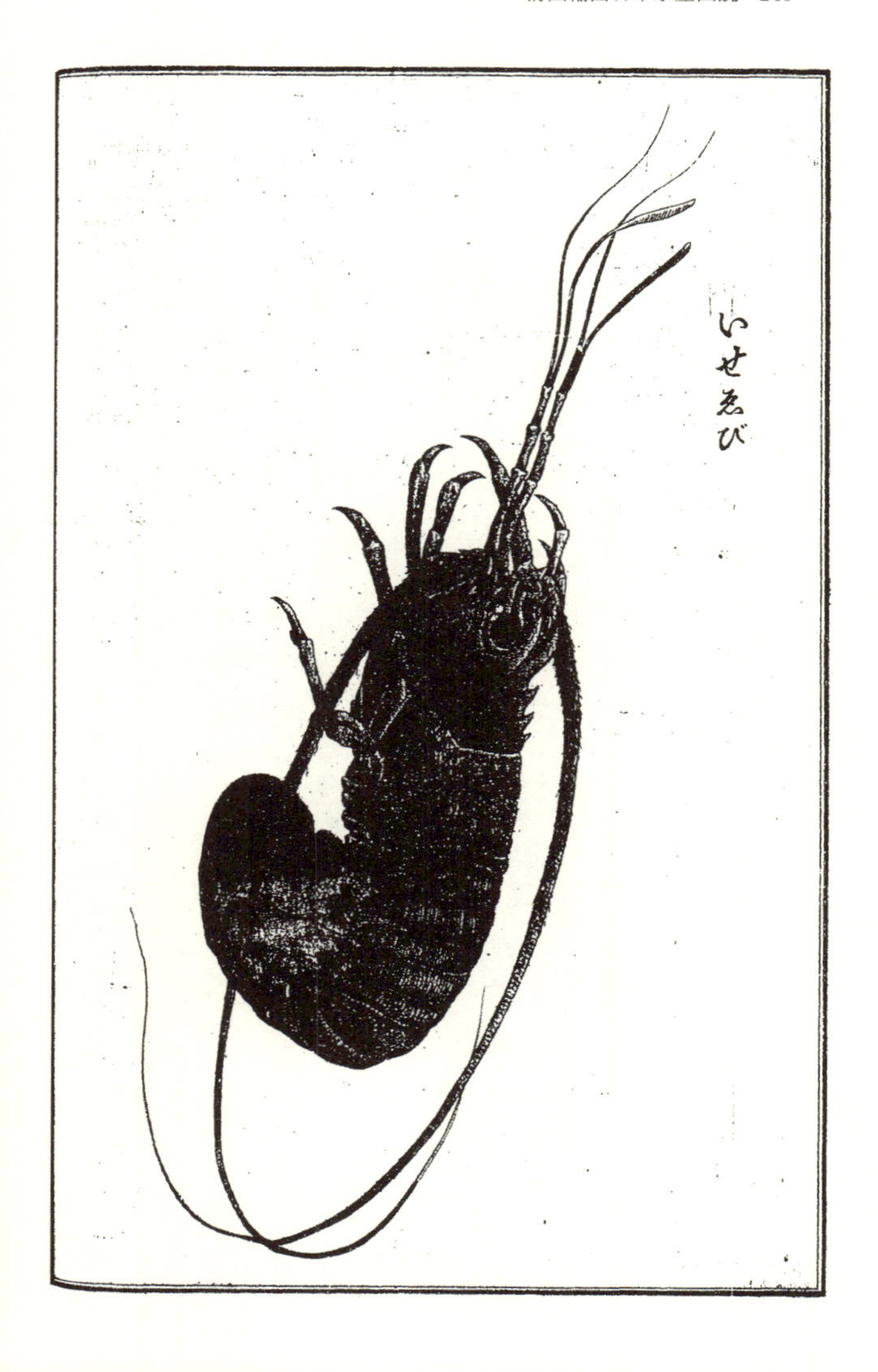
いせゑび

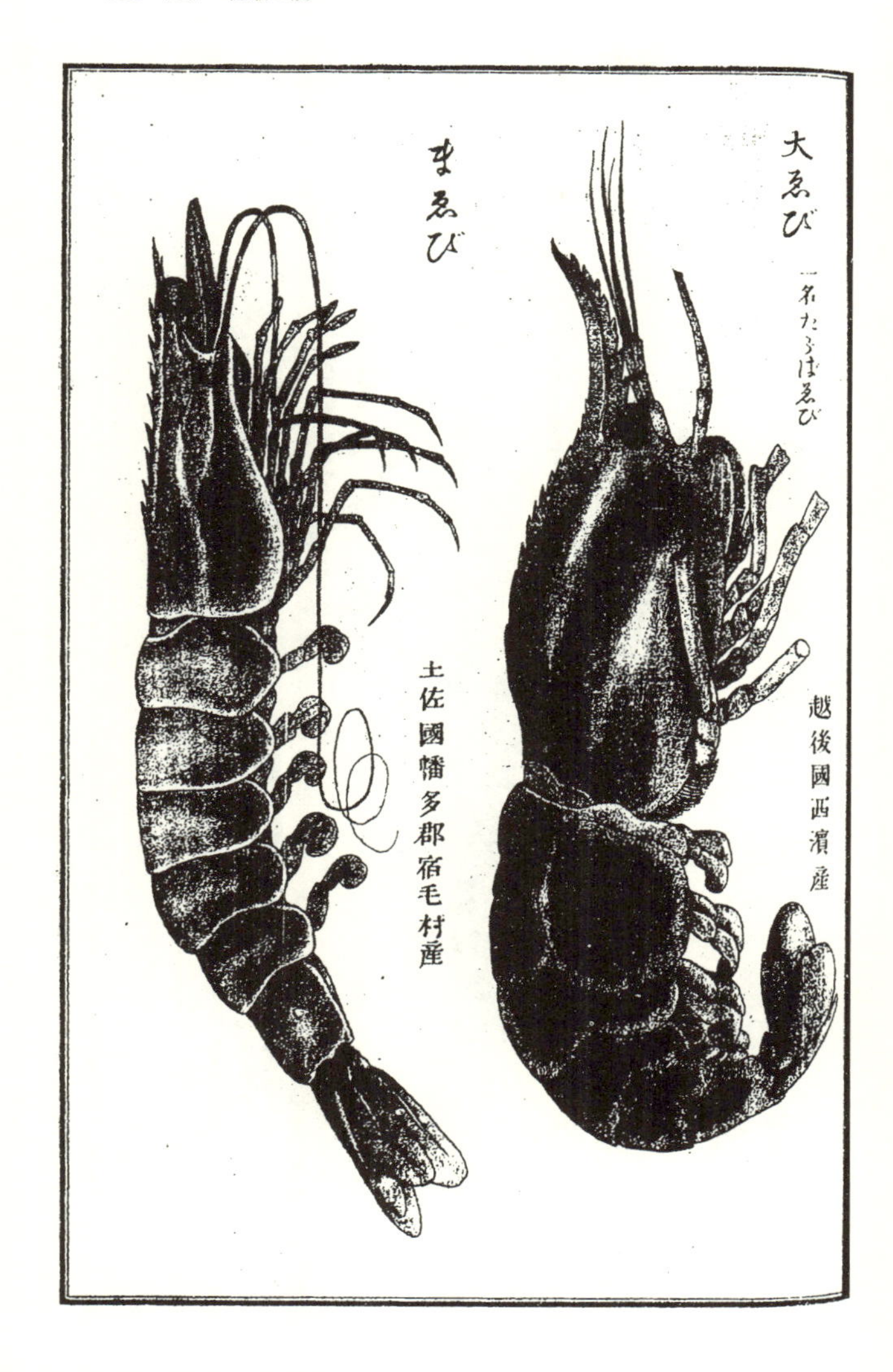
大ゑび
一名たらばゑび
越後國西濱産
まゑび
土佐國幡多郡宿毛村産

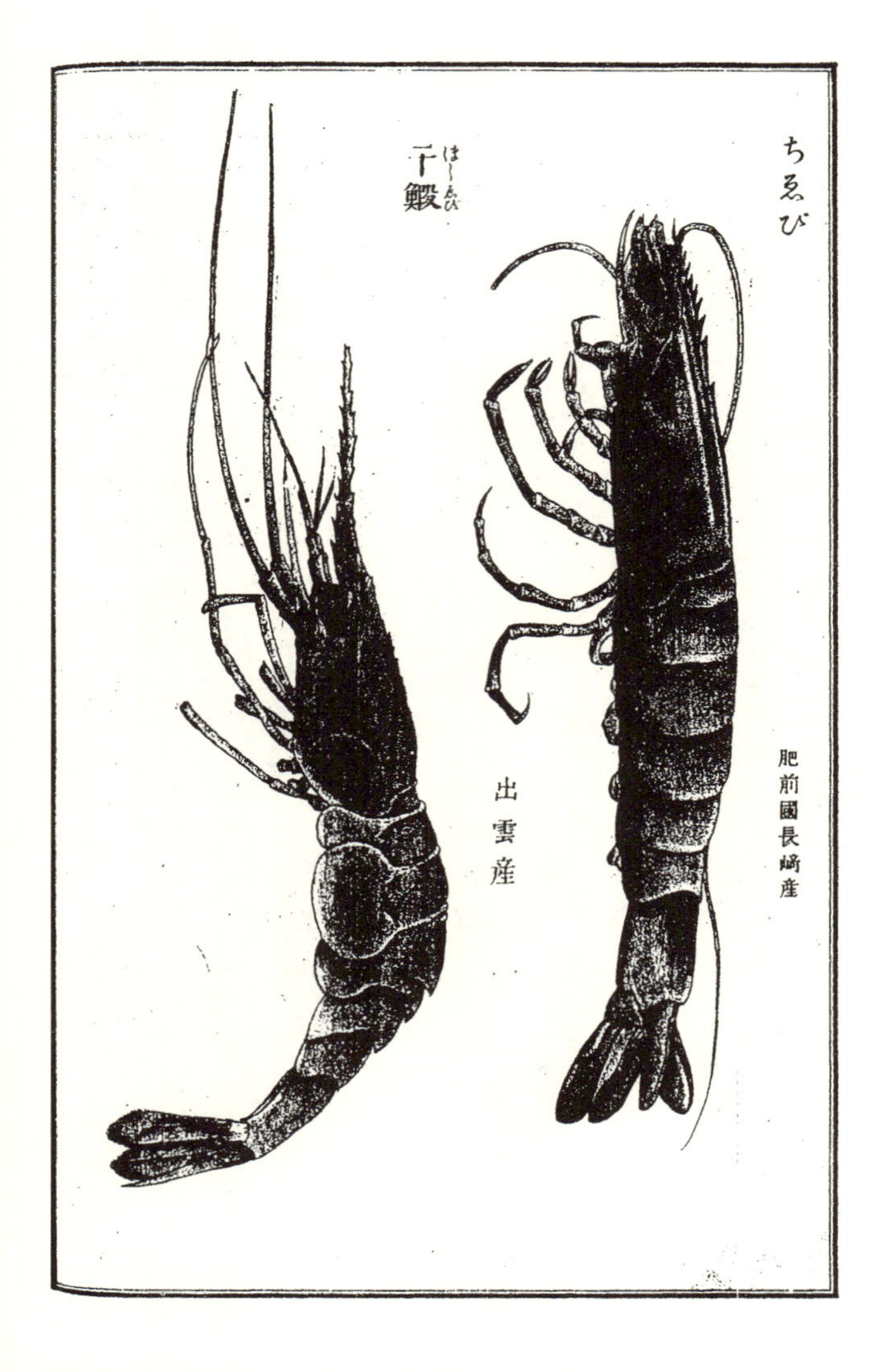
ちゑび
肥前國長崎産
干鰕 ほしゑび
出雲産

（八）乾貝並貝柱の説

本邦の河海に産する介類は其数一千余、其中に於て内国人の食用とする者七十余種あれども、乾製して販売する者は四十余。又清国へ輸出するものは僅かに十五、六種に過ずして其中柱をとり製出する者は五、六品なり。今此編は清国へ輸出するものを纂輯す。即ち其品類を挙れば、乾揚巻、乾馬刀、乾貽貝、乾蛤、乾蜊、乾汐吹貝（九州にて「うばかい」と云ふ）、乾鳥貝、乾姥貝、乾尾斧貝、乾帆立貝、乾蠣（以上貝肉全体を乾すもの）、板良介柱、板屋貝柱、帆立貝柱、玉珧貝柱、馬軻貝柱（以上介肉柱）等なり（但乾鮑は特有のものなるを以て別に之を分てり）。

以上の種類は皆蚌蛤類にして上古より製するあり、中世より製するあり、近年創製するあり。且産地、製法、産額、価格、販路等各同じからずと雖ども、清国へ輸出するの額は年々多きを加へたり。明治二年には僅かに八万五千六百七十斤、其価壱万〇九百三拾二円なりしも年々増加し、十五年には八十二万四千三百九十五斤、其価拾万〇三百九十九円の多きに至れり。

本邦に産する介類中には将来清国人の需用に適すべきものも少なからず。本草書、府県志、物産書等を案ずるに老蜯牙、蛤、石蛣、蜋蜆、沙蛤、蚶、蜆、田螺、螺螄、梭螺、流螺、米螺、蓼螺、研螺、馬蹄螺、紅螺等の如き、皆清国人の嗜好する所なり。又『然犀志』に蜆を夏とりて暴乾し晒蜆と名くることをのせ、僅に渓湖に産する小介すらかくの如く嗜めり。又螺螄、米螺の二種は淡水中に産するものにて、此類の介肉を乾製したるを清国人は乾青螺と称して賞味せり。尚此の如き類多し。故に能く彼の実況に通暁し、商売を確実にして信用を得るときは幾多の輸出額を増すや量る可らず。実に是遺利を挙て以て本邦の富源を助くる所のものなれば勉めずんばあるべからず。

乾揚巻(あげまき)

揚巻貝は一に総角介(あげまきかい)とも書し、漢名は蟶にして其肉の乾たるを乾揚巻といふ。清国人之を蟶干と称し、本邦より清国へ輸出の重要品たり。然(しかる)に古来本邦人は蟶と竹蟶とを誤伝(あやまりつたう)る久し。『新撰字鏡』に蟶を万天(まて)と訓じ、『倭名鈔』亦同訓を以て一名を馬蛤(まて)とす。『本朝食鑑』『大和本草』『本草綱目啓蒙』『貽顔斎貝品目八譜』『六百貝品』等皆蟶を「まて」とし、竹蟶を「あけまき」とせり。『大和本草』蟶の条下に曰く、筑後にて「あげまき」と云ふ物あり、「まて」に似(にた)り。是亦同類異物なり。玉筋蟶は「まて」の小なるもの、又七、八寸ある大なる「まて」ありと。然れども蟶は「あげまき」にして竹蟶は「まて」なること明(あきらか)なり。

『本草綱目』によれば蟶は閩粤人田を以て之に種(う)ゆ。其肉を呼(よん)で蟶腸と為すとあり。其他府県志等の説も皆同一にして之を蟶、竹蟶、石蟶の三種に分てり。『閩書』に福州連江福寧州に最(もっとも)大なるものあり。又竹蟶あり、蟶に似て円く小竹節に類す。其殻文あり、石蟶あり。海底石孔中に生ず。長さ蟶に類し円く尖り、上小さく下大きく、殻竹蟶に似て紅紫なりとす。本邦之を産する地方は甚だ少なく、独り肥前、筑後、肥後三国に亘る有明海と称する裏海の泥濘には夥しく生殖せり。而して其生育の地は泥濘の干潮となる所の二十丁内外の所にありて、近年に至りては一ヶ年凡(およそ)壱百万斤の多きを清国へ輸出するに至れり。然るに此ものは産卵後三ヶ年を経るに非ざれば長大に至ず、乾製するも利少しと雖ども小民目前の利に走り、濫獲粗製して殆ど声価なきが如し。元来此ものゝ採収期の最も適度とするは産卵後三年目の四月より八月の間にあり。九、十月の候は産卵の季にして採収の好季にあらざるなり。之を採捕するや、泥濘を堀て捕り、又一種蟶突なるものにて採捕することもあり。而して之を製するは泥土を洗除きて釜に入れ、煮て沸騰するの度を量り掬揚げ、殻を放ち肉を取り、再び洗て清浄ならしめ、又之を煮て取り出して莚に散布して、大陽に乾こと四、五日、極めて堅くなりたるとき黴の生ぜぬ様壺又は箱に収むべし。但大中小を選別して品位の差等を立て販売すべし。然れども大陽にて乾すの法たる、若し雨天に際すれば腐敗せしむるの憂あり。依て乾燥器を以て乾製するの得策にしかざるなり。

　蟶干を清国に於て嗜好するの地方は湖北、湖南、江西、河南、四川等の諸省にして、就中四川省を多しとす。故に其需用地は甚だ広しと雖ども、如何せん近年粗製濫造の為に本邦産は殆ど価なきが如し。改良せずんばあるべからず。

　夫れ蟶は殻長く両端開裂し、長き肉質の呼吸管を供ひ、泥濘の中に生活し卵生するものにして、適応の地には容易に移殖し得らるゝものなれば宜しく繁殖を図るべし。清国にては往古より之を移して繁殖せしことあり。『閩書』に蟶は海泥を耘すこと田畝の若くし、鹹淡水を浹雑れば廼ち湿生すること苗の如し。移して之を他処に種ゆ。廼ち長さ二、三寸、殻蒼白頭に両巾あり、殻の外に出づ。種る所の畝を蟶田と名け、或は蟶埕、或は蟶蕩といふ。亦清国人の話を聞に種蟶、野蟶の別あり。種蟶は始め閩人（福建地方）之を発明し移殖するものをいひ、野蟶は天然の産にして閩省、浙江省、広東省等の沿海に生ずるものにて、島嶼の泥塗潮水の至る所の低窪の場所に生ずと。蟶の種は其始め浙江省台州府より出で、無数米穀の如くこれを泥塗中に散布すれば、其蟶秧埿を見ば必らず其内に潜み、朝汐の後を経て遂に泥濘の中に直立し、其埿を食ふに随て日々漸く成長す。或ときは竹箪に高尺余の埿を置き、蟶秧を以て之れに灑種と。是種蟶の一法たり。

清国人が蟶を採収するは毎年両度にして、即ち春種は夏収め、夏種は秋に収む。是其両度の収なり。而して収獲の期に至れば、臨時之を取洗ひて釜中に入れ、水より煮熟し、然後に曝し且燥せば殻は自ら脱して肉残る。是即ち蟶乾なり。然を浙江省の人は重に鮮色の佳を知も蟶乾の美を食ず。福建省の人は蟶乾を好めり。而して又湖南、湖北、江西等は蟶乾の需用頗る広り、該地方にては重に豚肉と混煮して其美味を貴べり。其食法も一様ならずと雖も、概ね蟶乾を水に浸し砂を去り能く洗ひ、豚肉を薄く切り鍋に入れ煎じ其油気にて炒り、豕肉ともに炒熟し塩梅をつけ葱を細く切て入れ、煮て汁となし食すといふ。

蟶は七月より卵を胎み、十二月に産卵す。其卵は波上に交接し甲介を生ずれば泥沙に着き成長す。粟粒位のものは水面に浮漂して風波の流動に随ふ。二月下旬に至れば大なるもの米粒許にて泥中に入ること漸く一寸四、五分、終に深く入りて其所を変ずることなし。尚未だ米粒に至らざるものは泥に入ること僅に二、三分なり。故に其所定まらず、冬季風の模様により意外の地に生ずることあり。一月に生じたるものは七月殆ど一寸位に生長す。然ども周年捕獲し、未だ満二ヶ年以上生育の暇を与へず。四、五年間生長すと雖も漸く年を経るに従ひ生長遅緩なり。六年目より生長の度止まり、漸次肉身縮小すと云ふ。然れば満二ヶ年間を以て生長の度とす。従来は周年捕獲の業にして更に期節を設ずといへども二年目のもの（満十ヶ月以上の者）より捕る。之を新蟶と云ふ。三年目のものより四ヶ年目のものは大さ二寸五、六分に至る。之を乾燥するに斤量最も多し。一年の中産卵後即ち十二月は肉痩せ、介の中に坭土を含む。故に乾製すべからず。最良の期は秋彼岸より産卵前迄とす。秋彼岸前のものは乾して斤量の少きのみならず、動もすれば腐敗し易く、且小虫を生ずる憂あり。故に清国人買進まず、価格は漸く百斤六、七円より十円以内に止まる。彼岸後に至りたる製品は腐敗及び小虫の生ずる憂なく、肉味最も佳なり。故に価格は十四、五円より二十円に達せり。満二ヶ年以上のものは十六個又は十七、八個を以て一升に充つ。之を十六蟶と称す。二年未満のものは三十個、一ヶ年以下のものは九十個より百個を以て一升とす。今此年数を分て製すれば満二ヶ年以上のもの四、五升を以て製品一斤を得る。満二ヶ年以下一ヶ年以上のもの六升より八升を以て製品一斤を得る。満一ヶ年以下十ヶ月以上のもの一斗より一斗二、三升を以て製品一斤を得るなり。此割合を以て計較するときは一ヶ年の生長は三倍の益あるもの丶如し。而して産卵後即ち翌年一月中に製すれば前記の分に一升五合より二升を増すに非ざれば製品一斤を得る能はずと云ふ。一人一日の捕獲高を調査するに平均三斗とす。捕獲の器具は板鍬と鉤との二種なり。普通板鍬を以て堀り取と雖ども、鉤を使ものは十中の二、三とす。鉤取は少年より其術に熟練せざれば多く捕得がたし。

乾馬刀

馬刀貝は『和名鈔』に馬蛤を万天と訓じ、又『唐韻』に云、蟶は『弁色立成』に云、万天なりとす。而して漢名は竹蟶にして蟶と同科のものなり。『閩書』蟶の条に曰く、竹蟶あり、円く小竹節に類す。

其殻紋ありとあるものは「まてがひ」なり。『本朝食鑑』には蟶は「まて」と訓じ、殻円く小竹管の如く両巾殻外に出づ。此を袴と謂ふ。其味甘美なりとす。

「あけまき」と「まて」とは其生活するの有様は異ならざれども、「あげまき」は泥濘を好み、「まて」は砂地を好めり。而して此竹蟶（まて）乾製法も蟶（あけまき）に同じ。

（蟶、竹蟶、両品乾製改良法）　此両品を乾製するや、第一の困難とするは雨天なれども、乾燥器を以てすれば亦憂（うれう）るに足らず。山口県下紺箭彦平が発明せし竹蟶乾燥器の如きは已に実用に適し、簡便のものとす。其器械は重に雨天の際之を使用せり。其法たる、取揚たる竹蟶を殻付のまゝ熱湯中に入れ、肉と殻と離るゝを度として掬ひ揚げ清水に洗ひ、之を女竹にて製したる長さ四尺巾三尺の釘にて打付たる竹架を作り、之に散布し温室の前後より三枚宛（ずつ）六枚を三段に重ね入れて、下より炭火にて乾すなり。温室の蒸気を発散せしむる為に上部に窓を開く。此乾燥法を以てすれば其形状風味等一切日乾と異る所なく、実に至便の装置といふべきなり。

数年以来輸出の量日に月に増額すと雖ども、従来の日光乾は一時降雨あれば忽ち腐敗の品となり損耗を来すこと尠（すくな）からず。乾燥械を使用し更に腐敗損耗の憂を免かるべし。良工に嘱し其機を作り其竈を改良し、此が精密を加へ温熱と発射を熾（さかん）にせば、一日乾燥の量数拾石に至るべし。機械の大小は事業の大小に依り適意に造るべしと雖ども、大なるものは乾燥速（すみやか）にして小なるものは遅し。大なるものを便なりとす。

貽貝（いがい）

貽貝は『倭名鈔』に伊加比一名黒貝とす。『海味索隠』に淡菜土名は穀菜と名くとあり。或は東海夫人海蛙等と名く。『延喜式』宮内部に載する所の往古の朝貢品たり。『旧事記』に黒貝とし、又「けかひ」「からすかひ」の名あり。今中国にて「せとかひ」、三陸地方にて「ひよりかひ」といふ。『本朝食鑑』に曰く、殻は蚌に類し肉微赤蚶肉に似たり、海人之を食す。細に切り曝乾て四方に送る（中略）。今参勢の守令之を貢献す。『本朝式』にも亦若狭、三河之を貢すとありて往古よりの朝貢品たり。而して清俗は之を淡菜と称し嗜好するを以て本邦より輸出する年々に増加せり。

方今産出の地方は伊勢、三河多く、伊予、筑前、周防之に亜ぎ、其他志摩、伊豆、陸前等を初め諸国の海に産するも乾製するの地方は甚だ少なし。

乾製法は介殻の儘熱湯に入れ凡そ一時間許煮て其介殻を取り捨て、清水壱斗へ塩凡五合を混和し此中に肉を入れ凡そ三十分間程煮て、筵の上に並べ大陽に乾し、堅くなるに至れば永く貯蔵するも腐敗するの憂なし。三河国の如きは往古之を貢献したりしも中古より廃絶して終に肥料となすに至りしが、弘化の頃渥美郡日出村小久保勇治郎なる者剝身煮乾法を発明したれども、尋常の煮法なれば貯蔵して久に堪ず。茲に大坂の人天野治平なるものあり。共に力を尽し改良して目今清国貿易品となすに至れり。

此ものは輸出品従価税の一種にして『唐方渡俵物諸色大略絵図』と題したる書を閲するに、干瀬貝は江戸並に淡路其外中国辺所々の出産にして、唐方買渡直段一斤に付二匁五分八厘とありて従来より高価に販売したりといふ。清国輸出の額は年々に多きに至れり。各港税関調査によれば去明治八年には僅に壱万八千二百九十六斤、其価千六百五十八円なりしも仝十年に至るまで年々増加し、十二、十三両年には少しく減じ、又十五年には八十万五千二百六十四斤、代価八千九百四十三円八十二銭に至り、又十六年には八十七万六千五百七十斤、代価三万四千九百十四円九十四銭の多きに至れり。

在香港本邦領事の報ずる所によれば、該地方の販売に適するは大形にして黄色を帯び乾燥の良なるを上品とし、小形にして湿気を含み且つ鰔味厚濃なるを下品とす。『支那貿易指導』(23)に淡菜は暹羅〔シャム〕より来るとありと雖ども、清国亦少しく之を産せり。而して古来より清国人の賞賛するところのものにて『異魚図賛』にも帷箔に益あり、求るに象の類を以てし、一噱を為すに堪ゆとす。其貴きを知るべし。

清国の需用地は其境土極めて広く、其人口甚だ多く且つ之を嗜好するところにして、既往に徴して考れば、年々其販路を拡め本邦之を産するの多きを以て将来輸出額を数倍に至らしむるや必せり。然れども此「いかひ」なるものは有管類にして海中の巌石に固着生活するものにして、其成長三年を経ざれば較肥大に至らじ。多少を減さず捕獲するときは二、三年間は細少の児介のみにて其利を見ざることあり。故に産卵成長禁捕繁殖の法を設けざる可らず。

蛤

蛤は『倭名鈔』に蚌蛤を波万久理と訓じ、同書海蛤を宇無木乃加比と訓じ、『日本紀』に白蛤とす。『臨海土物志』(24)に曰く、蛤蜊白く厚くして円し。肉車螯の如し。胃気を開き酒毒を解し蘿蔔を以て之を煮れば其柱脱れ易しとあるを、貝原篤信は長門の安岡貝、筑前の野北貝なるべしとせり。是碁石蛤なり。

此个殻(かい)も種々の需用ありて、之を利用すれば又一の産物たり。其効用を挙ぐれば、細粉となして漢薬となし、又殻の儘丸丹膏薬の容器に代用し、又厚(あつ)く堅き殻は碁石等を作るべし。往時は殻の内部を磨き透明ならしめ、殻肉に金銀泥漆五色を用(もちい)て花鳥人物を画き、女子初嫁の時五百箇或は三百箇を二箇(はこ)となし、輿前の先具とし、又春月後宮此蛤貝を合(あわせ)て戯となして勝負を競ふ。是本邦女子の旧習なり。

乾蛤を清国へ輸出するは明治七年を最も多額とす。即ち三十三万四千五百三十四斤に至り、爾来乾燥の不良なるより年々減少せしが、又々去る十五年より増加し、明治十八年は四拾壱万余斤を輸出せり。

乾蜊(あさり)

乾蜊は浅蜊(あさり)を乾製したるものなり。此ものは『倭名鈔』に載せず。『大和本草』に浅利貝は小蛤なり。浅海の沙中にあり。殻に縦の皺あり。から薄し。文蛤より小にして殻の膚粗(あら)糙し。花文あるもあり、色々あり、形は同じ。淡黄紅白三色交るあり。煮て食す味淡美なり。串にさして乾して遠(とおき)に寄す。味淡き故性かろし。他の蛤にまされりとす。又「波遊(はゆ)」「あさり」に似て殻厚し。味淡美、殻に花紋あり、甚美なり。又花紋なきもあり。大なるは長さ一寸許、小蛤なりとあり。亦『本朝食鑑』に浅蜊は形(かた)ち小蛤に似て殻薄く粗なり。魚家常に多く之を采(とり)て、民間日用の食に鬻(ひさ)ぐ。乾浅蜊は竹串を用て両三箇を貫き日に曝す。是れを串浅蜊といふ。参遠の守令之を貢献すとあり。而して全国沿海に産するも乾製となすは少なし。下総にては之を生のまゝ網につけて乾して販売し、東京市中には年中之を売るものなり。然るに近年肥前地方にて乾製して清国に輸出するものは皆煮乾にして価も貴し。此ものは潮吹貝に同じく冬春は肉あつく殻付七石五斗許を製して乾蜊百斤を得べく、夏月は八石五斗以上にあらざれば乾蜊百斤を得ず。価は明治十八年の十月百斤八、九円より拾円の高価に至れり。

乾潮吹（しおふき）

潮吹貝は『本朝食鑑』に潮吹蛤とし、此の蛤最（もっとも）潮を吹く故に名（なづ）く。白貝と殊（こと）なり、小なるものは浅蜊に似て白く、紋なく殻紫黒色とす。而して此ものは諸国の沿海中泥沙にして干潮の場所に産するものなれども、煮食には細沙を含みて味佳ならざるを以て下等のものとす。下総の海岸撿見川等には夥しくあれども、東京には買ふものなく、僅かに野州地方に売（うる）なり。然るに近年肥前、筑後、肥後等にては「ほしうばかひ」と称し、清国へ輸出せり。其価昨十八年十月長崎にて百斤七、八円なり。此ものは十月より翌年の四月頃までは殻付七、八石にて乾貝百斤を得らるゝも、五月よりは十石以上の数より百斤を得るものとす。乾燥器を以て製したるは殊に美にして価貴し。上海、香港ともに輸出し、販路極めて広きものなれば諸国に於て製するをよろしとす。其製法は殻のまゝ煮て殻を去り、能く洗ひ乾燥するに過ぎず。

蛭貝（うばがい）

蛭貝は（九州の「うばかひ」といふは汐吹貝にて是と異る）一に「ほつきかひ」ともいひて、東海及び北海道の各地に産するものにて、従来これを乾製して販売するものなるが、近年折々清国に輸出することあり。古しへ常陸国には此ものなかりしに、水戸黄門の移殖せしめられたること『西山遺事』に見えたり。又上総九十九里にて数年前に多額の収獲ありしも、其後大に減少して此一両年再び又増殖せりといふ。乾製法は殻を放して竹串を貫き、糸にて簀を編む如くくゝりて太陽に乾燥すること六、七日、能く乾きたるを貯ふべし。

尾斧貝（おおのかい）

尾斧貝は『延喜式』に白貝とし、『本朝食鑑』に白貝の字を於保乃（おほの）貝と訓（よま）しめ、又尾斧貝の字を以てす。此ものは殻淡菜蛤に似て、而して小（ちいさ）く、肉も亦淡菜蛤に似て味佳ならず。海俗これを食するのみ。勢、尾、参、豆、相、武、房の海浜多くこれを采（と）る。古へはこれを賞すること尤深し。而して此乾製品は清国に輸出する乾貝類の一に居れり。此を乾製するは殻を放ちて吊り乾しとなすに過ざるなり。

乾蠣（かき）

蠣は『倭名鈔』に本草に云（いわく）、蠣蛤は和名加木（かき）とす。これを乾したるを乾蠣といふ。清国にて蠔鼓と称す。元来牡蠣（かき）に種類多く、本邦産中之を大別すれば「ながかき」「かき」「ころびかき」「いたぼかき」等にして此他品類甚多し。まかきは能く竹及び柴等の篊朶（そだ）を立て養作するをよろしとす。即ち安芸の広島、磐城の松川浦等なり。清国人は蠣田を作るに岩石を二個づゝ合して亀脊状に臥せ、各一畝に画別し、大豆油の搾滓（しぼりかす）を養餌に施（ほどこし）て作る故に蠔鼓の名あり。

蠣を養ふは河水流末の海浜にして満潮の際、常に瀬早き水損風害のなき場所を撰（えらぶ）べし。浜質は泥砂をよろしとすと雖（いえども）、願（ねがわ）くは砂地を良（よし）とす。又簱立設方は簱竹は凡（およそ）廻り三寸位にして、枝の儘四尺位に切り、五、六本宛数所挿し、之を汐の干際まで二行に併立す。籏と籏との間に凡縦三尺、横一尺五寸位を隔て立設くべし。篊竹は専ら三年竹を用ゆべし。篊立の季節及育養法は篊竹を凡そ毎年四、五月の頃に挿み、六月頃に至て自づと篊竹に種子付着す。之を九月に至り篊の儘抽採し、汐の浅灘へ立替（之を「とや」と称す）、又翌年九月に至り篊竹より打落し、潮の深き処へ広め置き、而して翌年三月より九月頃まで汐水の溜らざる干潟の高き場所へ移し替置べし。汐水の溜れば炎天の際気を醸し、腐敗するを恐る故に深といへども満干に汐水の溜らざる場所は移し替へざるも妨げなしとす。稍生育すれば十一月頃より獲て食用とす。併し生育の遅きものは又九月より再び元の深き処へ移すべし。凡蠣の生育は三年を以て極とす。

乾牡蠣の根室県下に産するものは其廉価なるを以て大に海外輸出に適すべしとは横浜の商串田八百吉の見込なりしが、『通商彙編』(25)に由ば蠔豉即ち我北海産は香港市上に夥多輸入し之を試売せしに、膏脂稀薄なるより味亦随て饒ならずとの評説にて、自然広東産に圧抑せられ、十分の声価を得るに至ざりし。扨其膏味饒多なりしといふ広東産を見るに、形状は我産より稍大にして、全肉面に黄色の脂油を帯たり。然るに其膏脂は牡蠣固有の物に非ずして、乾燥製作上に塗抹せし者の由なり。蓋し北海道厚岸には牡蠣を出す多し。若し此製法を摸倣せんには必ず当市上に於て清産と拮抗するを得べし。価格清産明治十六年に百斤十七、八元なりと。この試売品は広業商会が厚岸にて試製せしものなりしなり。然るに昨十八年厚岸にて製したるものは清国産と色沢形状少しも異ることなく、大に声価を得たり。当業者が能く製法に注意してかゝる良品を出すあらば輸出品中の上位を占るに至るや必せり。然れども安芸の広島等にて養殖するものは高価且形質の小なるとによりて乾製に適せず。紀伊伊勢等に産する長蠣及び「いたぼ」等は形質肥大にして輸出品に製するを得べし。

鳥貝

鳥貝は他物と其乾製法を異にす。先づ手にて殻中の肉を捻り取り、刀割して腸を去り、煮て簀上に並べ日乾して、莚嚢（かます）に収め貯蔵す。肉に黒色のものあり、此色なきは味を損ずるのみならず、腐敗し易きを以て最も之に注意すべし。之を予防するには少しなりとも沸騰の湯濁るを認めるときは速（すみやか）に之を廃棄し、更に清浄なる沸湯に換るを要す。如斯（かく）すれば黒色を傷（いたむ）ることなく保存久しきを保ち、味を変ぜず。清国貿易に適せり。

板屋貝柱

板屋介は『倭名鈔』は『新抄本草』を引て文蛤を伊太夜加比（いたやかひ）と訓ず。此ものは主として肉柱を食に供す。是其味佳良なるに由るなり。而して之を乾製するには、介の肉を出し黒肉を去り、川水にて洗浄し、釜にて暫時煮立（たて）て後取出し広げ、日に乾すこと二日、肉柱外の物を除去し後日に乾すこと二日、都合四日間を以て之を最良製品とす。然れども乾燥中に降雨あれば下等品となるものなれば最も注意すべし。之を保存するに箱に密閉するを良とす。毎年梅雨の後取出し乾せば何ヶ年をも貯蔵し得るものなりと。此法は天保年間鳥取県下因幡気多郡青谷村中浜六兵衛なるもの長崎に於て支那人より伝習受（うけ）しものなりと云ふ。『通商彙編』に依（よれ）ば香港市場に於ては江瑤柱と称す。此物は元来上海地方に於ては貴賤の別なく一般嗜好するものなれども、広東に在（あつ）ては常食に供せざるが故に価格少しく騰貴すれば需求項に減却し、一周年間販売の増減価格の昂低も動揺尤常なきの甚しき者とす。扨市場販売の品位は因州産を以て第一とし、豊薩摩産之に次ぐ。而して此三種の区別ある所以は唯其肉中に含蓄する鹹味の濃淡に由る耳にて、鹹味稀薄なるに随ひ価格又貴し。明治十六年二、三月の相場は因州上品百斤四十九元、薩州上品三十八元なりしとなり。明治十五年の輸出高は拾万〇三千二百五十一斤、此価三万二千四百七十四円、十六年は六万六千七百九十九斤、此価二万〇二百九十六円十四銭なり。

板良介柱

板良介、一に「にしきかひ」と名く。『日東魚譜』に錦蛤と曰ふ。穀〔殻〕色を以て之を名く也。蛤の形羽蛤に似て背上に細条理あり。沙刺の如く其色紅、黄、或は鮮紅愛すべし。未だ漢名を知らず。但殻を以て玩と為すと在ものなるが、此貝柱を乾製したるものは近年「いたや介」柱と共に清国に輸出する少許にあらず。然れども此介は成長の度甚だ遅きを以て、捕季を制定せざれば毎年に利を得るなし。此板良介は五、六月の間に採捕するものなるが、小介を悉く捕るより、四、五年或は七、八年も甚だ産額を減ずることあり。

乾製法は殻を去り貝肉凡そ二斗五升に食塩二升五合を和し入置しこと一夜にして、釜に入れ煮ること凡十五分間にして筵薦に散布し日乾すべし。

乾帆立貝並貝柱

帆立介は漢名海扇にして本邦従来帆立介を車渠なりと誤り、野必大は『本朝食鑑』に帆立蛤者車渠なりとせり。『日東魚譜』曰海扇（『霏雪録』）「あふきかひ」「ほたてかひ」「いたやかひ」「かひしやくし」扇蛤。此蛤一片は蛤の如く一片は頭扇聚めし如く故に名く。『霏雪録』に云ふ、海中甲物あり、扇の如し、其文瓦壟の如し、海扇と名く。又一片を記し、舟帆の如し、海上に浮ぶを以て帆立蛤と名づく。又為七肉味不佳也、人食はず。但殻は諸毒を解す。而して此ものは本邦各地に産すと雖ども、捕獲の多きは北海道にして青森之に亜ぎ、該地方産に二種あり。白乾、黒乾是なり。共に清国輸出に適す。惜かな、製法宜しきを得ざるが故に販売価格甚だ廉なり。然れども製法を改良せば素より風味佳なるを以て必らず広く販売するを得べし。従来の製法は海水を湧し肉を投じ煎熬すること少時間にして引上げ、肉柱の中心に小孔を穿ち藁縄に繋ぎ、或は竹串に刺して数日間乾し、猶炉上に懸けて烹乾す。此法北海道其他に於て普通施す所なりと雖ども、近時は肉柱に穴を穿たずして乾製せし品最も販路多し。何者穴を穿ち縄を貫く時は食するの際肉柱破壊し、且穢物混入するの憂あり。故に単に肉柱を白乾とするか、又は切片して乾かすの法を宜しとす。

白乾海扇肉柱生鮮にして大なる海扇の肉柱を取りて横に切断し、清水にて能く洗ひ塩を加減し、簀上に排列し押付け広げ乾すなり。此法は札幌県下の法にして切乾なり。然れども肉柱を丸乾となすは同法を用て可なるべし。製造家能く此法に注意せば、或は板屋介の如く将来内外需用多きを加んこと掌を指すが如し。

玉珧介柱

玉珧は多比羅岐と訓ず。『本朝食鑑』蛺の字を用ひたれども、『大和本草』には和俗の蛺の字は出処なしとす。今世俗平貝ともいひ、殻は蚌に似て黒色皮紋あり。大なるものは広さ五、六寸あり、長さ尺余に過ぐ。白肉は円状大なるもの数寸、味極（きわめ）て甘美、其肉細く切て片と作（な）し、炙食、烹食、生食共に佳なり。此れ海錯中の珍賞なりとありて本邦にて鮮肉を貴べり。然れども往古は此名を称することなく、『本朝食鑑』を按ずるに古来未だ名を称するを聞かず。近世多く之を賞す、海人も亦其大なる者を探（さぐり）て以て之を貨すとありて、元禄の頃に至りて世に賞せられたるものと見へたり。本草書を按ずるに江瑤及び玉珧等と称し、又『閩書』に江珧柱とす。而して其説に曰く、韓退之馬甲柱と謂ひ、蘇子胆以て茘枝に配し、福州の人之を馬砝と謂ひ、万震の賛に肉柱膚寸江瑤柱と名く。又今の馬甲柱は古の玉珧といふ。昔人之を賞す美涯（かぎり）なしとあり。而して方今清国人は此介柱の乾製したるを帯子と称し、交州に産するもの百斤の価五拾弗（ドル）の高価にて、年々香港に輸入するもの壱万斤、香港より分輸する地方は金山、厦門、寧波、鎮江、広東等なり。又此他漢口等より分輸するもの少からず。然りと雖ども従来本邦より之を輸出せしことなし。近年試製品を出せしものあるも、概ね生乾なるが故に清国人の嗜好に適せざるなり。

抑（そもそも）本邦に玉珧を産するは尤夥し。宜しく捕獲季を定めて成育せしめ、煮乾の精製品を出すに至れば清国へ輸出して良価を得らるべし。其製法は殻付の儘熱湯に投じ煮て、柱及び尖股状の帯をとりて乾燥するものとす。此（これ）清国にて帯子の名ある所以なり。

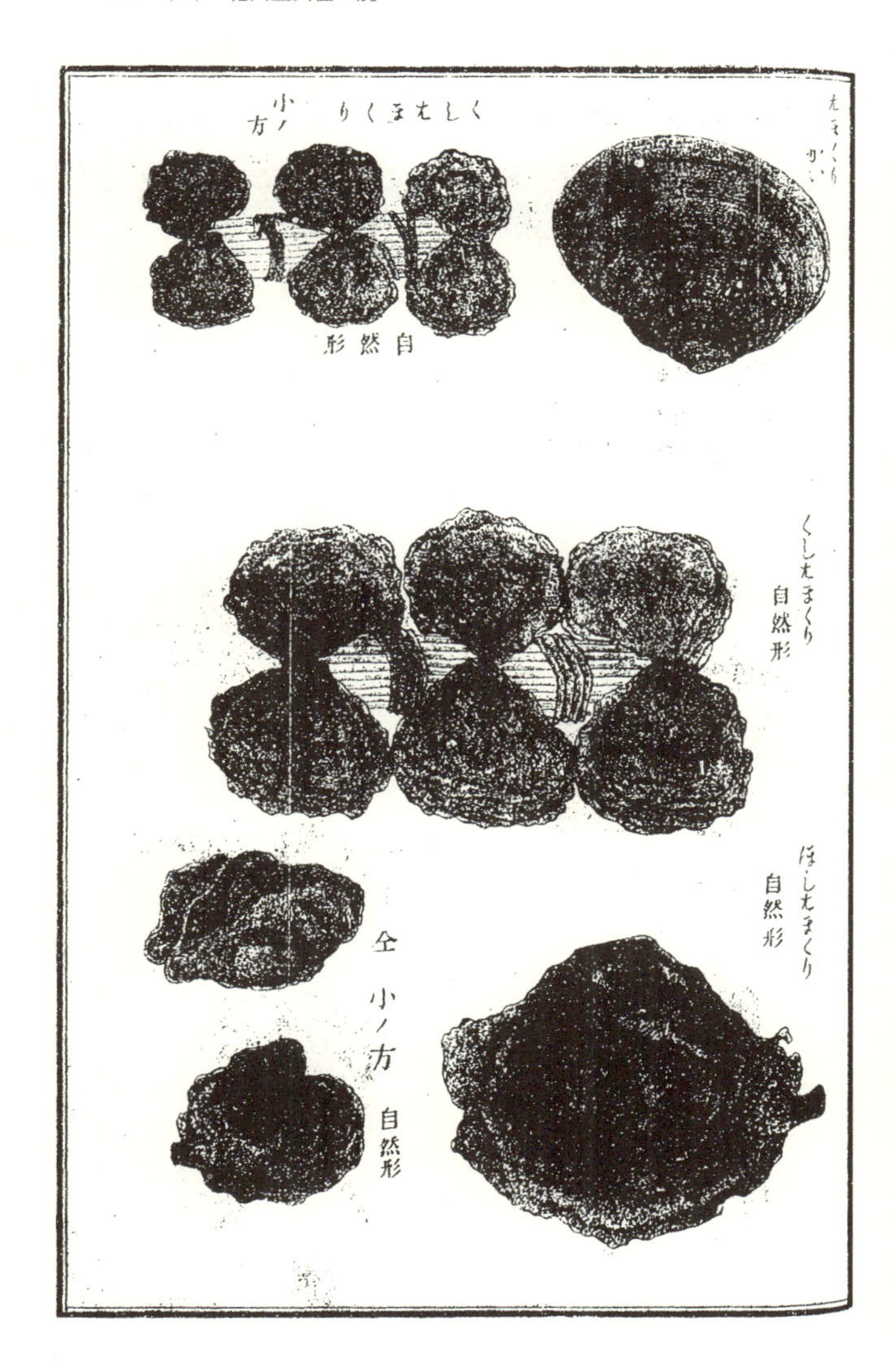
小ノ方
自然形
自然形
自然形
仝
小ノ方
自然形

乾貝并ニ乾貝柱圖

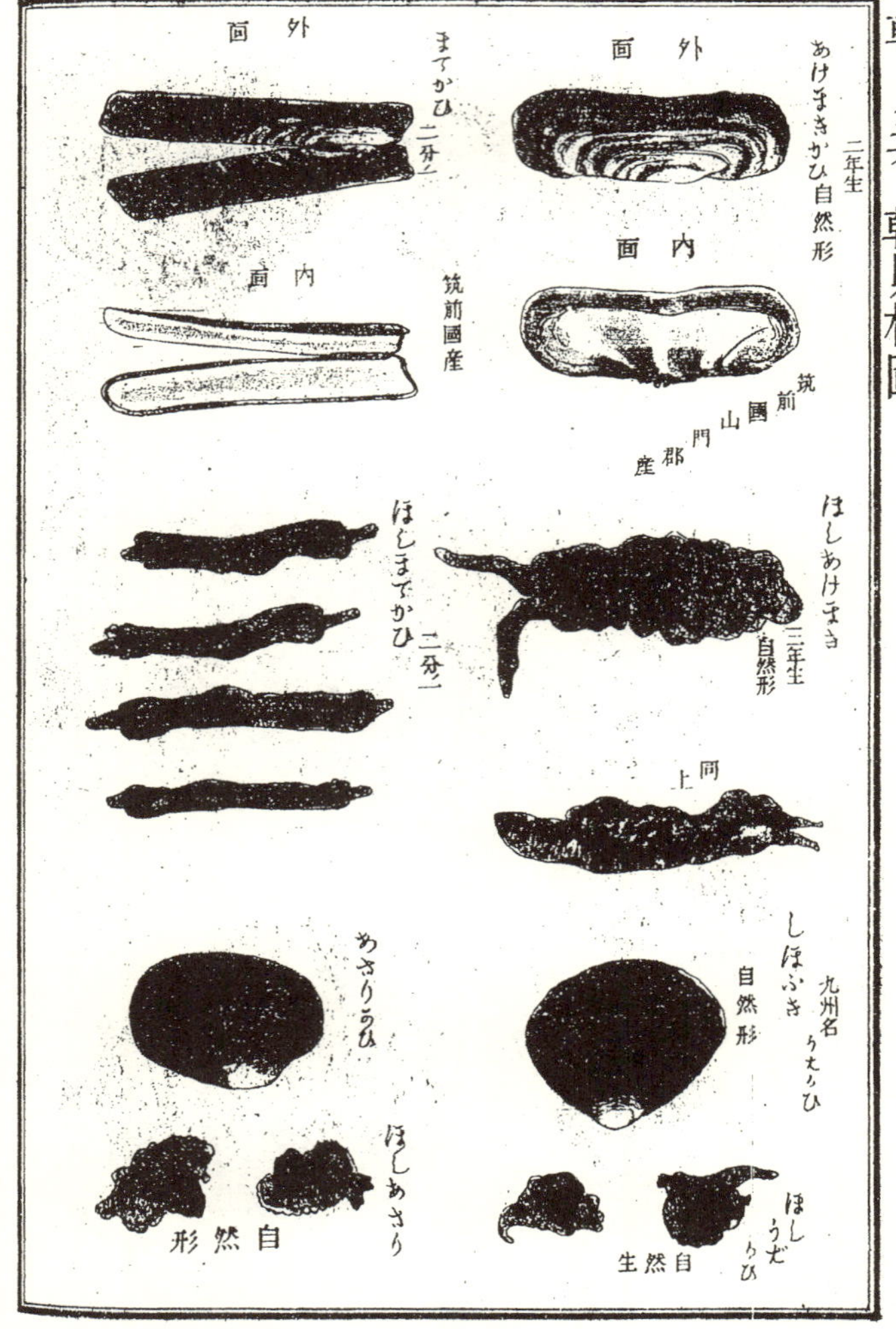
外面
あけまきかひ自然形
二年生
内面
筑前國山門郡産
外面
まてかひ
二分ノ一
内面
筑前國産
ほしあけまき
三年生
自然形
同上
ほしまてかひ
二分ノ一
しほふき
九州名
自然形
あさりかひ
ほしあさり
自然形
自然生

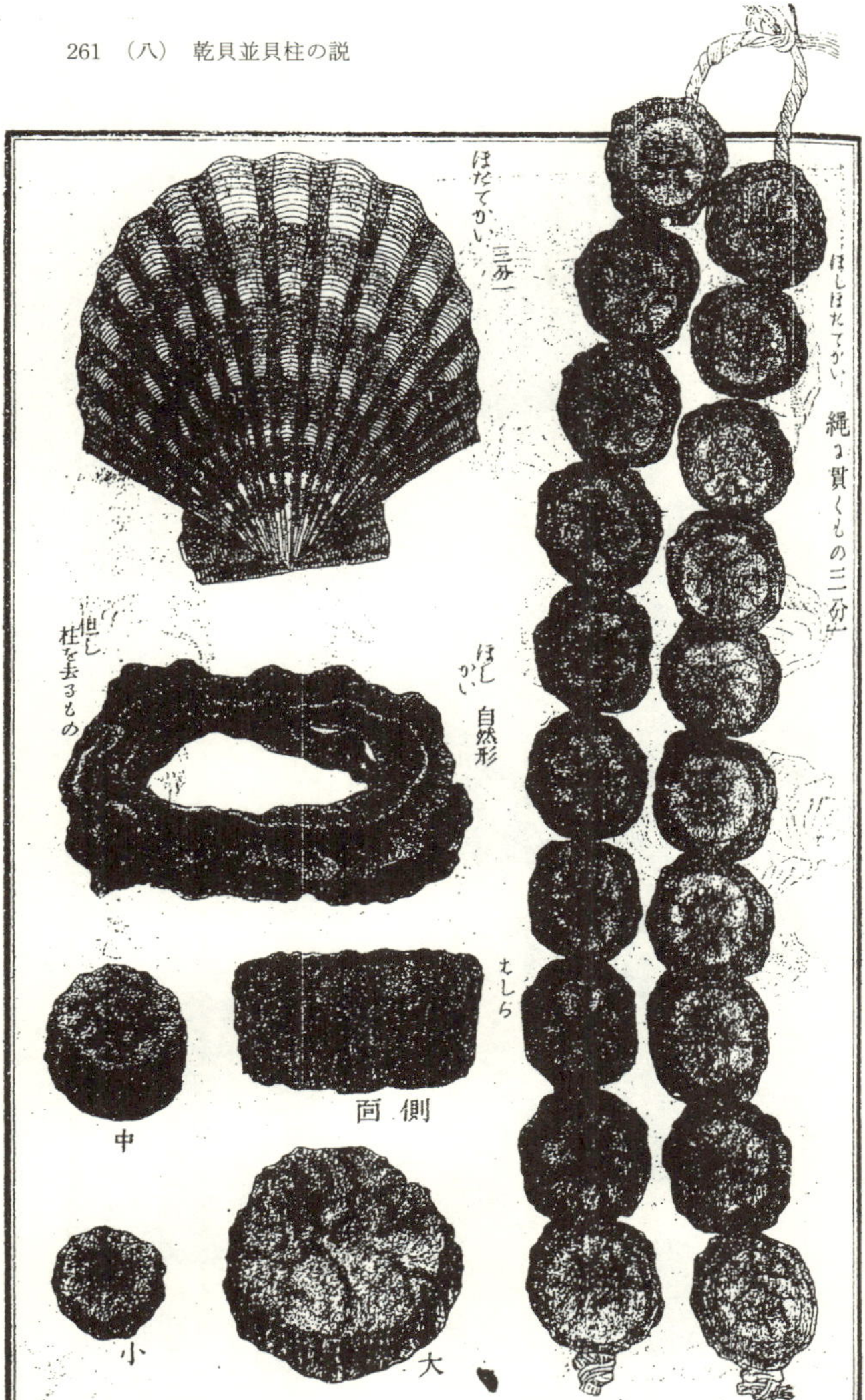

ほしほたてかい　縄ヲ貫くもの三分一

ほたてかい　三分一

ほしかい　自然形

但し柱を去るもの

むしら

側面

中

小

大

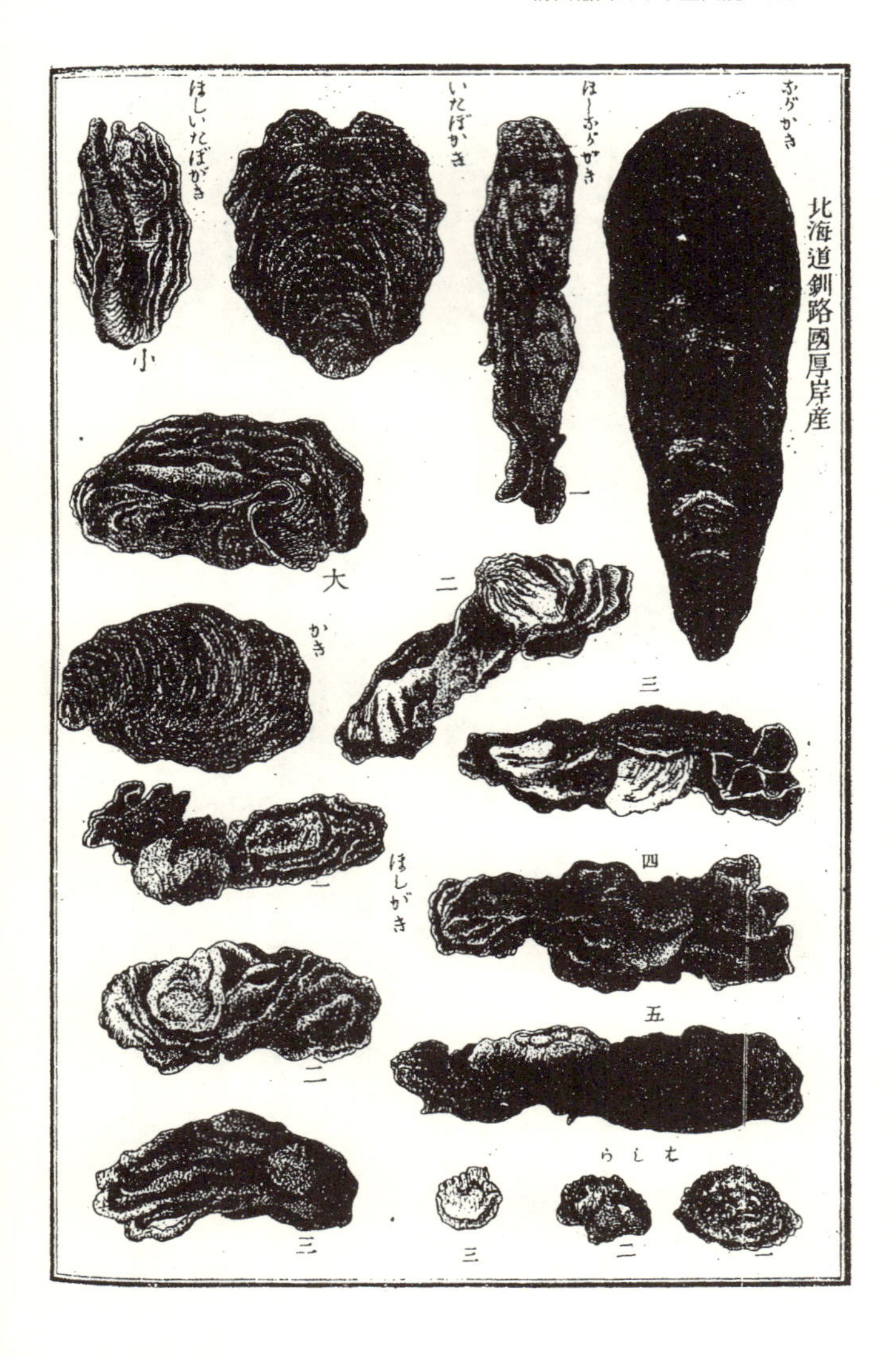
北海道釧路國厚岸産
ふゞかき
ほーふゞがき
いたぼかき
ほしいたぼがき
小
大
かき
ほしがき
むしら
一
二
三
四
五

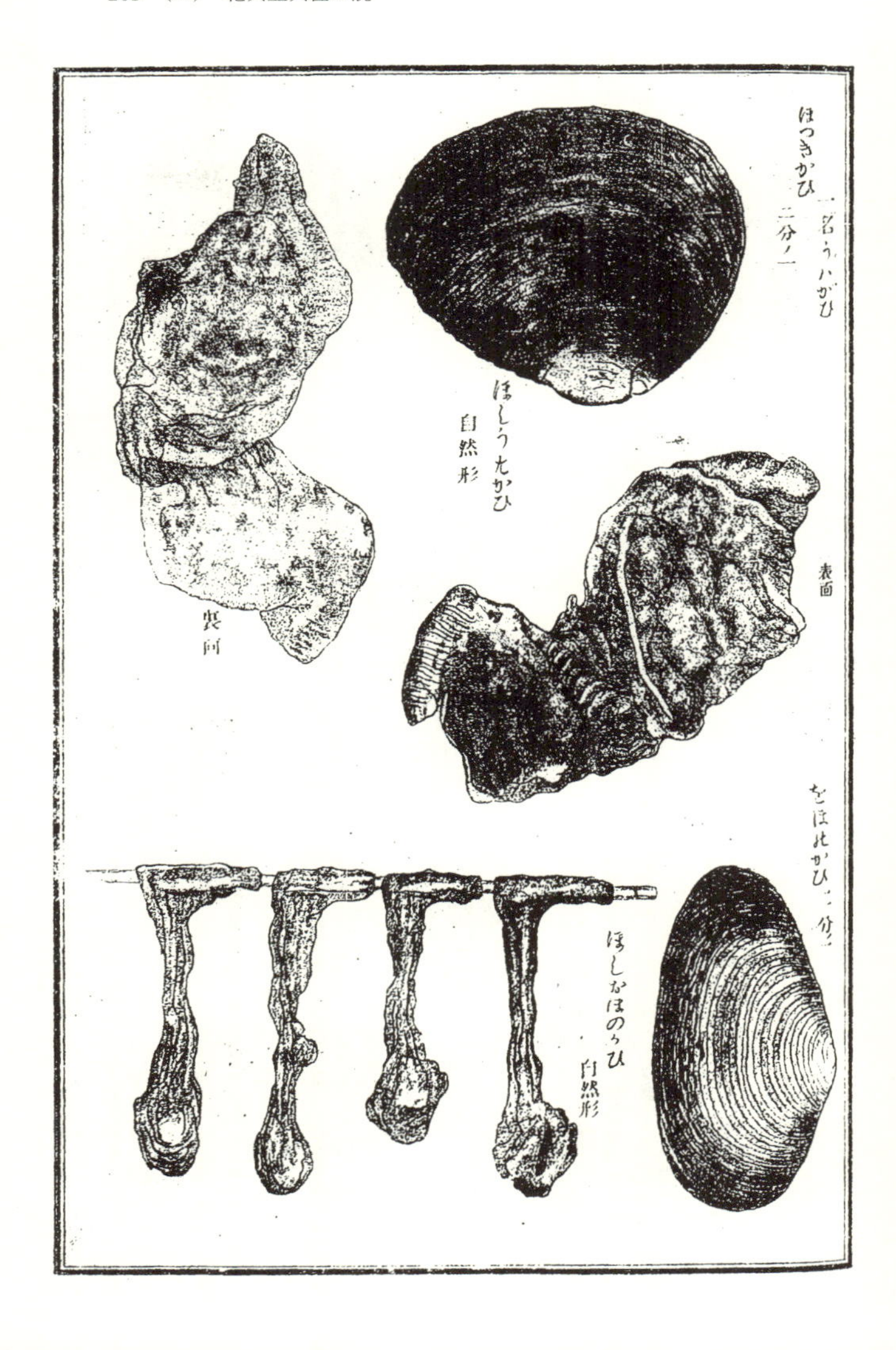
ほつきかひ
一名うハがひ
二分ノ一
自然形
表面
裏面
自然形

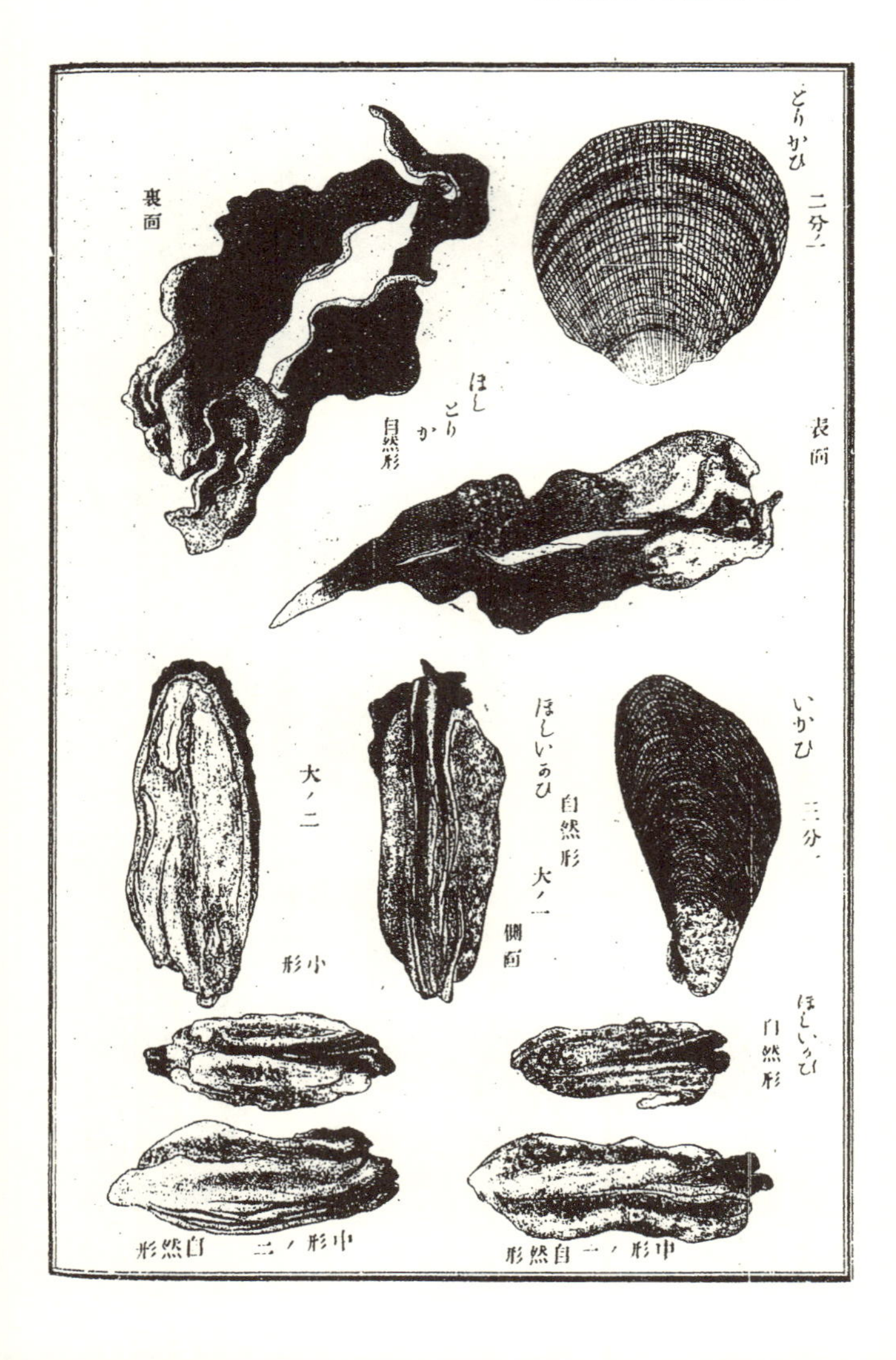
とりかひ
二分ノ一
裏面
ほしとりか
自然形
表面
いかひ
三分ノ一
ほしいかひ
自然形
大ノ一
大ノ二
側面
小形
ほしいかひ
自然形
中形ノ二　自然形
中形ノ一自然形

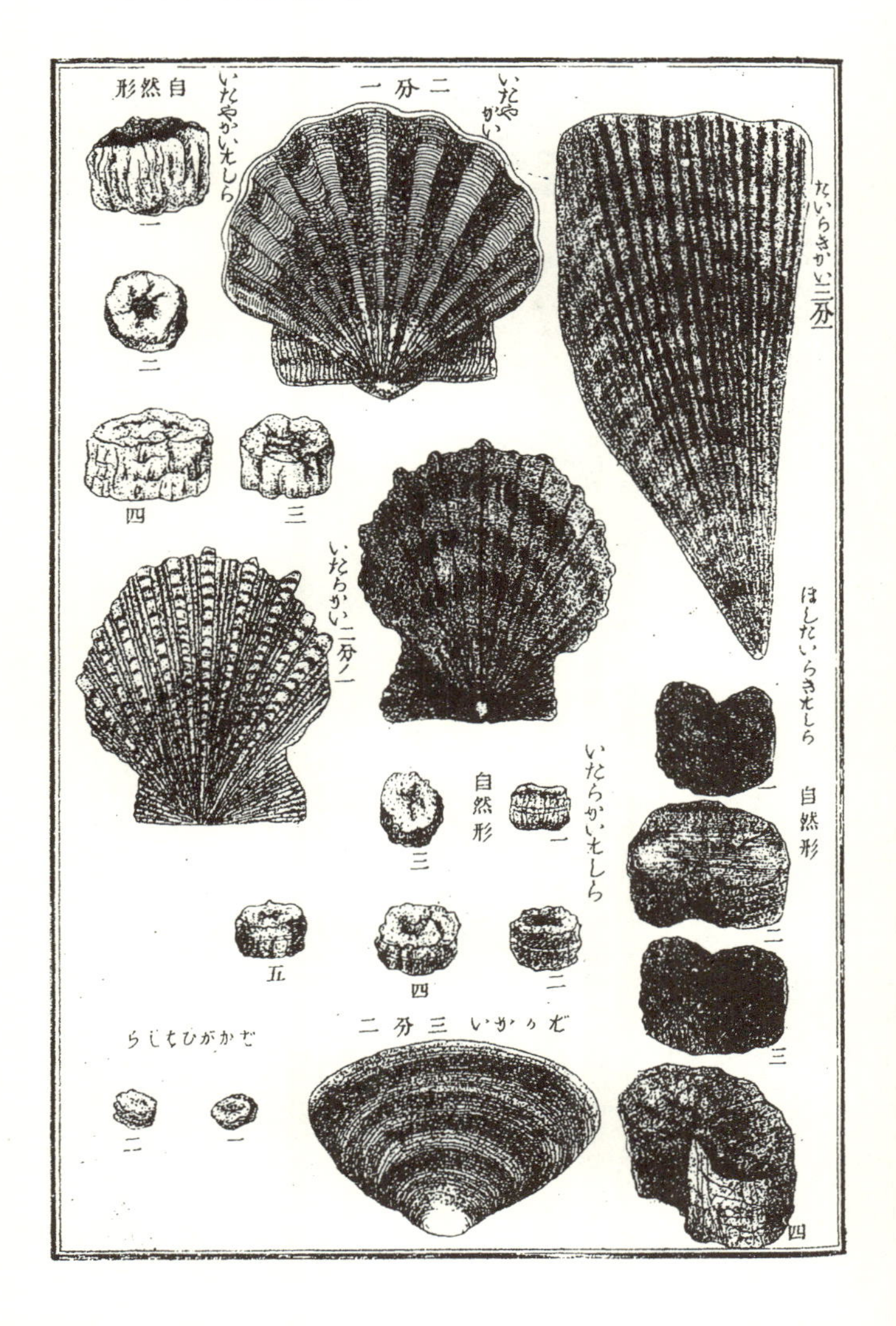
自然形
二分一
自然形
自然形

下巻

（九）乾魚並に塩魚の説

本邦の海、河、湖、沼、に産する魚類は凡二百余種にして其数千余あり。而して乾魚、塩魚の法も千有余年前より行はれたりと雖も、之に製する魚類は百余品に止まれり。其中現今清国に輸出するものは僅に二十余品に過ず。

乾魚は『本朝式』に鱐又は脯魚とし、『和名抄』に腊または鮿或は炒燋とあり。是れ即ち乾魚にして、鮿とは縄或は竹の類を以て貫ぬき風乾したるもの、炒燋とは火乾のものなり。又『本朝食鑑』に載するところ生乾、牧〔枚〕乾、串貫、魚条、醃乾、切暴、割乾等あり。現今世上に於て製するものは開乾、丸乾、割乾、塩乾、白乾、簀乾、吊乾、串差、切乾、薫製等なり。清国に於ても古しへより種々の乾製法あり。即ち塩を着て乾ものを鮿魚といひ、塩を着ずして乾ものを腊魚又鮝魚といふ。肉を切て乾を脯脩とし、肉を割て乾を脡脯とす。亦陶朱公『致富全書』には炙魚、風魚等を載せたり。

元来乾魚の効用は久しく貯蔵して形状、色沢、真味を失はざるを貴べり。然るに近世は其製の真に佳良なるものは甚鮮少し。反て今を距る一千余年の昔しは淡乾、鹹乾、ともに精品を製出したり。即ち『延喜式』に載する所の者是なり。其後徳川時代に至りては各藩より幕府への献上を良品なりとすれども、近来は濫造に流れ、其良法の世に行はる丶は甚少なく、産出も僅少となれり。統計年鑑によれば明治十六年全国乾魚の産額は弐百六拾六万九千百九十二貫目に過ぎず。

本邦の水産物中には清国の需用に適すべきもの多しと雖ども、彼は我産あるを知らず、我は亦彼の嗜好を解せざるが為に輸出の品類少しと雖ども、年を逐て其額を増加するの勢ありて、明治元年の乾魚輸出額は十七万八千八百二十七斤、其価五千五百五十五円に過ぎざりしも、十七年には三百八十五万八千二百四十八斤、其価拾万〇九百拾四円に至れり。

清国は陸地広くして海を距ること太だ遠し。是を以て乾魚の需用多し。其塩を用ひずして乾燥せし魚類を柴魚又は乾魚と称して甚貴べり。然れども我産は乾製の粗なるにより腐爛し貯蔵に耐へざること屢あるを以て終に望みを絶しむることあり。故に其種類甚だ少なく、目今輸出するものは田作、目刺、鰯乾、乾玉筋魚、乾鱈、乾鰈、乾魣、䱑乾物、大鯖、小鯖、乾飛魚、三摩乾物、鰺乾物、乾火魚、乾鯛、鰹節、細魚物、乾鯡、永良部鰻等の数種に過ず。

塩魚は漢名鮑魚なれども、清俗は渾て鹹魚と称す。即ち是魚類を塩漬になしたるもの丶総称なり。本草書、『正字通』『行厨集』等を案ずるに、清国には塩魚の製方数種ありて微く塩を用ひたるを鰎といひ、多く塩を用ひたるを滷魚といひ、塩漬にして圧したるを鹹魚とし、塩にて器物の中に漬込たるを醃魚といふ。本邦にても亦古来一塩、一夜塩、一日塩、煮塩、浜塩、白塩、塩圧等あり。又塩切、塩引等あり。

往古延喜の朝貢品の如きは塩蔵の法精良にして、貯蔵久しきに堪へ佳味なるものなりしも、中古より廃絶し漸く徳川時代に至りて諸国に於て旧法を再興し著名の産各地より出たるも、近頃亦粗製に流れたり。

夫れ本邦の地況たる魚塩の利に富むこと東洋に其比なく、外には清国に塩蔵魚類の需用者億を以て数るあり。若し彼の需用に適する精製品を輸出するに至らば、其利巨額に登るべし。目今本邦より清国輸出する塩魚類は僅に七、八種にて其額も甚だ少なく七、八万円に過ず。然れども明治一、二年頃は塩魚を輸出せることなきを以て見れば漸く其歩を進めたりといへども、之を清国の需用者に比すれば九年〔牛〕の一毛に過ず。然れば本邦産塩蔵魚類の輸出は将来巨額に登る可きを信ずるなり。現に長崎、神戸、横浜等に来舶の清国人は其本国産の塩蔵魚類を食用となすもの少からず。曽て或清国人に聞ことあり。該国にて嗜好する塩蔵魚類の数は二百余種にして一ヶ年に消費するの額は算ゆべからずと。然れども清国内部に漫遊せし人の説によるも、古今の書籍の上に就て見るも、其魚類の貴重且高価にして貧民の口に及ばず。又香港其他南部の地方にては西洋人の食用とするものあり。然る時は之に適する精良品を出す計画宜きを得ば必らず盛大に至るべし。今此編には是まで多少清国に輸出せしものゝ概況を挙て当業者の参考に供す。

凡そ乾魚、塩魚、共に湿敗し易く、貯蔵者をして大に遺憾ならしむるは本邦の気候湿潤、殊に梅雨等の如き多湿のことあるに因ると雖も、尚世人の湿敗の理を知らざると乾燥するの方法宜からざるとの二つにあり。今若乾燥は何の理により、湿敗は何の理によると云ふ物理上より眼を注ぐときは、乾燥するの方法より貯蔵して湿敗せざるの方を案出すべし。岩手県下にて鯣を乾す器械の発明などは、即ち乾燥は空気の流通を速ならしむるにあるの理にして実に物理に協ふものと云ふべし。又世上に亜米刺加乾と云ふことあり、長き竿上に吊りて乾す。是に日温の為めに非ずして空気通暢の為なることは理に於て明かなり。今世の乾魚、塩魚等の水気去る度は果て前の理に合ふや否を究むべし。此外塩の良否は塩魚に於て最関係多し。又乾魚には油脂の性質に就き研究をせざるべからず。是乾方改良の要点なり。

田作

田作は鯷を乾したるものにて、『延喜式』に小鰯腊とありて俗に伍真米といふ。『漢語抄』『和名鈔』共に鯷魚を比師古以和之と訓ず。「ひしこ」一名「かたくち」又名「せぐろいはし」、此小魚は鰮魚科に属す。身の長さ五寸位を極度とす。其形の「いわし」に較類するを以て世人之を混同して「いわし」の児とし、又小鰮と云ふ等各地皆同じ。然れども「ひしこ」の名は「ひしこいわし」の略にて、「かたくち」の名は下顎小にして無が如きより名けたり。故に俗に「ごまめのはぎしり」と云ふ諺あり。是は歯ぎしりするも合ふことなしとの義にして齟齬することを云ふ。是は「ひしこ」を形容すと云べし。「ごまめ」は田作のことにして乾物を云ふ。又「せぐろいわし」の名は背部深藍色、幾ど黒色の看をなすにより名く。是亦「いわし」と異る所なり。此「ひしこ」の長寸許の者を乾たるは「いりぼし」「にぼし」「ちりめんざこ」等の名あり。然れども此内には「いわし」の児も交りてあり。故に必ず「ひしこ」のみとは云ひがたし。又「たゝみいわし」と云は「いわし」児なれども、亦「ひしこ」も交るならん。「しらすぼし」は「しらす」の乾物にして、「しらす」は「ひしこ」と異り鱒科に入るべき小魚にして「しらうを」と異り。以上示す如きも世人之を混科するのみならず、往々混淆するにより遂に弁別しがたきに至るが如し。此ものは本邦往古より歳賀又は婚儀の賀膳に供し、民間日用の常菜に用ひ、亦稲粟の肥料ともなし、水産物中の貨殖たり。而して「ひしこ」の小なるを「ちりめんいわし」ともいふ。之を生のまゝ簀干にしたるを「たゝみいわし」といふ。「ひしこ」を「ひらご」といふ所もあり。

清国へ輸出するのはじめは明治十年にして、横浜港の商串田八百吉の見込を以て始めて輸出を試みしが、清国凶荒の際にて大に嗜好に適ひ倍々（ますます）盛んに赴き、一旦は一ヶ年大約（おおむね）拾五、六万円の多きに至りしが、荷造の悪（あし）きが為めに価格を落し、去る十七年の輸出額は二百四十四万〇九百九十八斤、其価五万四千九百拾壱円に至れり（十七年長崎県の調査は仝港輸出高三十七万斤、価七万五千円、横浜仝百七十万斤、価五万〇四百九十円なり）。本邦の商家は荷造等の事に意を留（とめ）るもの少しといへども、横浜にて再び不廉なる藁縄を買入るゝ等の諸費を要するにより改良せざるべからず。

此田作の乾製法は日乾するに過ざれども、此他煮乾鹹乾の製あり。然れども輸出するは白乾なり。而して乾方の不良なるものは大に価格を落すことあり。注意すべし。

乾鰯（いわし）幷塩鰯

鰯は『倭名鈔』に『漢語鈔』を引て以和之（いわし）と訓ず。『新撰字鏡』は独り鱺の字を伊和志とすと雖ども、『延喜式』には鰯の字を用ゆ。是『閩書』の鰮魚あり。鰯の種類は大羽一名「まいわし」、中羽、「うるめいわし」「こしながいわし」等なり。而して鮮にて膾とし、又炙りて食ひ、煮ても食し、醃乾（しおぼし）、白乾、目刺、鰓刺、開乾、等ともなし。煮て搾滓（しめかす）とし肥料に供し、又其油をとり収益の多きこと本邦の海産物中此上に出づるものなし。近年此目刺鰯は清国へ輸出せり。

『延喜式』によれば神祇部に鰯汁あり。主計部に乾鰯又鮨ありて、紀伊、若狭、丹後、備中、備後、安芸、周防、讃岐、等より貢献し、本邦往古より種々の製法ありて、常陸の水戸、伊予の宇和、肥前の松浦等を著名とす。

此魚は性至て脆弱なる故に「いはし」の名あり。又「おむら」ともいふ。凡そ漁業の大利を得ること鯨の右に出るもの鰯なり。『大和本草』に曰く、最も大なるを塩につけて苞(むしろ)にいれて遠によす。賤民朝夕の饌に用ゆ。又醢(しおから)とし糟蔵(かすづけ)、飯蔵とす。味よしとありて従来乾製、目刺等は良品ありしも、塩蔵鰯は精良の製法なく、且苞に蔵するが如き粗造の取扱なりしと見たり。近来各地にて塩蔵するものは概ね樽詰にして、較(やや)精良のものもあれども塩加減等未だ一定せずして、清国の輸出の如も『華蛮交易治聞録』に載する如く、従前より塩鰯を輸出するも僅々に過ざるなり。然れども塩量を適度ならしめ、圧搾器を以て搾めて漬汁を去り樽に密封して輸出せば、其需用を拡むるに至るべし。

此鰯は油漬、酢漬、等とし、鑵詰にしたるは欧州諸国に於て甚だ嗜好するものなれども、寧ろ淡乾、鹹乾の精良品を多く造り出し、清国人の需求に充(あ)つるを得策とす。

乾玉筋魚(いかなご)（一名「ほしかなぎ」）

玉筋魚は軟鰭類に属する海魚中の一種小なるものにして、俗に「かますこ」又は「かまちこ」とも云ひ、筑前にて「いかなこ」、紀伊にて「しやしやらなご」、安芸にて「かますなこ」又「あぶらめ」、丹後宮津にて「いさなご」、北陸道及び摂津、尾張、三河、肥前の五島及び平戸等にて「少女子(こうなご)」とも称せり。但し陸中、佐渡の海に多く産する「めらうど」は同種なれども、大にして長さ八、九寸に成長せるものなり。

此魚の漢名は未だ詳ならず。『掌中市鑑』[26]には玉筋魚とす。『海魚考』「いかなご」の条に田中宣宗[27]云ふ、京摂の俗春の頃「かますこ」と云ふ者を食す。山陽、四国辺の海辺より出づるものなり。按ずるに、如何なる子なりや、又長じて如何なるものとなるや不分明なれば斯く名(なづけ)しとぞ。

此魚は形状の相似たると「かますご」の名あるとによりて世人往々梭魚(かます)の児なりと誤り。之れを捕獲するは稺魚を捕ふるものにして繁殖の妨害なりといふものあり。然れども元来此ものは概ね二、三寸のもの多く、成長するも三、四寸にして「かます」とは全く異れり。

『飲膳摘要』[28]には「いかなご」は梭魚の子なり。又「かますこ」とも云ふとし、『魚鑑』[29]は「いかなこ」は「ひしこ」、「かます」に似て少さく脂多し。三、四月の頃これありとし、又『大和本草』は梭魚の苗(こ)を俗に「いかなこ」といふとし、『水族志』は「いかなこ」の「かます」の児にあらざることを詳記せり。近頃出版の『漁産一班』[30]には梭魚の条下に玉筋魚、一に「かますこ」とす。其他数部の書冊を閲するに「かます」を載せたるものあれども、「いかなこ」を記せる書甚だ少なし。

玉筋魚は長さ二寸許より三、四寸許、身狭くして蒼黒銀色なり。背鰭肩より起りて尾に連り、後鰭もまた胴の半より起り、背尾両鰭共に其質軟(やわらか)なり。梭魚は之に反し大なるもの七、八寸、身円長にして細鱗あり、背鰭二つあり、後鰭一基あり、共に刺状をなす。是れ二者の判然別なるの証とす。

玉筋魚は生鮮のまゝ膾となし、或は烹て食し、炙りて食し、佃煮ともなし、又煮乾、塩乾、白乾となし、又魚醤をも製せり。北陸道の如きは多額の収獲あるより搾滓となして販売せり。其油は鰮油に優り、滓は肥料となして効あり。此製法中清国に輸出するは白乾なれども、清国にも魚醤の製方あるを以て見れば将来輸出するも量るべからず。此魚を以て魚醤を製することは往時　景行天皇の御宇第十の皇子神櫛玉命讃岐の国守たりし時、皇子自ら塩蔵して肉醤を造り献じたまひしに創まり、其後菅公の国守たりし時も数々都へ送られたりしと。又『明月記』にも屋島の内裡より肉醤を贈ることも載せたり。

近世下総国千葉郡野田駅三枝某の製する魚醤は天保年間の創業にして、今に年々価額二千円内外を産出せりといふ。其魚醤の製法は魚一升に食塩三合を混和し、樽に詰め蓋をなし、其上を紙にて密封して蔵すること百有余日、即ち土用に至り其樽の下部に小孔を穿ち管を挿し、これより汁を滴らし其出たるものを紙漉にし、鍋に入れ火に掛け沸騰せしめ其冷を待つ。其色透明にして味芳美なり。これを一番取といふ。残の滓に又食塩若干を入れ再製するを二番取といふ。玉筋魚の油及び搾粕を産出するは加賀、能登、越中、越後、佐渡等にして、煮乾及白乾を出すは志摩、伊勢、筑前、四国、淡路、地方等を多しとす。

此ものを清国に輸出するは近年のことにて未だ多数ならずと雖も、明治十六年神戸港より輸出するもの一万七千二百九十八斤、価四百三円六十銭、又長崎、横浜両港より輸出するもの若干ありとす。

乾きびなご

「きびなご」は九州にて俗に⿰魚長の字を用ふ。『大和本草』に「きびなご」は海魚なり。海鰮に似て同類なり。長さ三寸余、四、五寸に満たず。口は海鰮より小さく、身は少し厚し、両傍に銀色の筋ありとす。又『水族志』に「きびなご」は海磯の間に群をなす。夏月多しとあり。『海魚考』に「きひなご」、艙条魚は清人の呼ぶ所、丁香魚は『閩書』の名にて、又藁乾の者を『閩書』に丁香⿰魚可といふとあり。此ものは九州及び土佐の海に産する者にて、東国には絶て之なく、肥前にて一に「可成（かなり）」ともいひ、煮食、炙食、鱠ともなして佳味なり。又従来煮乾となして内国用に販売するものなるが、近年白乾のものを清国に輸出し、四川地方の人之を嗜好するに至るといへども、尚ほ煮乾に製するもの十の八、九に居れり。故に従前の煮乾製を改めて白乾製となすに至らば将来極めて販路の拡まるは疑なし。然るに輸出額僅少にして税関の調査の如きは田作の中に混入し、往々鯷（ひしこ）を乾したるものと同様に誤り混ずといへども全く同じからず。

乾鱈（たら）

鱈は古名由支（ゆき）にして、『新撰字鏡』に鱗を由支と訓ず。『古名録』に多楽（たら）、韓名吞魚とす。鱈の字は諸往来物等の外（ほか）古書に見へず。漢名は大口魚といふ。北海に産し寒を喜（よろこん）で暖を喜ばず。味（あじわ）ひ塩に宜しくして初め之を採る。先づ塩を以て口腹に盈（みつ）る時は久（ひさしく）して腐れず。偶々些（たまたますこし）の臭気あり、稍（やや）可なり。又微（すこし）塩を以てするもの、一（ひ）と塩と名けて其味ひ上品とす。多塩のものを下品とす。生鮮のものは淡白にして美味とす。亦（ま）た新奇を賞す旧幕時代には奥羽の諸侯之を朝貢せり。孟冬開炉茗会（ろひらきちゃかい）の際京都、江戸新奇を好み、或は歳旦之を昆布鱈吸ものとし、冠昏大饗の餽（おく）りものとせり。之を真鱈といふ。一種介党（すけとう）と称するものあり。形小きも味ひ亦佳なり。朝鮮にて是を明大魚といふ。乾製に二法あり。胴を割り淡乾するものを棒鱈といひ、胴を開きて塩乾するものを干鱈といふ。棒鱈は真鱈に限れり。而して此ものは近年清国に輸出すること逐年に多きを加へたり。十七年横浜輸出棒だら二百万斤、価拾万円、「すけと」五万斤、価千七百五十円なり。又「すけと」の一種に九州にて「すけそう」といふものあり。明治十八年脊割乾となして、長崎港にて清人へ百斤の価五円五十銭にて販売せり。尤も北海道の「すけとう」と九州の「すけそう」とは少しく異なれり。此魚は対州にて「めぐだい」、朝鮮にて明大魚と称せり。

本邦北海の大口魚漁場は地球上屈指の良場にして、殊に此もの丶肝油は貴重の薬品となるものなれば、漁船を改良して増益せんことを希望す。

乾鰈

鰈は『倭名鈔』には王余魚を加礼比と訓じ、『閩書』に比目魚とし、比は並なり。東方にありて其名を鰈と曰とす。此外種々の異名あるも形状によりて名くるもの多し。『北戸録』には鰜と謂ひ、「呉都賦」には魪といひ、「上林賦」には魼といふ。『閩広』は鞋底と名け、『臨海志』は婢簁に、『臨海風土記』は奴屩に、『南越志』は南版とし、『南方異物志』は箬葉に、『朱匡記』には王余魚の字を用たり。而して此ものは本邦の沿海に悉く産し、種類尤多く、大さ一、二尺或は五、六寸、裏の白皮に黒点あるものを星鰈といひ、大なるもの尺許、或は七、八寸より一、二寸に至るもの表の黒皮鰭の両辺上より下に向つて黒片石子あり、石鰈といふ。六、七寸に過ず。形ち尋常の小鰈に比すれば狭少にして、肉薄く卵腹に満るといへども味ひ佳ならず。藻鰈又霜月鰈といふ。形略ぼ同じ表裏あり。鱗なきもの号けて雌板鰈といふ。又片口鰈といふものあり。其表裏相反するものを平目といふ。大なるもの二、三尺許に至る。

此ものは鱠、羹、煮食、炙食、蒲鉾等種々の割烹にも供せり。乾製に種々あり。蒸鰈は若狭越前等より出すものを上好とす。其法鮮鰈多子のものを採りて塩水を以て之を蒸す。半熟ならしめて取出し、陰乾すること数月にて貯ふ。乾鰈は尋常乾脯にして和泉、紀伊等の産を著名とす。木葉鰈は長さ寸余の者を脯となす。是れ和泉、紀伊、下総等の珍品なり。和泉より出すものを名を岡田鰈といふ。

乾梭魚（かます）

梭魚は「かます」と訓じ、又魳、□、䲔等の文字をも用う。『本朝食鑑』に近世魳の字を用ふ。字書に惟名の名と為すのみ。長崎の市人中華の船客に逢ふて此の魚を指して問ひしに、梭子魚なりと答たりと。『閩書』に梭魚織梭（おりおさ）の如し、豊肉脆骨此れを魳魚と謂ふ乎と載せたり。

此ものは全国の海にあり、鮝と作（な）して賞美し、脂多きものは色淡赤、脂少きものは色黄白なり。

乾飛魚（とびうお）

飛魚は『倭名鈔』に鰩を止比乎（とひを）と訓ず。『多識篇』に文鰩魚、本草を考るに一名飛魚とし、『酉陽雑俎』には飛魚とす。九州、中国等にて一名「あご」、長門にて「つばくらうを」、石見にて「つばめうを」とす。漢名は、『典籍便覧』に鰩魚、又五色魚とし、『正字通』に[illegible]、又鯡とす。一種薩州の飛魚は両鰭相交るものあり。又一種「くさい」は仙台にて「とびうを」とも「ともきす」ともいひ、讃岐にて「みのかさご」、紀伊にて「しまをこぜ」又「やまのかみ」、淡路にて「くろぼう」、安芸にて「なぬかぼしり」、伊予松山にて「うみしてう」、全国吉田にて「ほご」といふものあり。

『広東通志』『泉州府志』『広東新語』『正字通』等に飛魚とし、『台湾続志』には飛籍魚とす。『中山伝信録』『海島逸志』等に燕魚、古名鰩、俗飛魚と呼ぶとし、『閩中海錯疏』には海燕と飛魚と分ち、本邦亦二、三種あり。従来塩乾となしたるを京都に出せり。東京は鮮なるもの多し。近年伊豆七島より出す塩乾製を横浜より清国に輸出せり。又十七年の輸出調に神戸港は四万八千八百九十斤、価千二百十七円、大坂港百斤、価三円二十銭を載せたり。其製法は背を割り腸を去り一度食塩に和し、一日を過ぎて風乾するに過ざれども、能く乾燥するをよろしとす。

三摩乾物

三摩は西京にては「さより」、大阪にては「さはら」といふ。而して漢名は詳ならず。『水族志』に「さより」一名「さんま」「だつ」「おきざより」水針魚（清俗）とす。『魚鑑』に秋冬の交、房、総海に多し。淡塩して鬻ぐ。鮮なるもの炙食するによし。上饌に充らずとあれ共鱠となす。又薫乾するときは淡味にして佳なり。食塩の量を適度にし久しく貯蔵せらるゝ製法のものは清国人も嗜好し、横浜港より折々輸出することあり。

鰺乾物

鰺は『倭名鈔』『新撰字鏡』ともに阿遅と訓ず。而して漢名は小竹筴魚と書し、全国の海に産す。鰺の乾物を製するも往古よりのことにして、『延喜式』に内膳司食料干鰺三十隻とあり。『本朝食鑑』に曰く駿、豆、房、総の海浜采者最美なりと。夏月円肥たるもの味甚香美にして炙食に最宜し。鮓となし、煮魚又は膾となして佳なり。中脹と号す。腊鮝となすも味亦佳良なり。冬春の際魚瘠、味なき故に之れを乾曝して民間の用とす。一種室鯵といふものあり。狭小肉薄故に乾燥す。又島鯵といふものあり。伊豆七島の鹹乾のものを「くさやの乾物」といふ。近時清国輸出乾魚中の一とす。

乾火魚

火魚は『本朝食鑑』に鉄頭魚とす。処々多くあり、世俗子を誕ずるの家、必ず此魚を以て賀膳に供するの旧例あり。鮮食、炙食、煮食し、塩焼を此に珍とす。淡乾、鹹乾共に味ひ淡白にして美なり。近年清国に輸出すること屢々あり。

乾鯛並塩鯛

夫鯛は『古事記』に赤海鯽、『日本書紀』に赤女、『延喜式』に平魚と鯛との二名を載せ、『新撰字鏡』及び『和名鈔』に鯛の字に太比と訓じ、『八閩通志』に棘鬣魚、『嶺表録』に吉鬣とす。『大和本草』は『閩書』の棘鬣魚を「たひ」とし、其説当れりといへども、崔氏の『食経』には鯛は鯽に似て紅鰭なるものとあり。且本邦にて鯛の字を慣用すること久しきを以て此編これに従ふ。然るに今年水産局長の香港に於て広東産の魴魚なるものを購求になりたるを見るに、本邦の真鯛と同物なり。其製は塩漬にして圧したるものなり。扨魴字は本邦にては「たひ」に用ゆることなく、『大和本草』[31]『食療正要』等は「まなかつを」、『本草啓蒙』は「をしきうを」一名「をしきぼて」に、『魚鏡』は「かゞみうを」、『和漢三才図会』は「まどうを」又「かかみうを」に充る等区々なり。而して又横浜港来舶の清国人脇泰原と云者に実物を示して名を問しに、黄山魚なりと云へり。

夫れ鯛は本邦古しへより海魚中の長とし、神祇、大膳、内膳等の式に供し、冠婚其他の慶賀に必らず用ひざるを得ざるものとす。而して此魚は南海より北海に至るまで産せざるはなし。たゞ地方によりて味の厚淡あるのみ。

乾鯛を造るは往古よりのことにて、『延喜式』諸国の調庸に鯛楚割、鯛枚乾、鯛脯、鯛焼物等あり。加之嘉儀の贈とし歳旦の飾となす。之を懸鯛といふ。而して近時間々清国に輸出することあり。

本邦古来干鯛の製法に六法あり。鯛腊、鯛楚割、甘塩、枚乾、生乾、鯛魚条、等なり。此外『大膳式』に載せたる讃岐の鯛塩作、及び白子、伊勢の鯛春酢等あり。

鯛腊は『延喜式』主計式に筑前、肥後より朝貢し、又丹後より小鯛腊を献ずるを載せ、腊は即ち乾肉にして年を経るも色味を変ぜざらしむるの製にして乾燥の丹精を尽したるものたり。

楚割は鮮鯛を腸を去りて能く洗ひ浄め、背より骨に傍ふて割き開き、頭尾皮肉鰭骨ともに相列ね、全体を分たず塩を以て内外より薄くぬり、其割き開きたる処を稲藁を以て裹み縛り、或は塩引の如くして高き処に掛け、風乾すること数日にして貯ふるものとす。魚条も楚割と同じき製法なれば、切りし片条となすものをいふ。

甘塩は腹を割き腸を去りて塩を塗ること最も薄くして、之れを匱中に安置し木蓋を以て掩圧し石を畳ねて之を推し、用る時に取出し洗ひ浄め烹炙して用ふ。味甚美なり。

枚乾は脊枚と腹枚とあり。共に鮮魚を割りて風乾するものにて、往古参河より之を貢献し神饌内膳に供したり。今世此製甚だ少なし。

生乾鯛は半生半乾ものにて甘塩にして日乾す。炙食によろしとす。

前条古来の製法数種にして、此外塩焼鯛の如きもあるといへども、清国の輸出に適すべき貯蔵久しきに堪ゆるものにかぎれり。

能く清国の割烹食法等を詳かにし、彼れの需好に適するものを製出せば利を得る甚だ多かるべし。清国広東地方より鹹乾鯛を清俗魴魚と称し年々香港に出し、金山、厦門、寧波、鎮江等に分輸するもの一ヶ年七万斤に及べり。

塩鯛の製法は甚だ古く『延喜式』に鯛の甘塩、鯛の塩作等をのせたり。『本朝食鑑』に載する所の甘塩の製法は鮮鯛の腹を割き臓腑を去り塩を塗ること最も薄く、匱の中に貯ふるに或は木蓋をなし石を畳(かさね)て之を圧(おせ)ば、塩汁自ら滴り去りて良品となるとせり。此法を以て塩を多からしめば極めて佳なるものなり。元来鯛は各地にて塩蔵すれども、概ね粗製にして中外の需用に適するもの少なし。然るに近年良製のものは清国香港、上海に向(むかっ)て輸出することあり。脂(あぶ)らの多からず、又少からざる好季節に捕獲し、良塩を撰み其量を適度にして圧搾の法を施し、形状、色沢、純美、佳味にして貯蔵久しきを保つの精品を造り出さば此販路を拡むるに至るべし。広東産の塩鯛即ち魴魚なるものは百斤の価六弗(ドル)にして香港壱ヶ年の輸入高七万斤あり。又厦門、寧波、鎮江、広東等より上海口にも販路あり。今本邦九州産の塩鯛は百斤二、三円、三陸の鯛は尚廉価なるものなれば将来大に望あるものとす。

鰹節(かつおぶし)（一名）木魚

鰹魚(かつお)は『倭名鈔』に『漢語抄』を引て加豆乎(かつを)と訓じ、『本朝式文』に堅魚の二字を用ゆとあり。『延喜式』に堅魚として載せ、『新撰字鏡』には蜼、鰹、鐃、鰽をかつをとし、鰹の字を左女(さめ)と訓ぜり。今考るに堅魚と鰹は節に作たるもの丶称なり。而して本邦に於ては往古の朝貢品たり。『台湾府志』に鮣[魚垂]、『日用襍字母』に載する所の鉛[魚垂]魚は此鰹にて、清国にも之れを産せり。而して或は清国人某は彼国に於て鰹節を木魚と称して嗜好すといひ、又某は其汁鮮臭を以て彼国にては好まずといへり。是を以て考るに清国にても未だ普く需用せられず、火腿の代用には適せざるも清湯と称するすまし汁には極めてよろしく、元来堅魚は五味の偏を調和し膏腴の美を発生し、塩梅の中主にして本邦に於ては一日も欠くべからざるものとす。従来長崎来舶の清商常に鰹煮汁の熬酒を啜りて曰く、中華未斯の如き味者あらずと甚だ珍賞したりと『本朝食鑑』にも載せ、年々少許の輸出（神戸輸出に鰹節六百七十三斤、価八十四円廿銭なり）あり。又元和、元禄、享保頃の長崎貿易上の旧記に年々少許宛の輸出ありしを載せたるを以て見れば、後来如何なる販路のひらくるやも亦しるべからず。

因に曰く、鮪も亦節に製すること鰹に同じ。たゞ品位の劣るのみ。各地に産すといへども製方により品位の差等最多し。且品質も異れり。陸前にては金鎗魚を「ごんだ」と称し、魚の大小によりて名を異にせり。最も小なるを「さんだ」、夫より大なるを「ごんだ」、尚次第に大なるに従ひ「とうづけ」「やつ」「むつ」「かたまづけ」「一本づけ」といふ。「とうづけ」とは馬壱疋に十本を附るといふ義、八ツ、六ツも其数なり。「かたまづけ」は二本附のことなり。此大小は年により来ると否とあり、大抵八十八夜より捕る。大なるは早く、小なるは遅し。又大なるもの来らぬ年あり。或は大のみにして「やつ」「むつ」の来らぬ年もあり。

細魚（さより）乾物

細魚は『倭名鈔』に七巻『食鏡〔経〕』を引て針魚、一に与呂豆（よろづ）、『延喜式』に与利登宇乎（よりとうを）、『多識篇』に佐与利（さより）とし『庖厨和名本草』に鱵魚、本草を考るに一名姜公魚、又一名銅唲魚、又針嘴魚とあり。又俗に「さいまり」「なかいわし」「したつ」等の別名あり。『食物本草』に針嘴魚、『盛京通志』に針銀魚、『鎮江府志』に針魚、『彙苑詳註』に針口魚、『通雅』に龍頭魚とす。是皆「さより」にして支那各地に於て古へより嗜好せり。而して本邦種類多く、「おきざより」「らす」「すら」「あをばも」「ゑつらく」等あり。「らす」は紀州和歌山にて「せいぼう」、仝国塩屋浦にて「すゝ」、仝湯浅浦にて「いすか」、仝加太浦にて「やまきり」、田辺にて「すくひ」、伊予西条にて「くまとうす」といひ、其外「せうぜん」「あこざし」「すゝさいら」「かぢきどふし」「ちよか」等の名あり。「ゑいらく」は一名「ながざれ」「すゝ」は「ひらゝす」「長さより」「しまさいら」「なざばち」「あをばも」は「らす」「だつ」「すゝくも」「あをざす」「あをやかし」「によろり」等の別名あり。又らすは『食物本草』『南寧府志』等の鱵魚一名針嘴魚にて、「おきざより」は清俗水針魚とす。細魚の名は『本朝食鑑』に載するところにして日本名なり。

此ものは全国の海に産し、肉白くして味甘美なり。鮮肉は鱠とし、或は炙り又は煮て食し、蒲鉾として佳味なり。乾物は炙食を貴べり。而して近時間々清国に輸出することあり。

鯡（にしん）

鯡は「にしん」と訓じ、漢名鰊魚と書し、又加登（かと）の名あり。『本朝食鑑』二親魚の文字を『釈名』に載す。

此魚北海及び南部、津軽等に産する甚だ夥しく、春暖氷解せる四、五月の候に建網、曳網にて多額を捕収せり。身を欠き割り乾すを身欠鯡といひ、割乾を外割（そわり）といふ。近年間々清商の購求することあるも未（いま）だ盛んならざるは製法の彼に適せざるものか。

大刀魚（たちうお）

太刀魚、漢名鱭魚、『閩書』に一名鮤、鱴刀、魛、鱭望魚等の名を載せ、或は帯魚とし、大なるを鯇とす。処々の江海にこれを采（と）る。太刀の短狭なるが故に此名ありとす。煮て食ひ、炙りて食（くら）うも佳なり。或は鮓にも作れり。此魚の塩乾及塩漬となしたるものは清国にて尤多（おおし）と雖ども、多くは清国南部に産するものを需用せり。本邦産のものも購求することありと雖ども用塩佳からず。其量の過不足等ありて未だ多額を輸出するに至らず。

鮭（さけ）塩引の説

鮭の字を「さけ」に充（あて）たるは『漢語抄』『新撰字鏡』等にありて、千有余年昔より世上一般に此文字を以て通用せり。然るに『和名鈔』に鮭の字を用ひたるを、野必大が『本朝食鑑』に鮏字を用ひたるより晩近の学者は概ね鮏字を用ふるに至れり。其他『本草綱目啓蒙』は『東医宝鑑』の松魚とし、其他種々の文字に充つるものあるも余は古きに従（したがっ）て鮭字による。元来此魚は硬骨類中の喉鰾類鮭鱒科[32]のものにて其卵腹中に出で、多くは東北の清流に産し、又海に在て産卵の為め河に遡れり。此魚本邦にては塩引に製するもの産出需用ともに広し。而して時々清国に輸出することあり。北海道根室国西別川に産するものを最良とし、石狩川之に亜ぐ。之を捕獲するは建網、引網或は魚叉を以てせり。

塩引即ち塩糝鮭を北海道にて製するや、九月中旬を以て捕獲の期とす。獲る所の鮭（方言秋味）一束（二十尾を一束とす）腹を割き腸を去り、食塩一斗を漬け切蔵（方言納屋即ち魚屋）に収むること凡六、七十日間、其間二十日毎に上下交換し（表裏反覆するなり）、毎尾食塩二合を加へ布き、斯くすること数回にして製し了れり。

前条の法を施せしものを寒水に浸し、日々清水を換へ（流水に浸す時は水を換るの煩なし）、炉上に懸けて貯ふ。然する時は暑熱の候といへども腐敗の患なし。然れども未だ此製を清国に輸出せしことはなし。

此魚の卵子は「はらゝご」又「すぢこ」と称す。塩漬になしたるを筋子漬といふ。其漬け方は先づ高さ凡三尺の棚を架し簀を布き、一腹の筋子を算するに粒数二千乃至二千百粒、二升樽に七十腹を容れ塩を糝して層々相累ね、高二尺五寸を以て一層にし、七週間を経て棚より下し、樽底に竹葉を敷き筋子を盛り、上に亦竹葉を覆ふ。永く貯へんには酒粕に漬るを良しとす。然れども是等は清国人の其嗜味を未だしらざるものとす。

此魚の脊腸を塩蔵したるは清国人も嗜好し、本邦に於ても酒肴に佳なりとす。其法は脊腸一升に食塩一升を撒り、放置すること凡四十日間乃至五十日間にして之を出し、清水若くは酒を以て洗滌し竹箔に並べて液汁を去り、上酒を注ぎ陶器或は樽に蔵し密封して空気の侵入を防ぐべし。

塩鯖（さば）

鯖は『倭名鈔』に『食経』を引て阿乎佐波（あをさは）と訓じ、『本草倭名』は佐波（さは）と訓ず。鰆字を『漢語抄』に加世佐波（かせさは）と訓じ、鯆字を『弁色立成』に奈波佐波（なはさは）と訓ず。而して又往古よりの朝貢品にして、『延喜式』に大鯖、鯖醬、等を載せ、之を周防、讃岐、伊予、土佐、能登より貢献し、神饌、内膳に供したり。扨（さて）鯖には「大さば」「小さば」あり、二品ともに塩蔵して輸出すべし。『古名録』及び『水族志』には『日用襍字母』の青花魚を「さば」に充て、『本朝食鑑』には鯖字を「さば」或は「あをさば」とせり。而して古へ能登、伊予、土佐、讃岐、周防等より貢献し神祇の供となしたることは『延喜式』に見へ、又『本朝食鑑』に載するを呼（よん）で刺鯖（さし）といふ。気味生魚に勝り、賞美して七月十五日の祝例の佳物となすことを載せたり。而して其刺鯖の仕法たる、鮮鯖の腸及び鱗を去りて背より骨に傍（そ）ふて割き、全体を別たず楚割のごとくにして鰛製なすに、一尾の頭部を一尾の鰓の間に刺し入（いれ）、両尾聯合するを一刺といふ。其色赤紫色なるを上品とし、鰯の油を塗りて淡乾するものあれども久しく貯ふるにはよからず。此魚を塩蔵するも鰯に同じくして、近年清国人之れを購求することありて輸出せり。

鰶（このしろ）の塩もの

鰶は『閩書』の鰶魚にして青鯽又青鱗とも名けたり。『本朝食鑑』には鰶を古乃之呂（このしろ）と訓ず。此称甚古よりありて、『日本紀』に孝徳天皇の時塩屋の鰶魚と云者ありて、其鰶は挙能之慮と訓ずとあり。

此魚を塩蔵するには腸を去り、一万に食塩八斗を以て漬込（つけこみ）、石を以て圧（お）すなり。脂斗（あぶらばかり）出で、なをこれを捨て、更に塩八斗を加ひ再び漬込む時は貯蔵久しきを保ち、清国人の需用に適せり。目今横浜港より輸出するものは実に僅少なりとす。

「しゆくなしもの」

「しゆくなしもの」は「しゆく」一名「くさゝん」と云ふものを塩蔵したるものにて、其「くさゝん」といふは小海魚にて長さ寸を過ぎず。形「しま鯛」の如く身平扁にして藍色の筋あるものなり。此ものは沖縄県下琉球諸島に産し、就中久米島を多しとす。而して製法は多量の食塩を和したるものにて、数年を経るほど佳味なるものとし、従来数万斤づゝを清国福州に輸出したりしなり。

永良部鰻

永良部鰻は海蛇の類にして魚類にあらざれども、他に此類のものなきを以て是に附録せり。

夫れ永良部鰻は『琉球国史略』[33]の海蛇なり。永良部の名は島名にて琉球諸島に産す。此ものは漢名を蛇鱣といふ。朝鮮人李樹廷橋曰く、蛇鱣に山鱣、水鱣の二種あり、名異にして実同じ、鱣に似て非らず。陸に産するもの之れを山鱣と謂ひ、水に産するもの之れを水鱣と謂ふ。形ち蛇にして鱗あり。尾扁にして横はり、雌は小にして雄大なり。此もの酒を嗜み、航海の船中酒気あれば水鱣船底に集まり、酒或は涓滴の漏あり。必承て之れを食ふ。然れば極めて得難し。陸に産するもの岩谷草莽の間にありて、形質品質亦この如し。若し一尾を獲て煮食すれば陽を壮にし陰を補ひ髪白きも黒きに還り、能く羸者をして肥瘦ならしめ積年の肺疾に尤効あり。其効弾述すべからず、故に之を仙薬といふ。朝鮮江海の漁業者皆其貴重の品たるを知り得れば重価に售り、以て貧を免かると云り。此説を以て見れば、朝鮮の如きも甚だ之を嗜好するを知るべし。

本邦にては沖縄県下三十六島中に悉く産するものにて、大なるもの長八、九尺、回り二寸余に至り、年中捕獲するを得べしと雖ども、多くは六、七月の頃海面に浮べるを窺ひ、逐つめて捕ふ。往年は一ヶ年の捕獲数千尾に及べり。全形の儘焚火の上に吊り、薫し乾となして貯ひ、以て煮食し、又従来之れを清国福建に輸出して大に高価を得たり。鶏卵とゝもに煮て食する時は能く疝癪を治するの効ありと云り。

元来本邦に産する海蛇に種類あり。「ゑらぶうなぎ」「うみへび」の類なり。永良部鰻は古来邦人即ち鰻属とし、島名を冠したるなり。

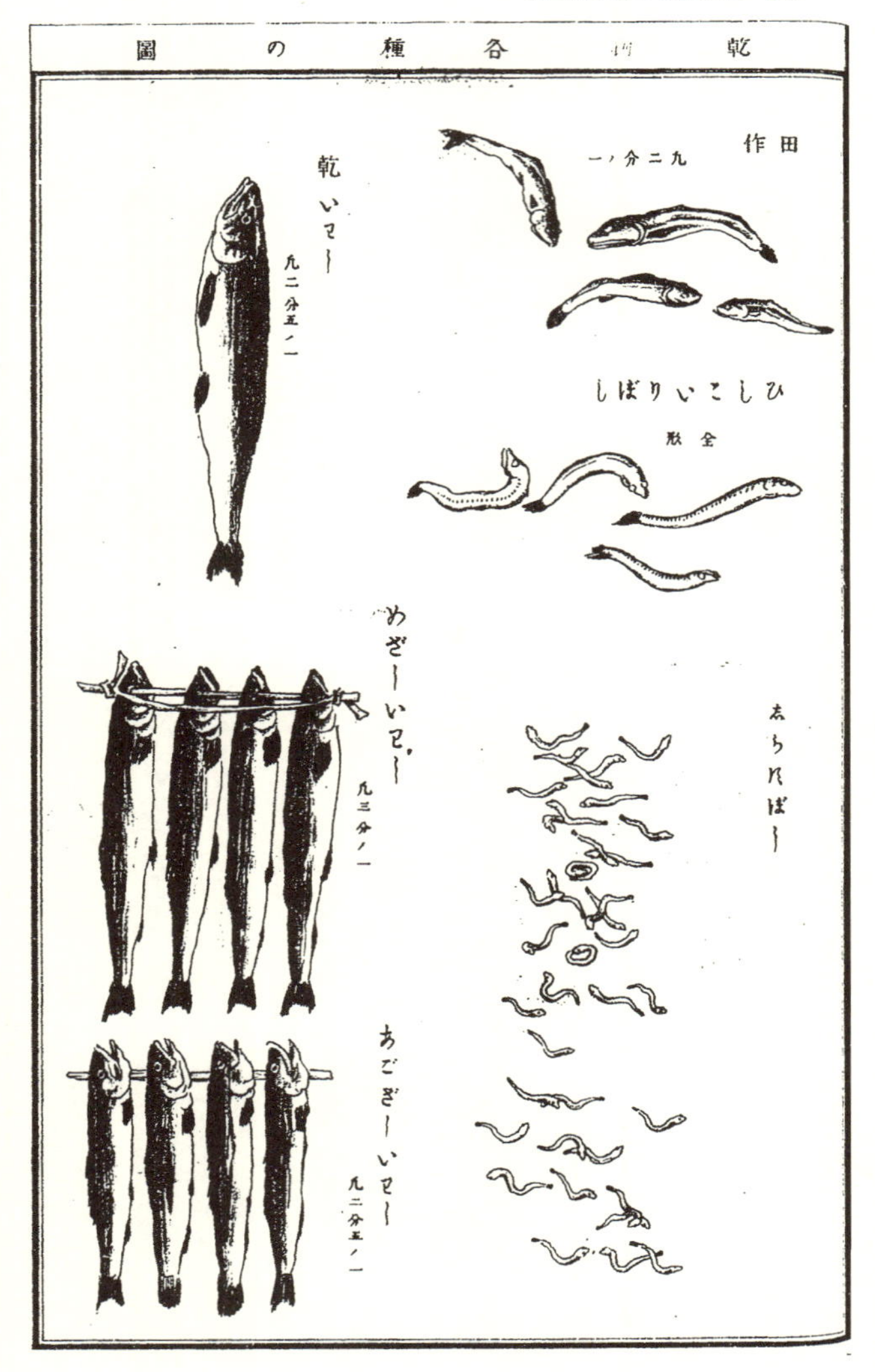
乾物各種の圖
田作
凡二分ノ一
ひしこいりぼし
全形
乾いわし
凡二分五ノ一
めざしいわし
凡三分ノ一
あござしいわし
凡二分五ノ一

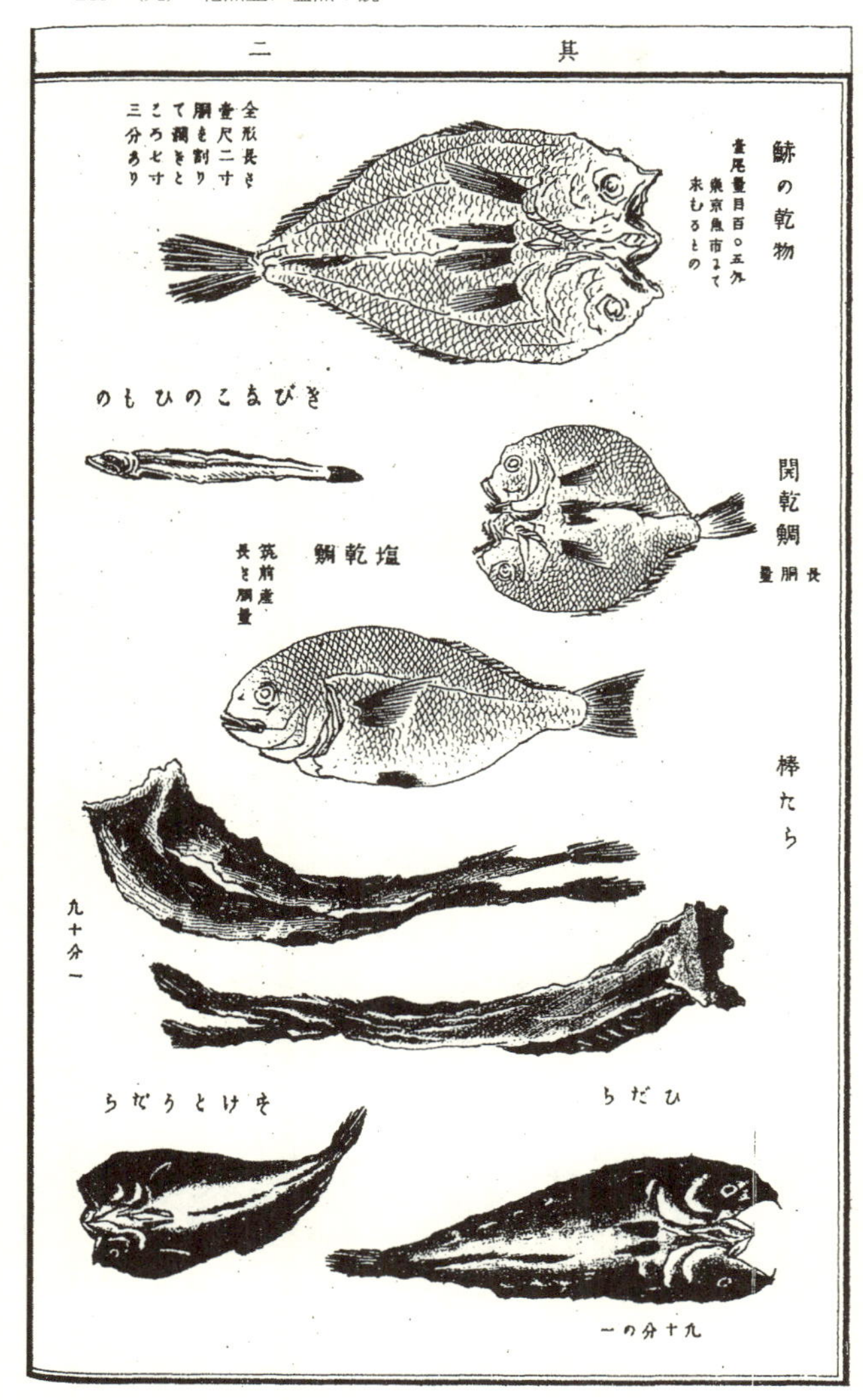
其二
鯐の乾物
壹尾壹目百〇五匁
東京魚市にて
求むるもの
全形長さ
壹尺二寸
胴を割り
て開きと
ころ七寸
三分あり
きびなごのひもの
開乾鯛
長 胴 量
塩乾鯛
筑前産
長さ胴量
棒たら
九十分一
ひだら
そけとうだら
九十分の一

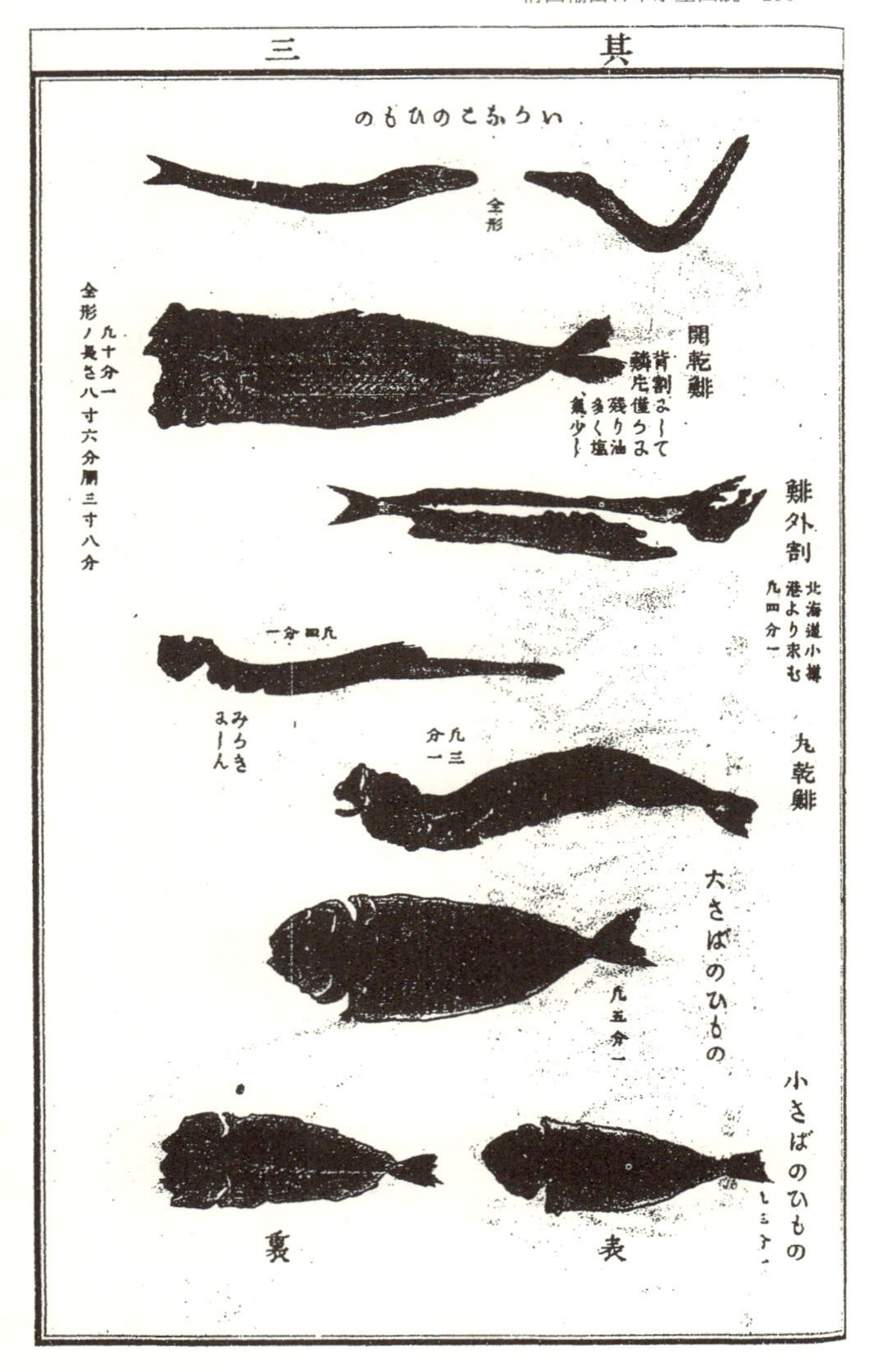
其三
いかなごのひもの
全形
開乾鯡
背割ニして鱗尾僅ニ残り油多く塩気少し
全形ノ長さ八寸六分幅三寸八分
九十分一
鯡外割
北海道小樽港より求む
九四分一
九四分一
みがきにしん
丸乾鯡
九三分一
大さばのひもの
九五分一
小さばのひもの
表
裏

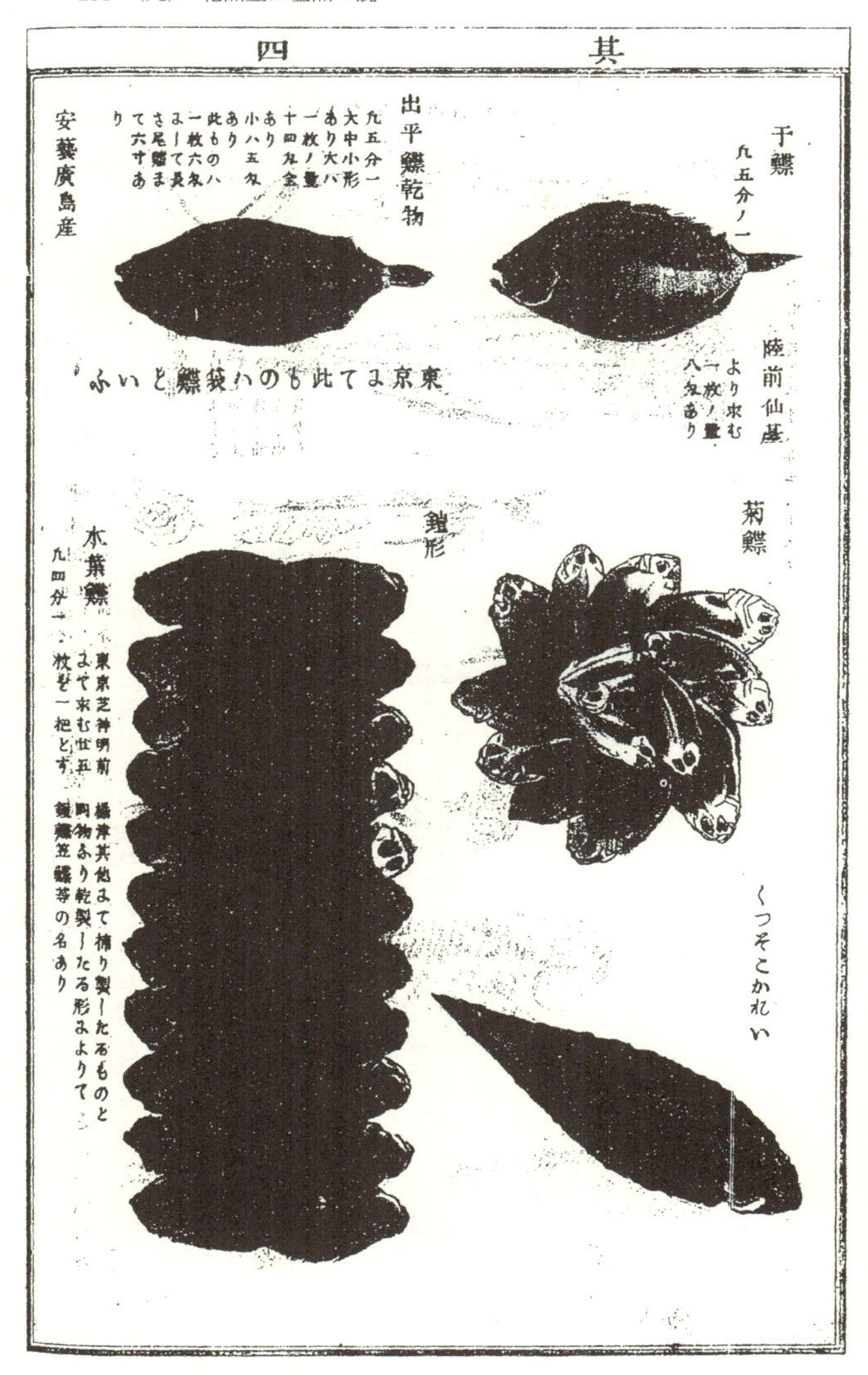
其四
干鰈
九五分ノ一
陸前仙臺
より求む
一枚ノ量
八匁あり
出平鰈乾物
九五分一
大中小形あり大ハ一枚ノ量十四匁余あり小ハ五匁あり此ものハ一枚六匁にして長さ尾鰭まて六寸あり
安藝廣島産
東京にて此ものハ笹鰈といふ
菊鰈
鎧形
木葉鰈
九四分一
東京芝神明前にて求む廿五枚を一把とす
攝津其他にて捕り製したるものと同物なり乾製したる形によりて鎧鰈笠鰈等の名あり
くつぞこかれい

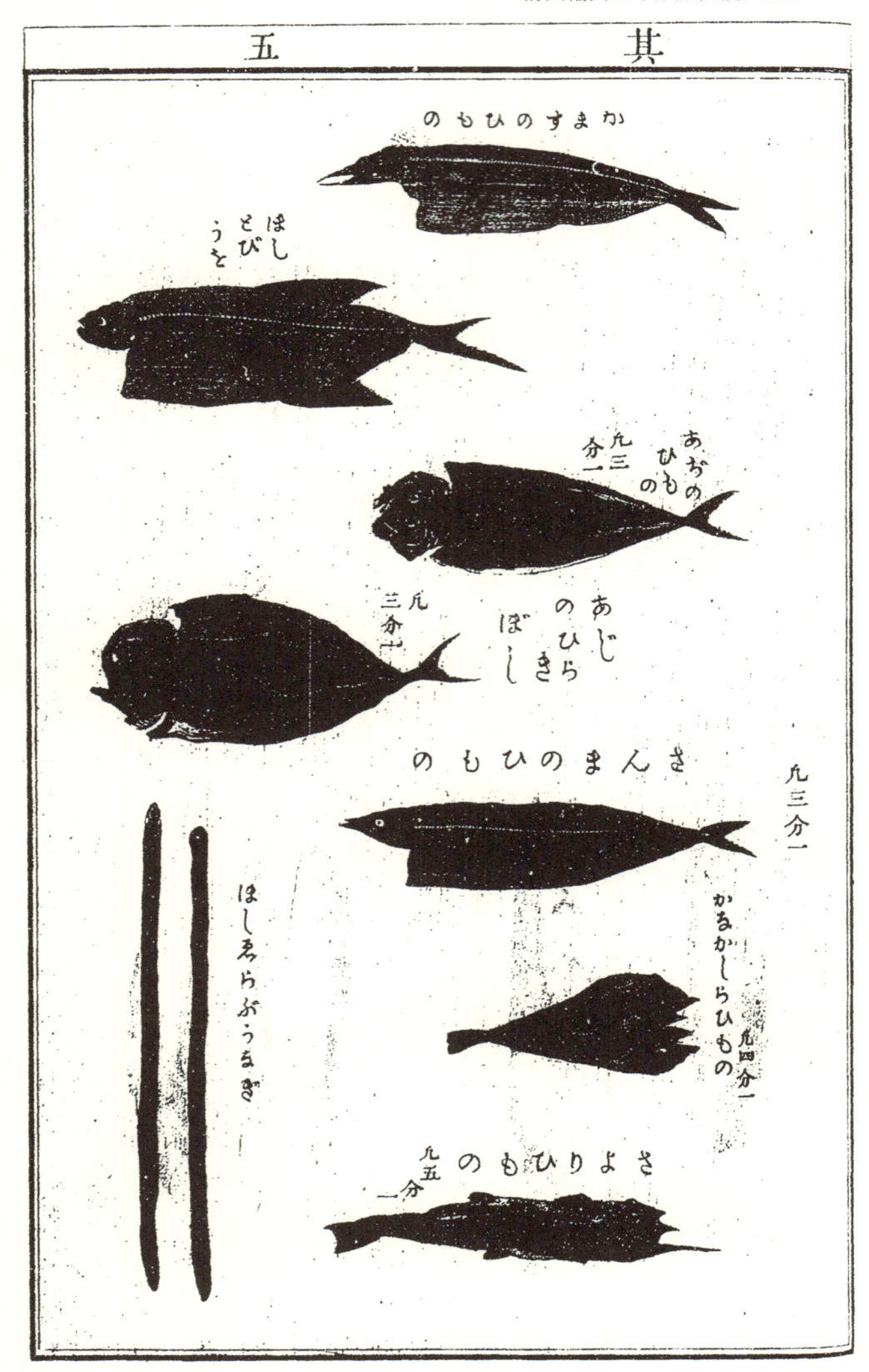
其五
かますのひもの
ほしとびうを
あぢのひもの
九三分一
あじのひらきぼし
九三分一
さんまのひもの
九三分一
かながしらひもの
九四分一
さよりのひもの
九五分一

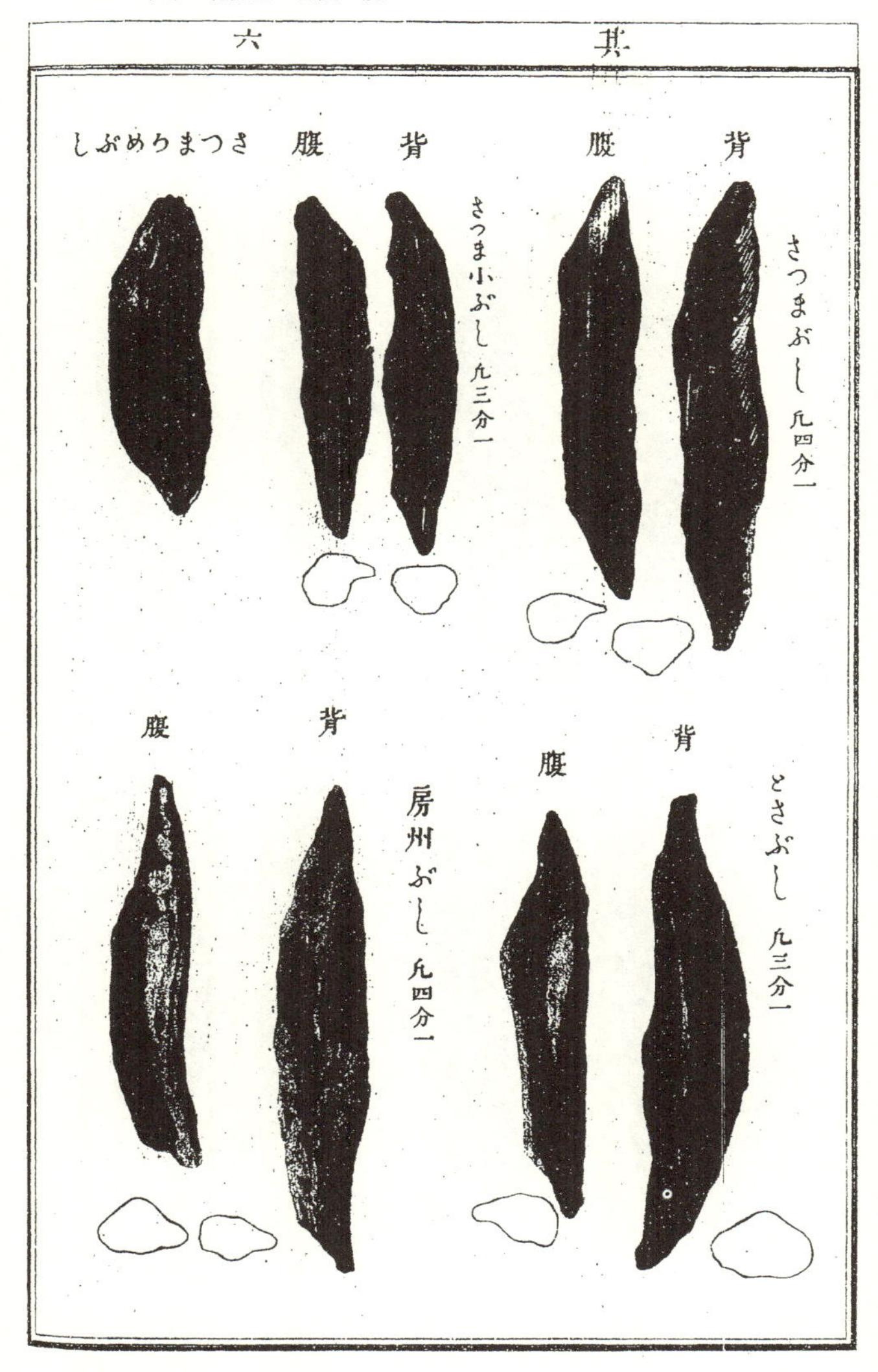
其六
背
腹
さつまぶし 凡四分一
背
腹
さつま小ぶし 凡三分一
さつまりめぶし
背
腹
ささぶし 凡三分一
背
腹
房州ぶし 凡四分一

其七

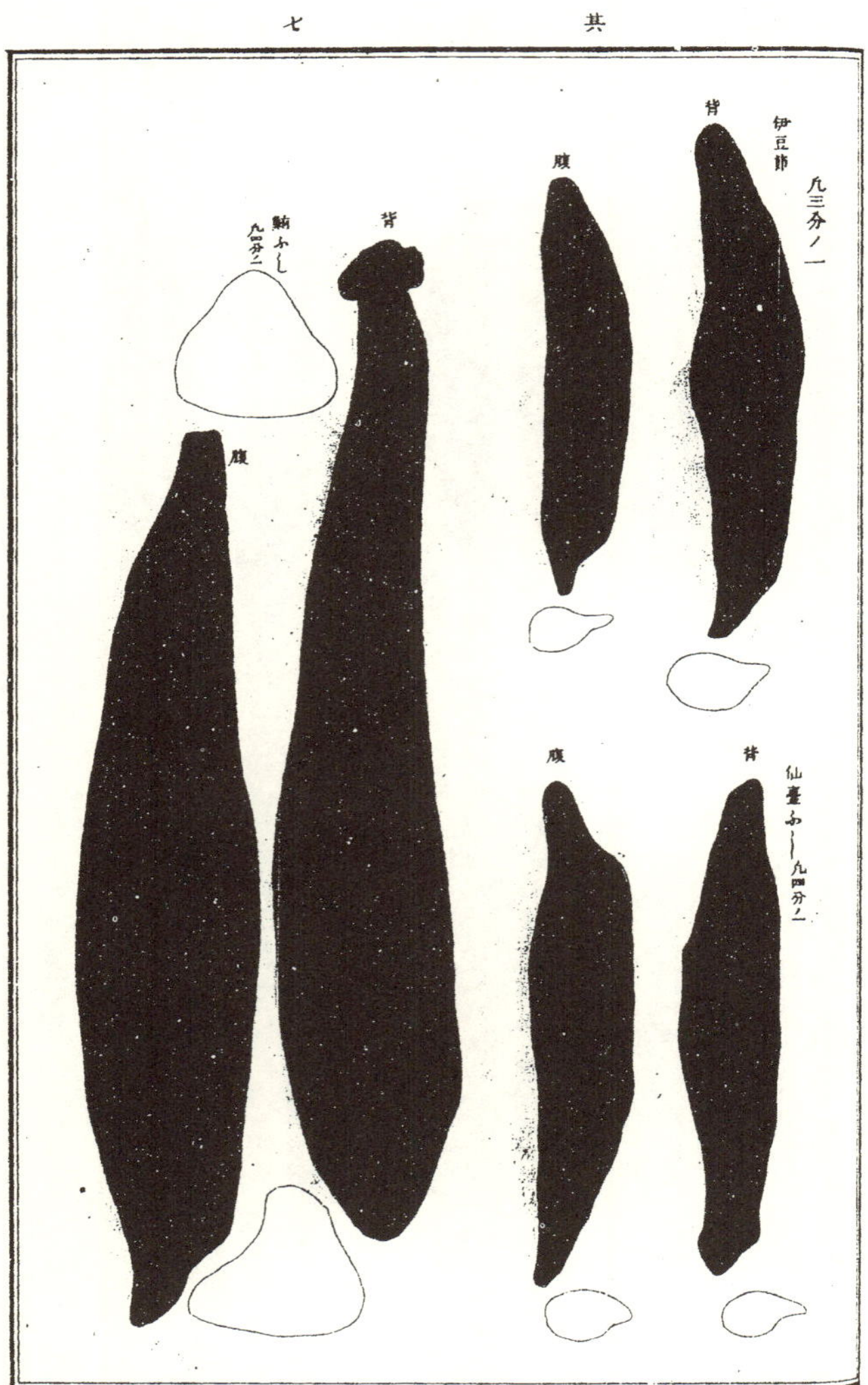

其八

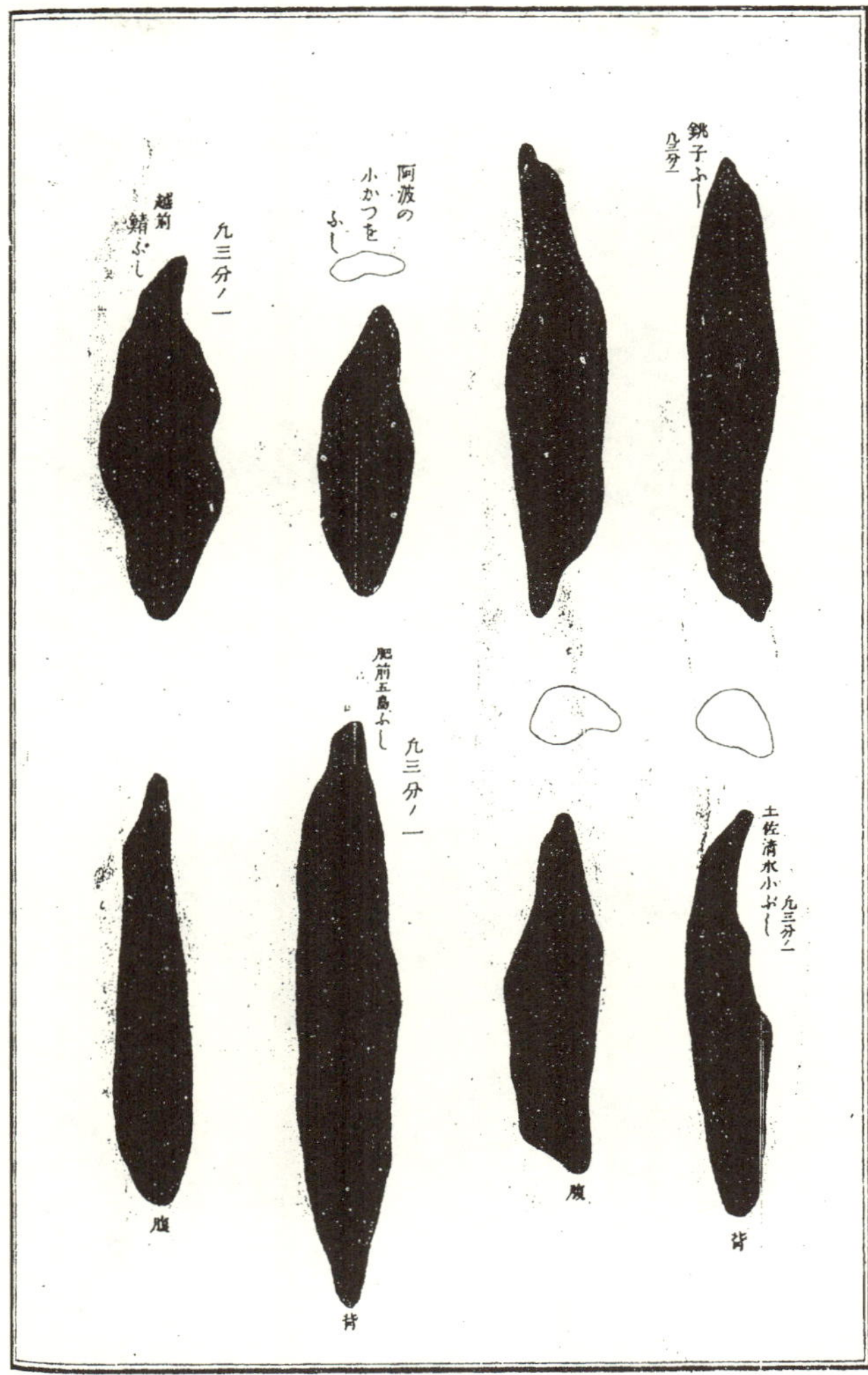

銚子ふし
九三分ノ一
阿波の小かつをふし
越前鯖ふし
九三分ノ一
肥前五島ふし
九三分ノ一
土佐清水小ふし
九三分ノ一
腹
背
腹
背

乾魚原質鮮魚の圖

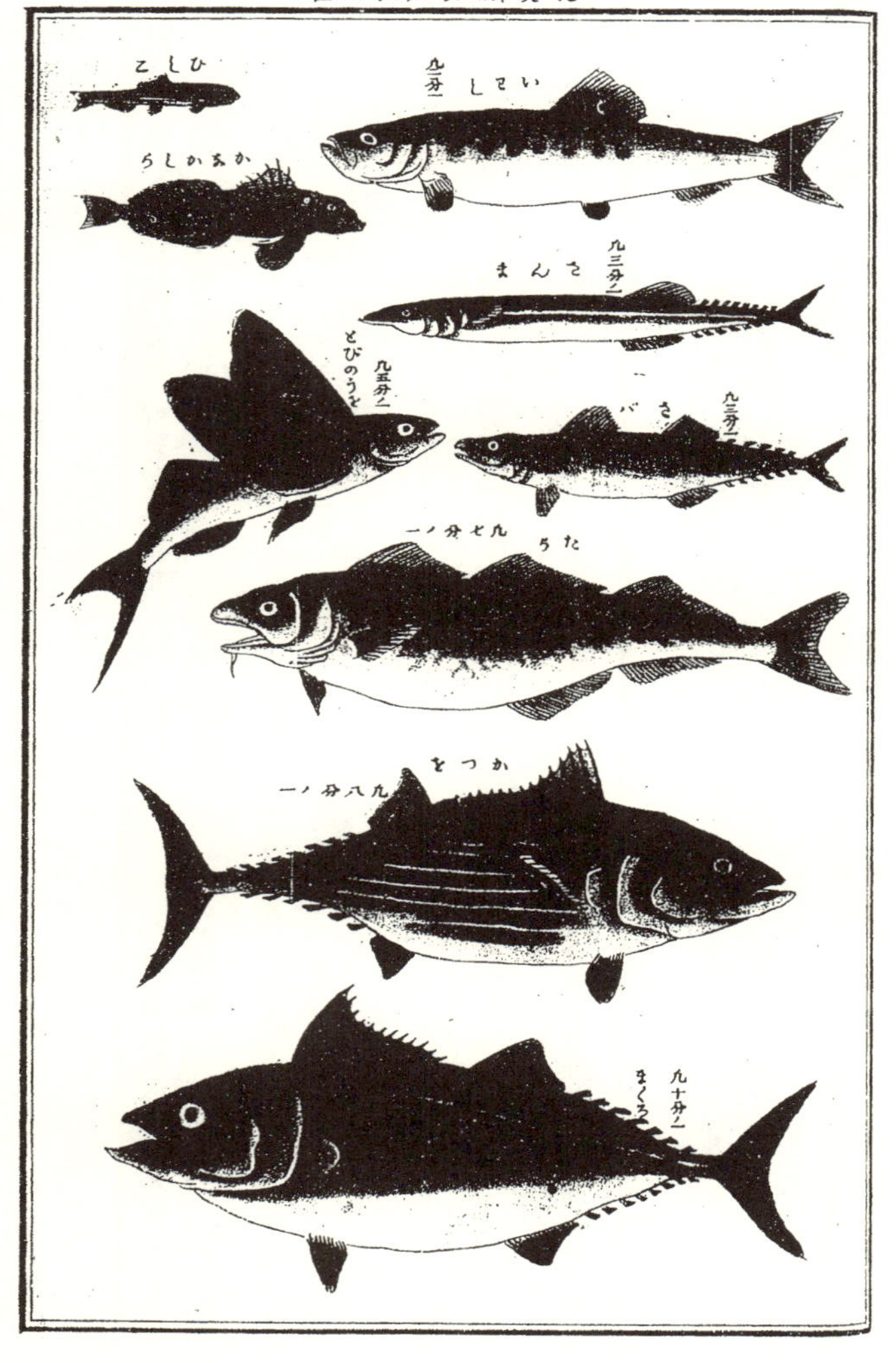

其二

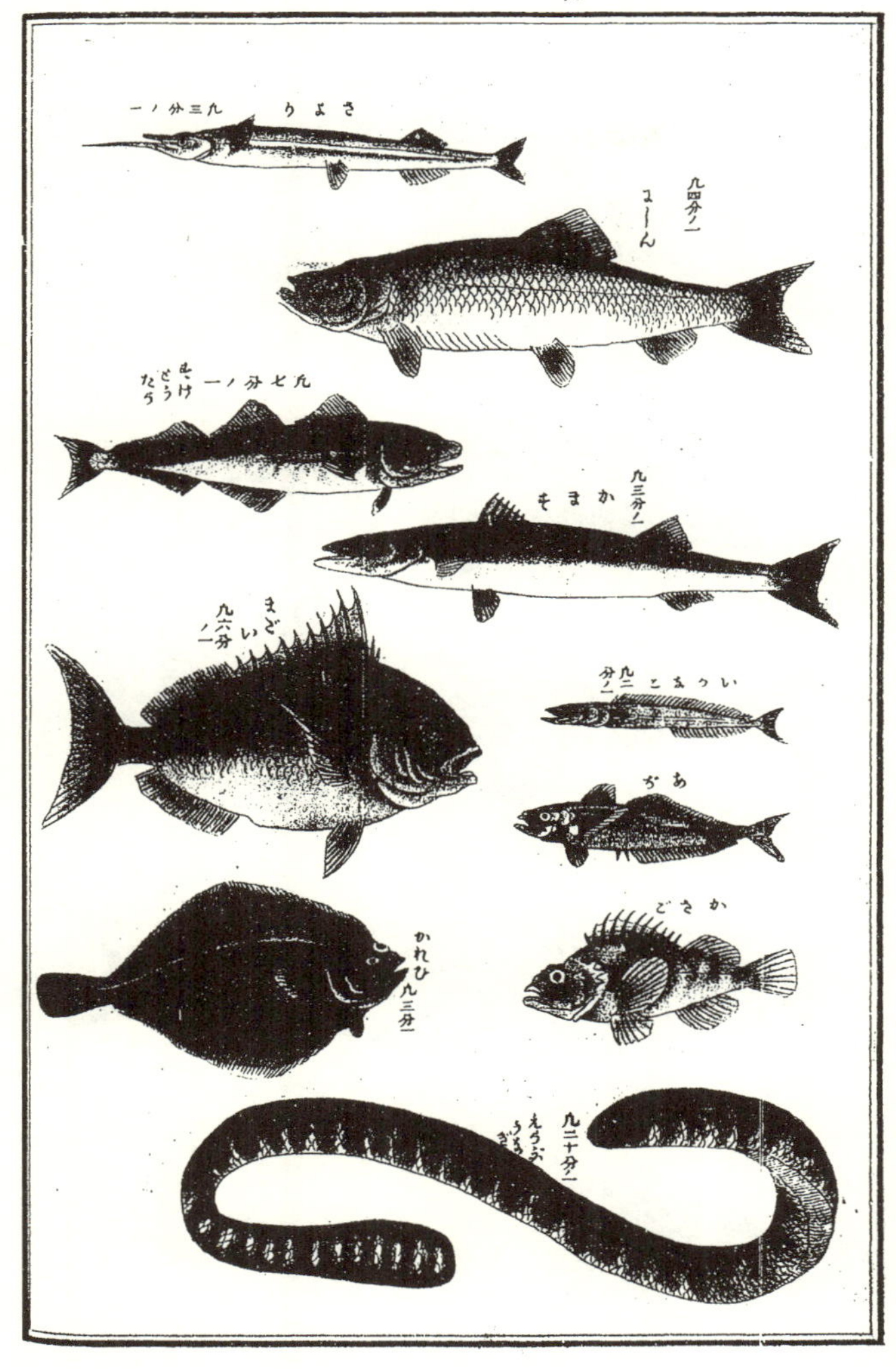
さより 九三分ノ一
にしん 九四分ノ一
すけとうたら 九七分ノ一
かます 九三分ノ一
まだい 九六分ノ一
いかなご 九二分ノ一
あぢ
かさご
かれひ 九三分ノ一
九二十分ノ一

またい 三分一
いもし 二分一
おほさば 三分一
にしん 二分一
しらす 自然形
くささん 一名しゆく 自然形

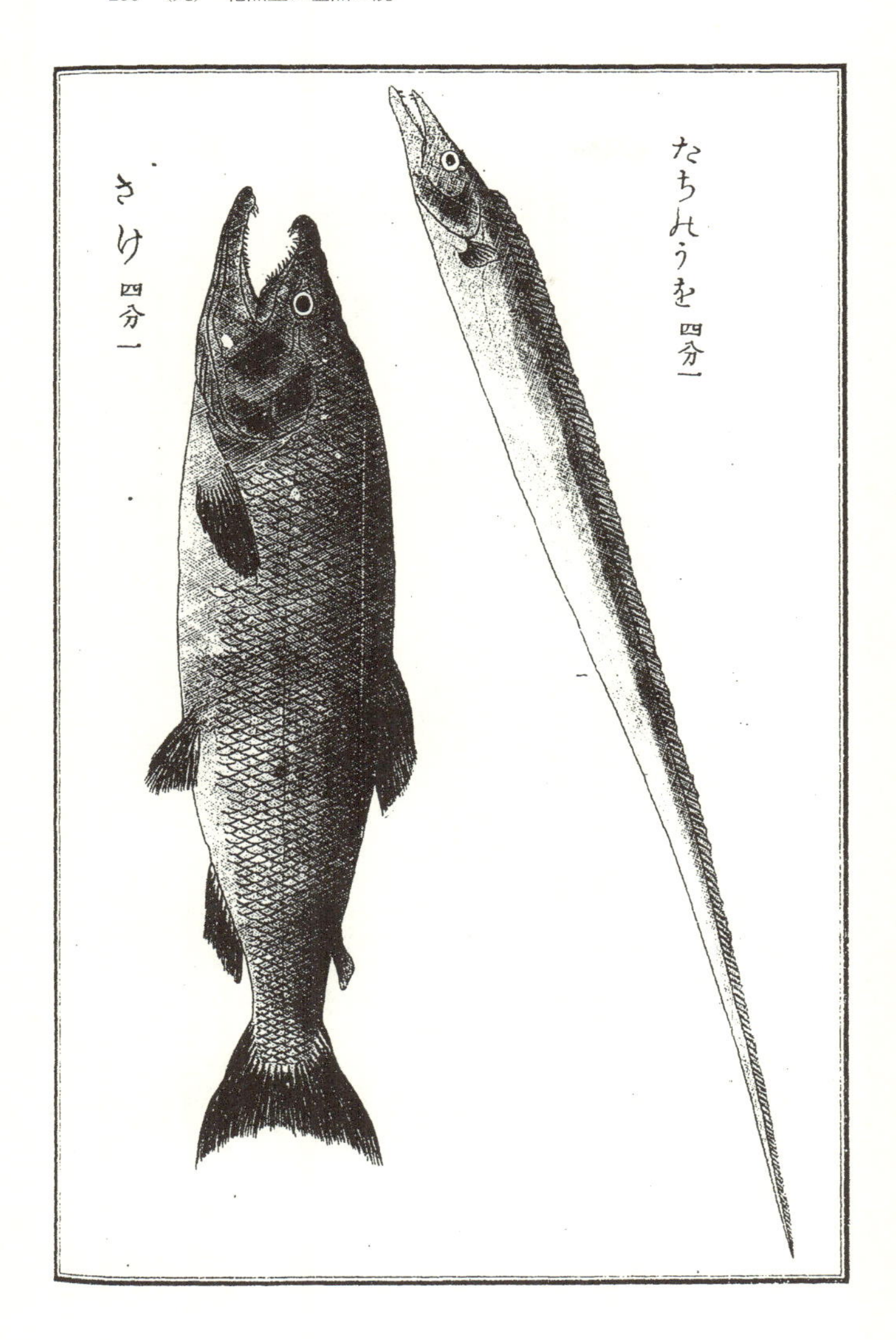
たちいうを 四分一
さけ 四分一

（十）　海藻の説

本邦の沿海に産する藻類は其数甚多しと雖ども、従来食料、薬料、糊料、肥料、等となして世の需用となしたるものは僅かに三、四十種に過ず。其中に於て現今海外に輸出するものは其数甚だ僅かなり。其中昆布は重要の位置を占め、石花菜は寒天の原料なるを以て此編に省き別に編次す。啻鶏冠菜、海蘿、紫菜の三種を説明すべし。

夫れ清国人の需用する海藻類は甚多く、本邦に産するものゝうちにも之に適するもの少からずと雖ども、彼我互に之を知るものなし。琉球角股の如きは麒菜と称して尤嗜好せり。此他組布、渓菜、蠣菜、虎栖菜、羊栖菜、線菜、索菜、縉菜、其外枚挙に暇あらず。而して又『支那貿易指導』にも海菜、石花菜、鹿角菜、の各種は群島海其他より輸入し、最も普通品は海菜を製出する所のものなりとありて、其需用は甚広し。我が水産経済家が海藻類の調査をなすは最も急務なりとす。

鶏冠藻　「とさかのり」

鶏冠藻は『和名鈔』に止里佐加乃里と訓じ、『本朝式』に鳥坂苔とし、又『延喜式』民部省の部に参河、伊勢、紀伊、石見等より貢献のことを載せ、古より「なます」となし、又煮て凝結せしめても食せり。

この藻は各地海中の石上に産すといへども品位差等あり。質厚く大きくして柔らかに紅色なるを上等とせり。

清国にては紅菜と称し四川地方五色菜の一にして、甚だこれを嗜好せり。而して本邦より輸出したるは已に古く、元禄、享保の頃長崎より輸出し、当時壱斤の価銀壱匁六分の高価なりしこと『華蛮交易治聞録』に載せ、清国人は之を煮凝たるを鶏血湯と称すといふ。

明治十七年一ヶ年の輸出高は九万五千七百六十四斤にして、此代価三千三百拾四円四拾銭なり。而して各地にて産すれども、をもに九州地方を最多しとせり。亦肥後国天草産は乾燥するとき砂の付たる儘にて荷作りして輸出せしが、五、六年前より清国人等腐敗を防ぐ為めにとて鶏冠菜百斤に食塩凡十斤を入たることを聞て、或人は誤解し、清国は塩に乏しき地なればかくせしなるべしとて多量の食塩に漬け置、輸出せしより大に価を落したることあり。

布苔

『和名抄』に海蘿を布乃里と訓じ、俗に布糊の字を用ふとあり。『延喜式』には鹿角菜を布乃里と訓じ、三河、尾張、伊勢、紀伊、阿波等より民部省に貢献せしことを載せたり。生海蘿は酢を和して食用となすべく、殊に晒して抄たるものは糊料として民間必用のものたり。近年清国に輸出するより為に高価となり、朝鮮より輸入することあり。朝鮮産は上等にて本邦薩摩産と位を同ふせり。海蘿の字は『本草綱目』に見へず。『雷公薬性解撰』に国辞暗糊とし、郭璞の説を引て海蘿は海中に生じ、乱髪の如く頗る蕈に類す。日に乾すの後色黄白とあり。又同書は鹿角菜を「つのまた」に充たり。『恰顔斎苔品』には海蘿を「ふのり」に、鹿角菜を「とさかのり」に充て、『本草綱目啓蒙』は鹿角菜を「ふのり」に充て、『和漢三才図絵』も又鹿角菜を「ふのり」に充て、且『本草綱目』の猴葵、『食経』の海蘿を別名とし、俗に布苔の二字を用ひたり。而して本邦通俗は海蘿を「ふのり」とす。又清国広東省瓊州府の海南に産する「ふのり」は清俗鹿角菜と称し、毎年五千斤を産し、百斤の価四両以上に販売すといふ。

一昨十七年本邦より清国に輸入せし海蘿の額は十四万七千三百六十八斤、此代価四千二百六拾壱円七拾銭余なり。

布苔は全国の沿海に産せざるなし。其普通品は清国産の鹿角菜に異なることなく、長大なるは長四、五寸ありて内部空虚なり。尋常生布苔は汁の身とし、又は酢に浸し食す。北陸産は清潔ならざれども、天鵞絨(びろうど)等を織るに欠(かく)べからざるものとす。此他紀伊、伊豆、安房等の産は品位中等なり。又九州地方に産するものは形状尋常のものに異なりて内部充実し、晒したるは鮮美にして煮て滓を余さず、絹物に用ふるに欠く可らざるものとす。朝鮮近海の産は細(こまか)にして一層良好なり。薩摩、大隅、琉球の産も佳なり。

紫菜「あまのり」

紫菜は『和名鈔』に一名石蕣、無良佐木乃里(むらさきのり)と訓じ、俗に紫苔の字を用ゆとし、又同書に『漢語抄』を引て神仙菜を阿末乃里(あまのり)と訓じ、俗に甘苔の字を用ふ。又崔禹錫が『食鏡〔経〕』に紫菜は状紫帛の如く石上に生ず、三、四種あり、紫色なるもの勝れりとすとあり。『本朝式』神祇部には紫菜を乃里と訓ず。『東鑑』には甘海苔の名ありといへども、近世は単に海苔と称す。而して『斉民要術』及び『花本志』等には紫菜は呉都海辺の諸山に生ずとあり。又李東璧〔東璧は李時珍の字〕の『本草綱目』には閩越海辺悉くこれあり、大葉にして薄く挼（もみ）て餅状とし曬（さら）し乾（かわか）す、石衣の属なりとす。『漳州府志』及び『閩書』には紫菜を取り、復（ふたた）び生ずるを大垢菜と名（なづ）くとあり。清俗亦紫菜と称し、丸形に漉き乾して販売せり。

紫菜は諸国海中の岩石に生じ、又柴朶（そだ）を立てゝ作るは武蔵、遠江、紀伊、安芸、上総、陸前、磐城等にして、武蔵の産は浅草海苔と称し殊に著名たり。其柴朶を立てゝ作るの法は秋の彼岸に立てゝ寒中より春の彼岸頃までに採収するものにて、寒中のものを殊に絶品とせり。武蔵品川海にては貞享年間牡蠣を養ふために立（たて）たる竹に海苔の着きたるより初（はじめ）しといふ。其方法は『日本製品図説』に詳らかなれば玆に略せり。

清国人の食用するものは丸形に厚く漉きたるものにて、近年五島等の産を輸出せるも未だ其額僅少なるは製方の彼に適せざるによれり。

産地によりて形色を異にし、或は色に濃淡あり、食して強（こわ）きあり、柔らかきあり、随て其名を異にせり。浅草海苔（東京）舞坂海苔（遠江）[34]広島海苔（安芸）鰭海苔（豊前）大島海苔（豊後）紫海苔（陸前羽後）鮭海苔（同上）紫苔（薩摩）剝海苔（日向那珂郡）城の崎海苔（但馬）和治海苔（三河）加多海苔（紀伊）大堀海苔（上総）磯海苔（安房）気仙海苔（陸前）海苔（若狭、因幡各地の称）黒海苔（越前）十六島（うっぷるい）海苔（出雲）等なり。此中浅草、舞坂、広島、大島、大堀、気仙、城の崎、加多、十六島等は地名なり。

海苔の需用は甚だ広きものにて、炙りて醤油をつけて酒肴となし、鮓に巻き汁の身となし、五もく鮓、蕎麦、豆腐等にふりかけ、其他数多の食法ありて年々其需用多きに至れり。

明治十八年全国に産する海苔の産額は三拾八万余円なれども、未だ各地自然生のものを採収せざる地方もあり。又麁朶を立て作るに適する場所は挙て算ふべからざる程の多きに居るものなれば、将来益増殖改良を図に於ては内国の需用は日に多きに至り。加るに丸形清国向を製し、内外の需用を拡張せしむるに於ては其利益の巨額に登るべきは信じて疑ざるなり。

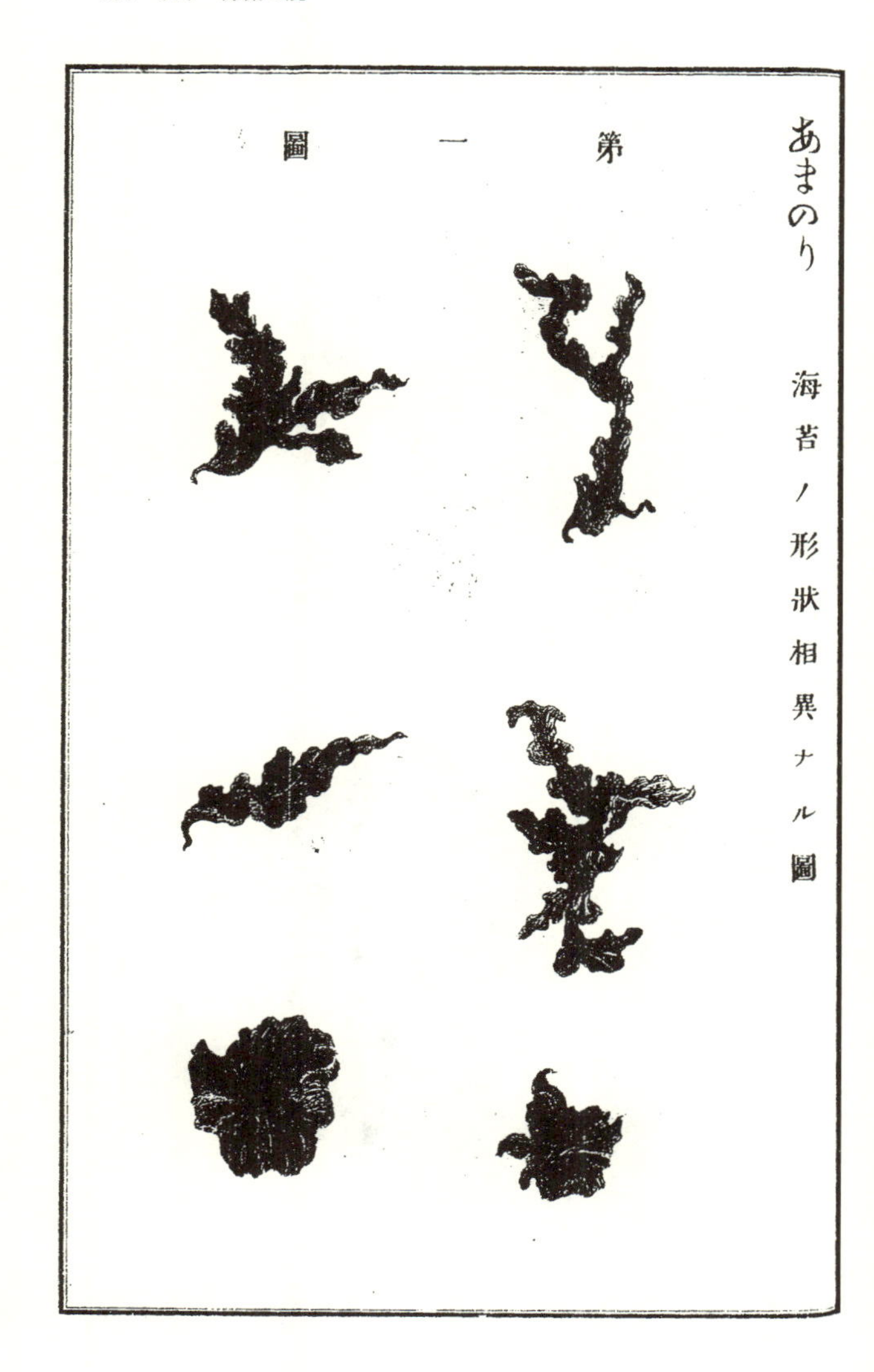
あまのり
海苔ノ形狀相異ナル圖
第一圖

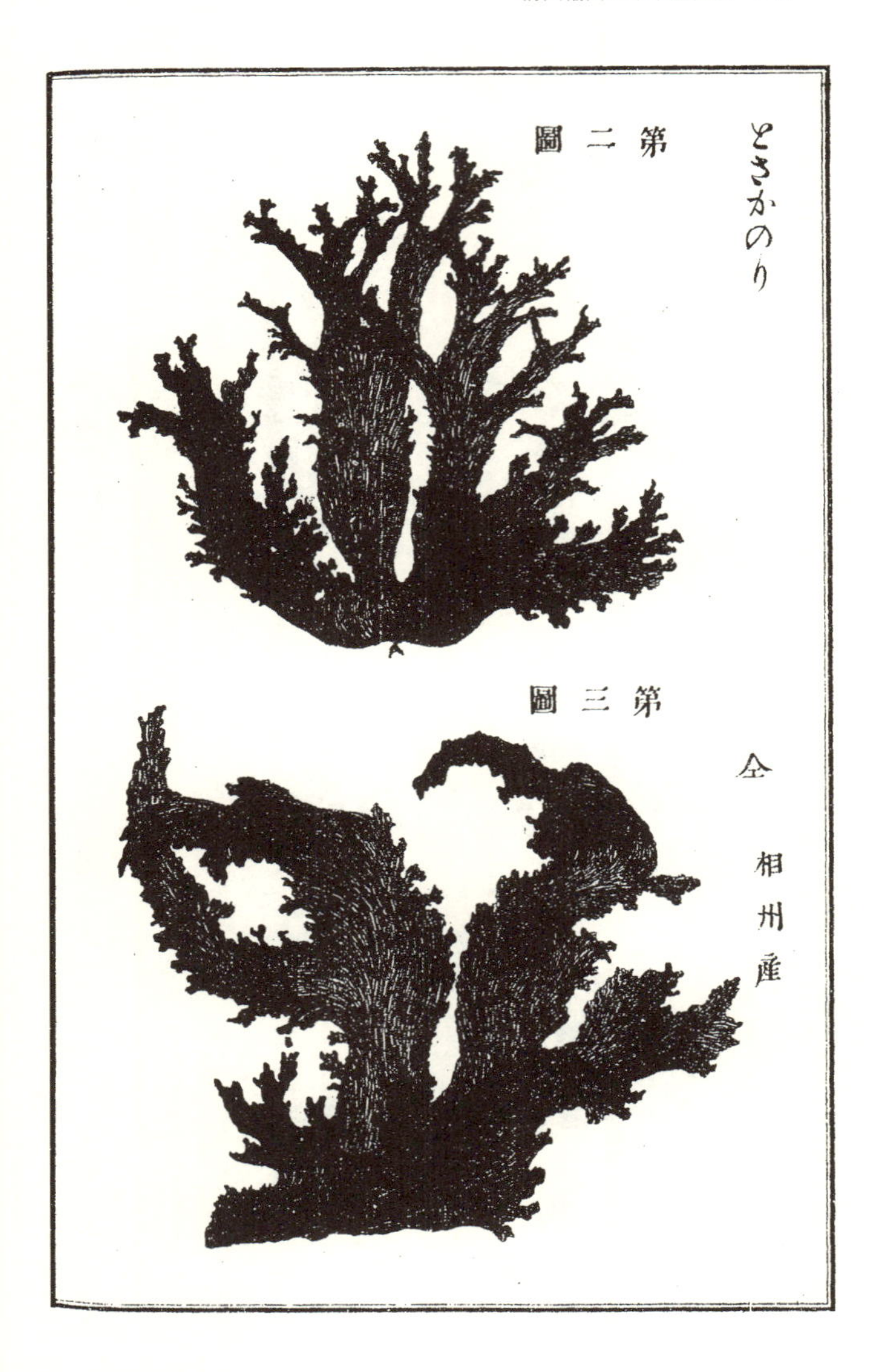
とさかのり
第二圖
第三圖
仝
相州産

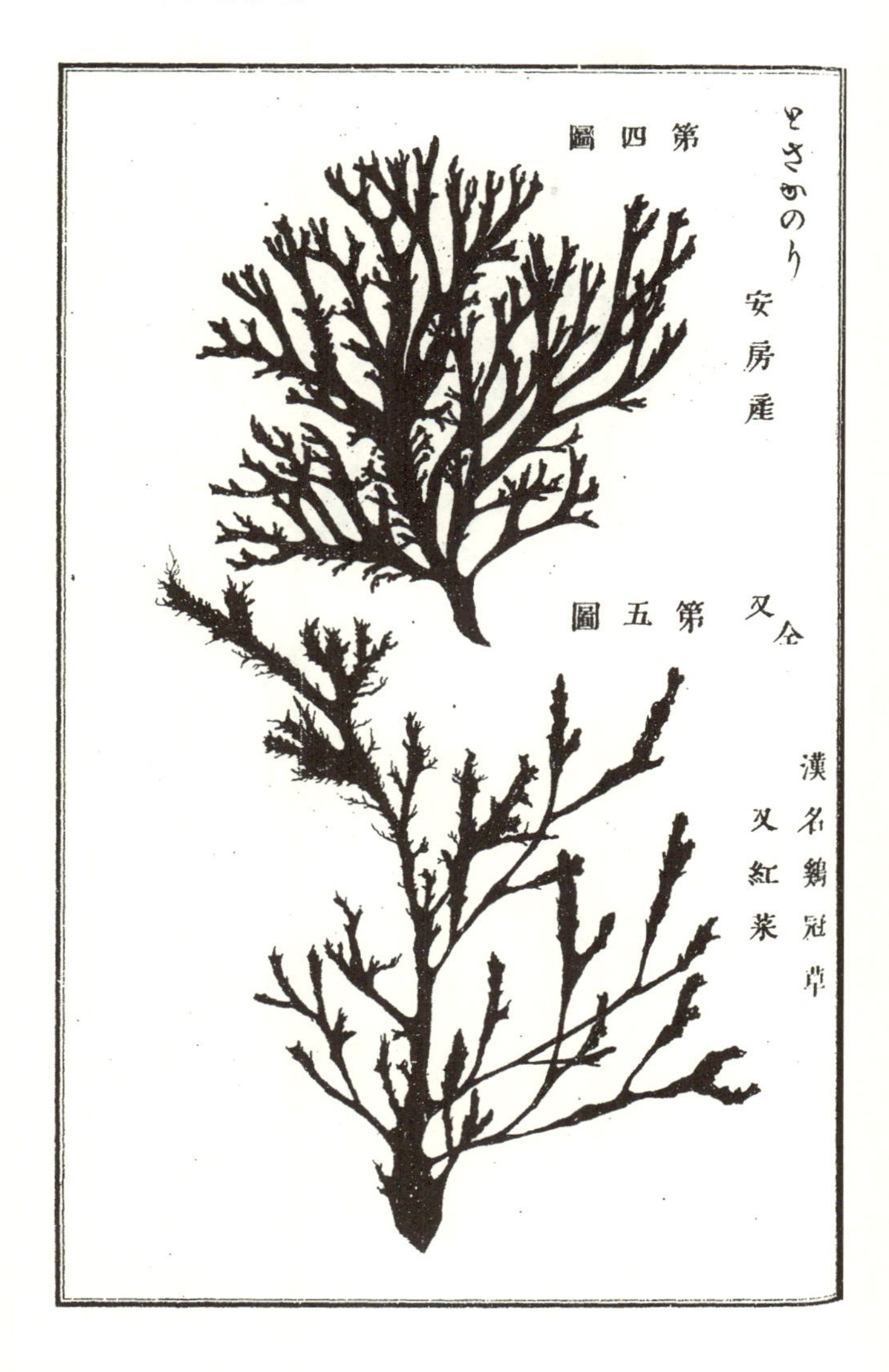
とさかのり　安房産
第四圖
又仝
第五圖
漢名鷄冠草
又紅菜

ふのり　陸中南閉伊郡産

第六圖

小ふのり　琉球産

第七圖

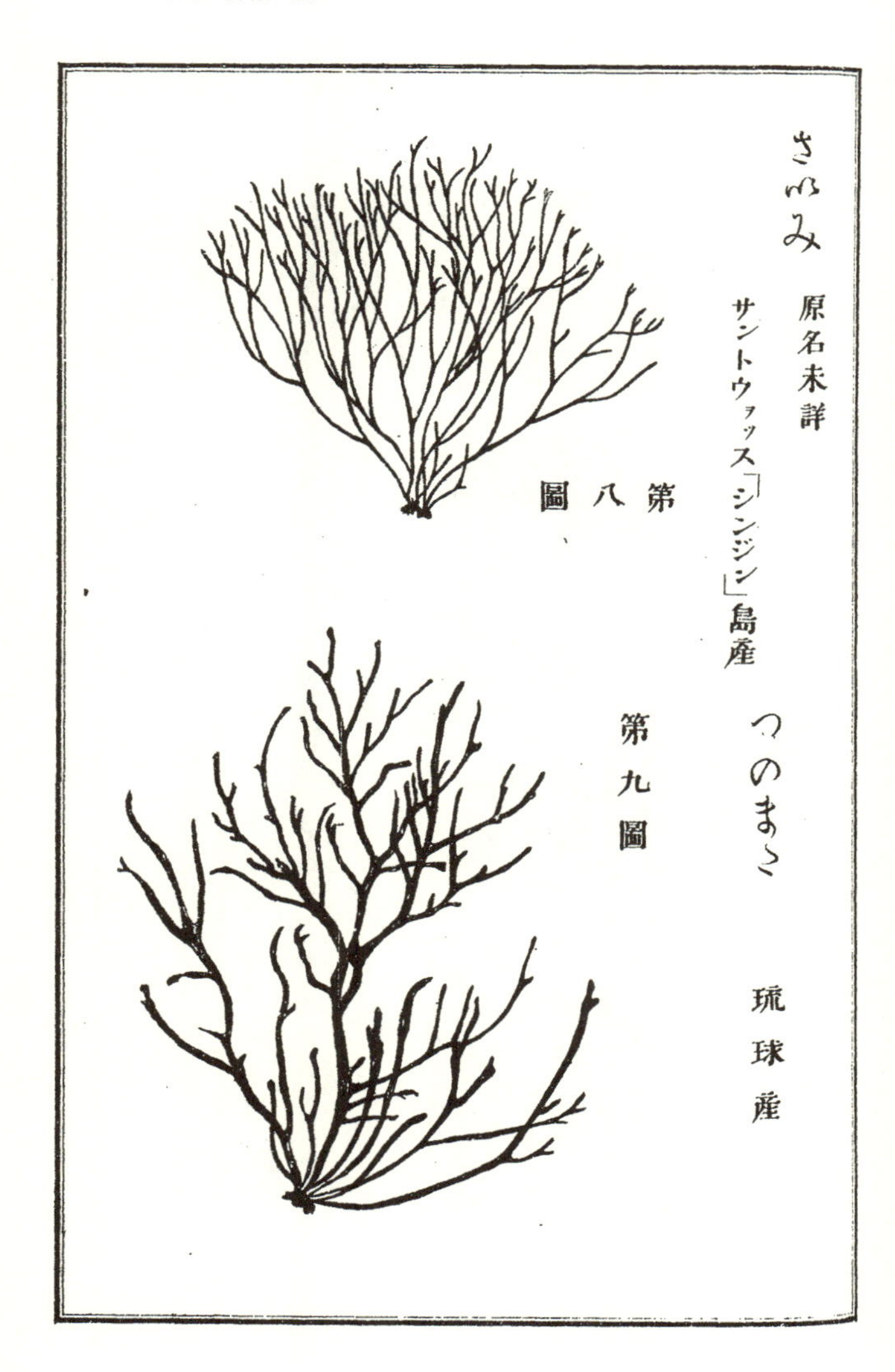
原名未詳
サントウヲッス「シンジン」島産
第八圖
つのまた
琉球産
第九圖

おほばつのまた
第十圖
むろかいさう
第十一圖

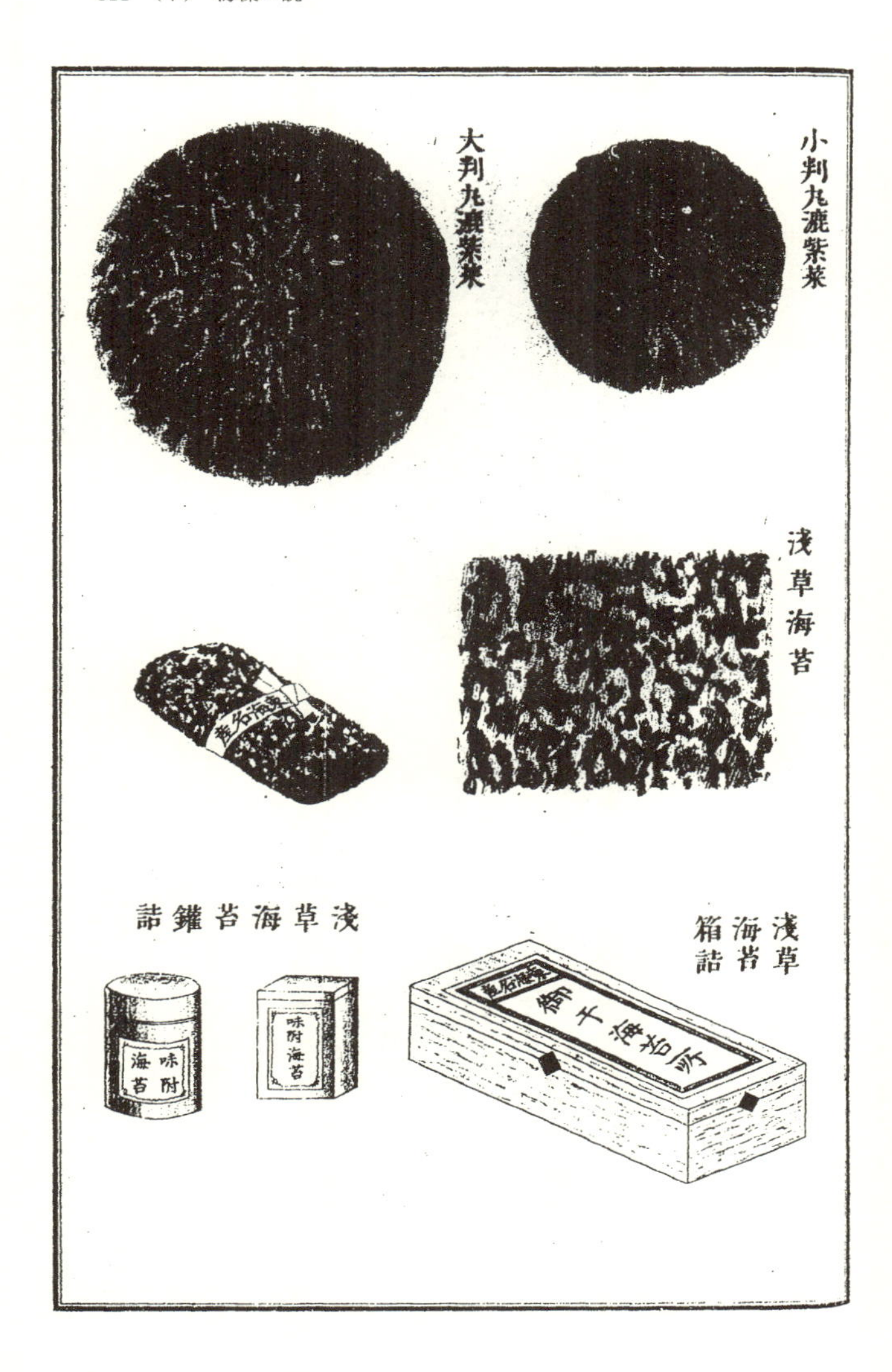

大判九漉紫菜
小判九漉紫菜
淺草海苔
淺草海苔鑵詰
味附海苔
味附海苔
淺草海苔箱詰
御干海苔

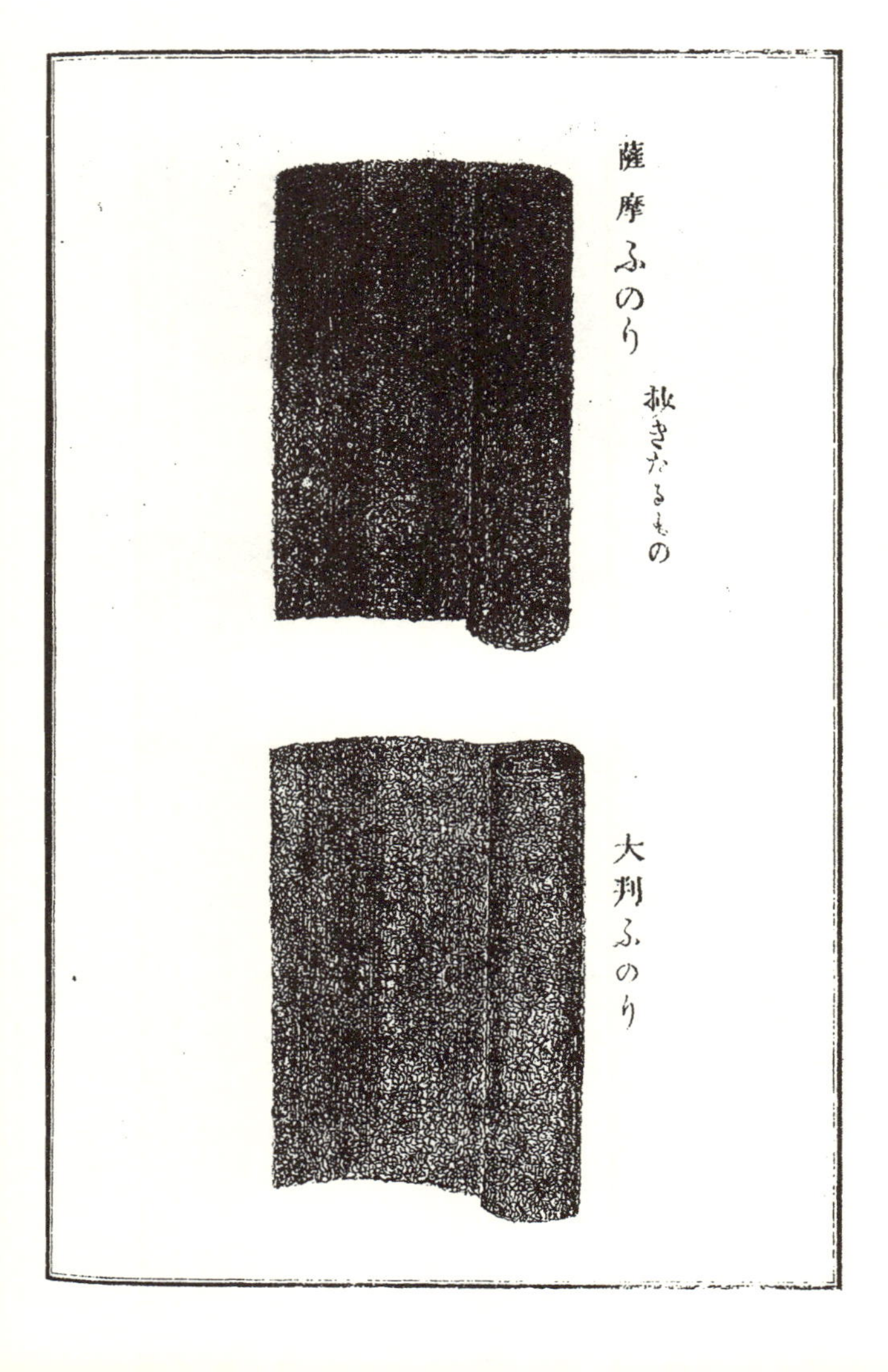
薩摩ふのり
拔きたるもの
大判ふのり

図版キャプション一覧

凡例

- 各説末尾の図に付せられたキャプションを対象に、一覧表を作成した。
- キャプションは、主として、名称、産地名、形態、説明の四つに分類して整理した。
- 図の数は、特定の物産に対応する図を数えて記した。なかには、物産の名称が記されていなかったり、名称と対応する図の関係が不明瞭な場合があるが、この際は、一つの図と数えた。
- 平仮名、片仮名交じり文は、固有名詞を除き、原則、平仮名に改めた。

一　鰑の説

	名称	産地名	図の数	形態	説明
剣先鰑各種の図	磨上々番鰑	豊後国北海部郡関村産	1	現品尾鰭より胴長り一尺三寸五分あり。	白く粉をしき透明する程の美色なり。
	磨剣先鰑	豊後国北海部郡保戸島の産	1	凡十分の一	皮をむき軟骨付。のしたるものなり。此ものも上番品となる品なり。
	一番大面五島鰑	肥前五島の産	1	現品肥長一尺一寸あり。	
	一番鰑	薩摩国出水郡波留村産	1	凡八分の一	
	白鰑	出雲島根郡三保産	1	凡八分の一	尾鰭を翻反したるもの。
	笹鰑	肥前唐津の産	1	凡五分の一	
	烏賊丸干	羽前国西田川郡温海村産	1	凡七分の一	剣先なり。

品名	産地	数	縮尺	備考
串烏賊	長門萩の産	1	凡七分の一	
鯣	出雲国島根郡野井浦の産	1	凡九分の一	
鯣	若狭国三方郡神浦産	1	凡八分の一	尾を翻反したるもの。
皮剝　剣先鯣	薩摩国出水郡波留村産	1	凡十分の一	剣先の皮をはね反したるもの。
やりいか鯣		1	凡八分の一	東京にて調製たるもの。
ぶといか	長門国豊浦郡宇賀村産	1	凡七分の一	
さばいか	長門萩産	1	凡七分の一	長崎にては剣先といふ。此所穴あり。
鯣	薩摩国甑島郡平良村	1	凡五分の一	
二番鯣各種の図				
二番鯣	対馬国産	1	凡七分の一	量廿五匁。
干烏賊	越中射水郡宇波村産	1	凡六分の一	
鯣	長門萩の産	1	凡七分の一	さかいかにて製。
佐渡冬鯣	佐渡物産会社より水産博覧会出品のもの。	1	凡六分の一	串穴あり。
亀甲鯣	越中丹生郡清水谷浦産	1	凡六分の一	
塩烏賊	長門阿武郡江崎の産	1	凡五分の一	さかいかの皮をむき切て乾たるものなり。
小烏賊煮干	長門豊浦郡二見浦の産	1	凡三分の一	
乾烏賊	紀伊国東牟婁郡三輪崎の産	1	凡六分の一	
佐渡鯣	佐渡物産会社出品	1	凡六分の一	此所をから〔苧殻〕にてはりたるもの。
鯣	陸奥国青森の産	1	凡五分の一	
鯣	後志国美国郡産	1	凡五分の一	一枚量十二匁。
鯣	伊勢国度会郡神崎浦の産	1	凡七分の一	
南部鯣	陸中国南部産	1	凡六分の一	十枚を一把とす。

図	名称	産地	数	縮尺	備考
	函館鯣	渡島国上磯郡函館産	1	凡五分の一	一枚量十三匁。
其の二図	相模冬鯣	相模足柄下郡福浦の産	1	凡六分の一	
	伊豆鯣	伊豆加茂郡の産	1	凡六分の一	
	秋烏賊	佐土国羽茂郡莚場村産	1	凡五分の一	二十枚を一把とす。是はすだれの上に並べ朝ものなり。
	鯣	隠岐国周吉郡今津産	1	凡七分の一	
	於多福鯣	越前丹生郡菜崎浦産	1	凡六分の一	
	赤鯣	長門阿武郡須佐村	1	凡八分の一	又ゐきれいか
	相模秋鯣	相摸足柄下郡の産	1	凡六分の一	
	ごとう鯣	能登国鳳至郡宇津村産	1	凡六分の一	
	鯣	陸奥国上北郡泊村産	1	凡五分の一	此ものは脚二本を欠く。是脚をしをからになすと云ふ。東津軽郡には五本をかくものあり。
	赤烏賊鯣	長門阿武郡木与村産	1	凡五分の一	猿いか丸子なり。
	鯣	伯耆国八橋郡赤崎の産	1		量二十一匁。
	干烏賊	越中国新川郡滑川産	1	凡六分の一	
	佐渡夏鯣		1	凡五分の一	
甲付鯣各種の図	烏賊	豊前国京都郡苅田村産	1	凡六分の一	目方百二十一匁。是は大烏賊又方言きつきやういかと云ふ。
	乾烏賊	豊前上毛郡小祝村産	1	凡八分の一	海螵蛸（注35）付の侭開き乾となすもの。
	甲烏賊	薩摩国川辺郡の産	1	凡七分の一	甲付の侭は〔ほ〕すものなり。此ものは生鮮の時こぶしのといふ。
	甲烏賊	日向国臼杵郡細島産	1	凡九分の一	裏面なり。
	沖乾烏賊	周防国熊毛郡室津の産	1	凡九分の一	

	一丁烏賊	長門国原〔厚〕狭郡埴生村産	1	凡六分の一	孔。六十一匁なり。此ものは甲を去り開き乾たるものなり。
	乾烏賊	肥後国宇土郡松合村	1		松田又平より十六年水産博覧会に出品のもの。
	乾烏賊	長門国産	1	凡六分の一	
其の二図	乾烏賊	周防国熊毛郡室津産		凡七分の一	此もの生鮮の時は色桔梗花の如し。因て方言桔梗と云ふ。四月より五月まで捕獲す。明治五年始支那に輸出す。其名を番外と云ふ。
	〔記載なし〕		1		
	塩乾烏賊	三河国幡豆郡宮崎村の産	1	凡七分の一	量二十六匁。甲付の侭裏を竹にてひらきはる。
	乾烏賊	長門国企赤郡柄田村産	1	凡七分の一	此量百五十一匁。甲付の侭開乾としたるものなり。
	墨魚	清国産	1		
	烏賊乾紐	長門国厚狭郡埴生村	4		
	乾烏賊	肥後天草郡大多尾村産	1	凡六分の一	此量二十四匁。海螵蛸付侭乾すもの。
	甲付乾烏賊		1	凡五分の一	
	乾烏賊	肥後天草郡大島子村の産	1		此は東京にて試製るもの。此ものは海螵蛸を去り串をはり吊り乾すもの。
水鰑各種の図	袋烏賊	丹後国与謝郡産	1	凡九分の一	
	鰑	肥後国天草郡産	1	凡六分の一	
	乾水烏賊	周防国佐波郡野島産	1	凡七分の一	□〔表カ〕は竹を以てはりたるもの。
	乾烏賊	紀伊国尾鷲の産	1	凡五分の一	
	水鰑	肥前国東松浦郡唐津外津村の産	1	凡十分の一	花枝の内鰭を背皮と共に剝き反すもの。

図	名称	産地	数	縮尺	備考
	鰑	和泉国界の産	1	凡八分の一	
	鰑	阿波国海部郡牟岐浦産	1	凡八分の一	
	乾烏賊	長門国産	1	凡六分の一	
	藻烏賊	豊後国北海部郡保戸島産	1		
	乾烏賊	薩摩国阿多郡中原村産	1	凡九分〔の一〕	大なるは量四十匁。水烏賊の背より割り乾するものなれば脚一方へ倚る。或は左に或は右によるもあり。
其の二図	水烏賊乾	薩摩国川辺郡枕崎村の産	1		百四拾目。数五枚を一把とす。
	鰑	肥前国東松山〔浦〕郡平戸村産	1		水烏賊開乾。量六拾八匁。
		薩摩国川辺郡秋月産	1	凡十分の一	藁にて上を吊るもの。量縄共に四十六匁あり。
	水烏賊鰑	長門国阿武郡萩浜崎村産	1	凡十分の一	現品九十四匁の量あり。
	乾烏賊	長門国豊浦郡神田下村の産	1		水いかの開乾にして皮を剝き反翻すもの。支那輸出の名丸形鰑と云ふ。但軟骨を去るもの。
	水烏賊	対馬国下県郡桟原村産	1	凡六分の一	
烏賊柔魚各種之図*	やりいか		2	凡五分の一	／軟骨。一名しゃくはちいか。
	ことういか		2	凡五分の一	／軟骨。一名すんどいか。
	ばしやういか		1	凡三十分の一	
	まするめいか		2	凡十分の一	／軟骨
	つゝいか		2	凡六分の一	／軟骨
	しやくはちいか	東京	2	凡六分の一	／軟骨
	すぢいか		2	凡三分の一	／軟骨
	ひいか		3	凡三分の一	雄／雌／軟骨

其の二				
あふりいか		2	凡十分の一	／軟骨。又名水烏賊。又藻烏賊。
みゝいか		1	凡二分の一	
しゝいか		2	凡三分の一	／海鰾蛸内面
すじいか		2	凡三分の一	／海鰾蛸内面
まいか		2	凡六分の一	／海鰾蛸内面
しりやけいか		2		／海鰾蛸内面
ほしいか		2		／海鰾蛸内面
はりいか		2		／海鰾蛸内面

＊縮写減数は体長直径を以てす。以下倣之。

二　昆布の説

名称	産地名	図の数	形態	説明
長切昆布	根室産	1		俗に板昆布と云。原藻の長さ一丈許より最長きは三丈五、六尺に至る。幅三、四寸許の葉は花折元揃ひの類に比すれば薄し。北海道昆布中最多く産収するものとす。一束の量目八貫目より十貫目とす。茎根五、六寸を切捨、長さ四尺二寸に切断し図の如く結束す。概ね葉の薄きものは多く上海へ輸送す。
仝	日高産	1		
駄昆布		1		原質其他胴結昆布に同じ。但結束異にして図の如く長さ三尺二、三寸許に断じて結束す。
胴結昆布		1		一名だきりこぶ。原藻長さ一丈五尺より二丈余に至る。幅二、三寸許。結束は図の如くにして長さ四尺、量目八貫目。

				採収季節は七月中旬より九月下旬定とす。大坂及び北越へ輸送す。　大坂にては刻昆布に用ひ北越にては鯡巻等の雑食に供す。
猫足昆布		1		原藻の茎根猫足の形を為す。長さ六、七尺、幅三寸許にして葉厚し。夏土用明より採収す。結束は長切昆布に同じ。多く大坂輸送し細工昆布其他の食用に供す。
塩干昆布		1		原藻の長さ七尺より一丈許、幅二、三寸。図の如く結束して一束の量目四貫目となす。葉厚くして五月中旬より八月中に採収するものとす。多く大坂へ輸送し刻昆布等に用ふ。
若生昆布		1		
元揃昆布		1		原藻の長さ五尺より六、七尺許、幅二、三寸より五、六寸許。図の如く三処を結束し三十五、六枚より四十枚を一把となし、其量目二貫目にして二千把を以て百石となす。専ら大坂へ輸送し細工昆布等に製す。
掉前昆布		1		原藻の長さ三尺四、五寸、幅三寸許にして葉少しく薄く長切昆布の熱〔熟カ〕せざるものなり。図の如く手操にして結束し一束の量目四貫目とす。多く北越に輸送す。
細布		1		原藻の長三尺許、幅二寸許にして葉薄し。図の如く結束し四貫目を以て一束とす。酒田庄内等に輸送し食用に供す。又東京に於て刻昆布にも製す。
新製折昆布	根室国花咲村	1		
菓子昆布		1		
鼻折昆布	渡島産	1		原藻の長さ五尺より六尺許、幅五寸より三寸許。図の如く結束し一把の量目八百目とす。多く大坂に輸送し出し昆布其他食用に供す。

小鼻折昆布	渡島国	1		
三厩昆布		1	五分の一	
島田折昆布		1		原藻の長さ七、八尺より一丈許、幅四、五寸より七、八寸にして花折に比すれば葉少しく薄し。採収季節は花折等に同じ。図の如く結束し一把の量目一貫目とす。多く東京に輸送す。
折昆布	渡島国産	1		結束図の如くにして其他鼻折に同じ。
小花折昆布	陸奥上北郡泊村産	1		
天塩昆布		1		
青板昆布		1		大坂［　］製す。大版小版あり。大版は二枚並べにて二百枚を以て壱把と［　　］小版は［　　　］〔百枚をもって〕て壱把とす。長壱尺五寸、量目二百六、七十目なり。
とろゝ昆布		1		原藻の長さ五尺より六尺許、幅三、四寸にして葉薄し。採収季節は夏土用中とす。乾燥して図の如く組み食用に供するにも、一寸許に小細切し水に浸せば粘汁を生じとろゝの如くなる。
刻昆布		1		
刻昆布		1		内国用。
仝		1		清国向。此箱必らずあり。入に作るべし。且つ丈夫にせざれば上海等に至らざるうちに頗損し為めに損毛を来せり。
三石昆布	日高国三ツ石郡三ツ石産	1		
	日高国浦河産	1		
	日高国様似産	1		

	日高国幌泉郡幌泉村産	1		
	日高国新冠郡新冠村	1		
	日高国静内産	1		
長昆布	根室国花咲郡花咲産	1		上等。
	釧路国釧路郡釧路村産	1		
	釧路国厚岸郡厚岸村産	1		
	十勝国広尾郡広尾村産	1		
	千島国国後郡国後村産	1		
	釧路国白糠郡白糠村産	1		
	十勝国十勝郡十勝村産	1		
	璃瑠蘭産	1		
大間昆布	青森県下陸奥国下北郡大間村産	1		長五、六尺、乾品にて幅広きところ六、七寸、浅緑色にして両縁淡黄色にして三厩昆布に似たり。質厚くして味頗る佳なり。故に煮出し又削りて、「をぼろ」「とろゝ」「はつゆき」等の細工昆布となすによろし。
本昆布		2		

本昆布	函館近傍の産	1		幅ひろきもの。乾品にて幅広きところ一尺四、五寸あり。長さ二丈余に至り、一石に四、五本も生ずるあり。末の細きところの幅は二、三寸なり。
本昆布		1		松前昆布。
三厩昆布		1		
厚昆布	陸前国本吉郡階上村最知浜産	1		
昆布	陸前宮城郡七浜産	1		
細布	陸前産	1		ほそめ一に「ぼんめ」「又じやうめ」と云。ぼんめに二あり。「大須ぼんめ」「はなぶちぼんめ」なり。大須は厚く長五尺余。「はなぶち」は較厚くし広し。此ものは年三度採収す。
宮古昆布		1		小本昆布等。
黒昆布	天塩国産	1		
ほそめ	青森県下下北郡尻屋村産	1		一名ぼんめ。此ものは七月頃多く採収し中元仏壇の飾に用ふ。長さ五尺許。色暗緑色にして淡く較々茶色を交ゆ。質甚薄く魚類等を巻き食たるを常とす。
小本昆布		1		
めのこ		1		宮古、大槌、小槌、等にて乾して臼にて搗き砕き糁〔糝カ〕米に混じ炊き食ふなり。
はかたこんぶ		1		
縮み昆布		1		一名とろゝこぶ一種。
かもめこぶ		1		
とろゝ昆布		1		
猫足昆布		1		

名称	産地名	図の数	形態	説明
鬼昆布		1		
厚岸柄長昆布		1		
桂昆布		1		がつからこぶといふ。

三　煎海鼠の説

煎海鼠の図　第一

名称	産地名	図の数	形態	説明
刺参	胆振国室蘭郡産	2	背／腹	
海参	福岡県志摩郡船越村産	1	二分の一	
上等　海参	福岡県志摩郡船越村産	2	八分〔断面図〕／二分の一	目方七匁四分、長さ三寸五分。
光参ノ一種　金海鼠（きんこ）	宮城県下産	2	背／腹。二分の一。同。	
十番	北海道産	1	凡二分の一	
同	諸国産	1	凡二分の一	
九番		1	凡二分の一	
八番		1	凡二分の一	
七番		1	二分の一	
小七番		1	二分の一	
六番		1	二分の一	
五番		1	凡二分の一	
四番		1	二分の一	
三番		1	二分の一	

二番		1	二分の一	
二番		1	二分の一	
一番		1	二分の一	
無番		1		疵付。
同		1		よれこ。
其二				
わらこ		1	二分の一	串に貫きたるもの。
春時海参　第一	岩手県	1		
春時海参　第二	宮城県	1		
秋時海参	宮城県	1		
藤海鼠（ふじこ）		1	二分の一	ふぢに通じたる名。
	三重県伊勢国度会郡土路西条村	1		一個量七匁五分より八匁五分迄。内国博覧会出品（注36）。
	志摩神明浦村産	1		一個十二匁。一斤に付数百六。第二内国博覧会出品。
白海参	山口県熊毛郡	1		一にふぢことい ふ。
フジコ	九州産	1	三分の一	即白海参也。
	神奈川県武蔵国橘柯郡産	1		
ふじこ		1		
	山口県木崎村産	1		
	山口県伊上村産	1		
	安芸国佐伯郡大野村産	1		一個八匁五分。
	安芸国豊田郡大野村産	1		一個十匁。
	安芸国佐伯郡廿日市村産	1		一個量七匁。

区分	名称	産地	数	備考	記事
		安芸国佐伯郡小方村	1		一個量四匁。
		志摩国英虞郡布施村産	1		
		周防国櫛浜村産	1		一個九匁。
		周防国熊毛郡佐賀村産	1		一個量十匁。
		周防国室木村産	1		
		周防国都濃郡福川村	1		一個量十匁。
		周防国大島郡外入村	1		一個量十五匁。
		伊豆国加茂郡網代村産	1		
其三		陸奥国東津軽郡小湊村産	1		二匁より十五匁取交□。
		陸奥国西津軽郡鰺ヶ沢村産	1		
		伊勢木谷村産	1		
	イリコ	長崎県産	1		
		広島県賀茂郡産	2		
		讃岐国大内郡引田村産	1		
		隠岐国和〔知〕夫郡産	1		
		天比国増毛郡増毛村産	1		
		渡島国茅部郡砂原村産	1		一個量六匁。
		肥前国産	2		／切断したるもの。
		後志国岩内郡三島町産	1		
		三重県甲賀村産	1		
		山口県大島郡産	2	背／腹	
		筑前国産	1		

		出雲国島根産	1		
		青森県川内村産	1		
		福良海村産	1		
	串海鼠（くしこ）		1		
	熨斗海鼠（のしこ）		1		
		北海道産	1		
其四	光参		2	表／裏。三分の一	琉球産にして海参の最上なるもの。
		琉球産	2	表／裏。二分の一	ヒラカターニミハイ。
		琉球産	2	表／裏。四分の一	長大なると称するものなり。
		琉球産	1	五分の一。丸形	
	白ウサフ	沖縄〔県〕下産	3	表／裏／正面	
	シビー	沖縄県下産	3	凡四分の一。表／裏／正面	
	ゾーリゲタ	沖縄県下産	3	凡四分の一。表／裏／正面	
	カズマル	沖縄県産	3	凡一四分の一。表／裏／正面	
其五	チリメンイリコ	沖縄県八重山島産	3	表／裏／正面	
	シナフヤー	沖縄県下琉球国頭（くんじゃん）産	3	表／裏／正面	

黒ウサ	沖縄県下産	2	表／裏	
メーハヤー	沖縄県琉球国頭産	3	表／裏／側面	
羽地イリコ	沖縄県下琉球国頭産	3	表／裏／正面	
ナンフ	沖縄県下産	2	表／裏	
生海鼠の図				
まなまこ		1		
とらなまこ		1	凡十分一	
あかなまこ		1	凡六分一	
いそなまこ		1	凡十分一	
独乙国動物学教授セレンカ氏（注37）試験　生殖器の図		5	〔一〕～五	
其二				
琉球やへやまなまこ		1	凡十分一	一にちりめんといふ。
同はねぢなまこ		1		
同まるなまこ		1	凡五分一	
琉球慶良間（けらま）島産		1	凡六分一	
きんこ		2	凡三分一。半形。背／腹	
をきなまこ		1		此ものは中国にてふぢといふ。

四　乾鮑の説

名称	産地名	図の数	形態	説明
明鮑	安房国	1		上品。またかひにて製するもの。

白乾	陸中産	1		
灰鮑	北海道渡島国産	2		
明鮑　三番		1		
白乾一番鮑		1		
一番鮑		1		
二番鮑		1		
無番鮑		1		
〔記載なし〕		1		
〔記載なし〕		1		
古代製法　薄鮑		2		
熨斗鮑	伊勢産	1		
灰鮑	後志国産	1		
	天塩国増毛郡産	1		
串鮑	隠岐国産	2	表／裏	
明鮑	上総国夷隅郡久保村産	2	／側面	
虫入鮑		1		
ちきれ干鮑		1		
	陸奥国東津軽郡宇鉄村産	1		
	羽前国鮑〔飽〕海郡飛島産	2		
古代放耳（みゝはな□）鮑		1		
古代つゞきあはび		1		
	北海道産の中形状	3		

	紀伊国産	1		よろしきもの。
	肥後国産	2	表／裏	
	越後産	1		
	志摩産	1		
灰鮑	渡島国津軽郡浅草村産	3	表／裏／側	
	薩摩産	1		
	壱岐産	1		
	肥前産	2	／側面	
	対州産	1		
塩入製	陸中産	1		
	同国産	1		
とこぶし薄		1		
	佐渡産	1		片試製。
		1		薄方試製。
	磐城国菊田郡関田村産	3	裏面／表面／側面	
	常陸産	2	裏／表	
	越中産	2		
	陸中産	1		
	薩摩国諸県郡夏井村産	2	裏／表	
	志摩国産	1		
〔記載なし〕		1		
	陸奥産	2		

	肥前平戸産	1		
	磐城国産	1		
	北海道産	2		
石決明　またかひ	安房国産	3	内面／外面／側面	
くろかひ	安房国産	3	内面／外面／側面	
めかひ		3	内面／外面／（側面）	
くろかひ		1	肉着内面	
とこぶし	相摸国産	2		此ものは清国向薄片鮑を製するによろし。
みみかひ	琉球慶良間島産	2		此みみかひは清国向の薄片鮑に製するによろし。
	薩摩国	1		
	豊後北海部関村産	1		
	肥前国北松浦郡平村海産	1		
	壱岐国石田郡渡良村産	1		
	対馬国産	1		
	隠岐国産	1		
	和泉	1		
	志摩国	1		
	伊勢国産	1		
	常陸国	1		
めかい	磐城国十名浜村産	1		

	越後国岩船郡粟〔栗〕生島産	1		

五　鱶鰭の説

名称	産地名	図の数	図の形態	説明
尾長ぶか		1		一名をなかさめ。
けんさめ	大隅	1		「けんのくり」
もろふか		1		もろさめ。大なるもの三、四尺。色黒く口小さく歯細く耳あり。此ふか害をなさず。従来胆□〔疳カ〕目病に用ふ。
しゆもく		1		西国にて「ねんぶつふか」といふ。土佐にて「かせふく」といふ。長凡壱丈余に至る。
つのふか		1		一名つのざめ。
ほしふか		1		一名ほしさめ。
をにうちふか	九州大隅	1	凡長二尺	「をにうちふか」
へらさめ		1		
あをふか		1		長凡壱丈、大なるは二、三丈に至り。一に荒ふかといふ。歯なし。人をとりくらふ。
かはささめ		1		
ほねなしふか		1	長凡五、六尺。	一にわにふか。大なる物二丈。子のうちは二、三尺にして白目鱣といふ。肉味美にしてふか中の上品とす。

めしろさめ		1		
まめしろ	大隅	1	長凡七、八寸	「まのくり」
ヨシキリザメ		1		
シロザメ		2		一名シロフカ。
鼠ふか		1	背鰭	
ふか		1	鼠尾鰭	
めじろ		2	胸鰭左／胸鰭右	
青ふか		2	胸鰭／尾鰭	
目白鮫四枚揃		4	胸鰭／同上／同背鰭／同尾鰭。	目白さめ鰭。ひらかしらといふ。
五物揃の鰭		5	腹左右鰭一／はら鰭／左右胸鰭二の一／二の背鰭一枚／一の背鰭一枚。	……印より肉付を能く切捨て乾すべし。此肉を捨てざれば□食となりて大に品位を落せり。
よしさめ四枚一揃	〔長崎〕	4	よしざめ五枚の一脊鰭、一尺二寸・五寸／よしざめ五枚の一尾鰭／よしさめ五枚の一、胸鰭二の一、八寸・四寸／よしざめ五枚の一、胸鰭二の一、八寸二分。	長崎の名「いちやう」。よしさめ五枚は長崎広業商会支店より十六年水産博覧会出品なり。但一枚を欠く。
尾長鰭二枚	〔筑前〕	2	脊鰭／胸鰭壱尺三寸・六寸	十六年水産博覧会筑前福岡　伊崎浦村田治六出品。
鯊鰭四枚揃	〔東京〕	3	背鰭四枚の一／胸鰭二枚・四枚の一、壱枚を略す／尾鰭四枚の一、背骨の際より切放ちたる切口。此壱鰭は尾の下部にある分岐にして背骨の末尾ある真の尾と切放つなり。	明治十六年水産博覧会へ東京小田原町林清吉出品。

白鱶鰭	長門国厚狭郡埴〔埴生カ〕村	2		此品は淡白色にして銀鰭なれども、普通の品と異り推〔椎〕骨両尾尖り中央に出づ。
	肥前国北松浦郡小値賀海産	4	尾鰭壱尺三寸五分・八寸・表面灰色なり／背鰭／胸鰭二枚の一／同二枚の一。	明治十六年水産博覧会の時尾野栄太郎出品。
やじふか	肥前国東松浦郡呼子産	4	尾鰭一枚一尺四寸／尾鰭の切らざるもの壱尺六寸・壱尺三寸五分／背鰭一枚九寸五分・六寸五分／胸鰭二枚の一、六寸・壱尺壱寸五分	一名そこふか。上等品。
いてう	対馬国産	5	尾鰭百六十目壱斤価五十五銭、長壱尺壱寸・八寸／仝胸鰭二の一仝形七寸・四寸五分／仝背鰭淡黒色の者／仝胸鰭二の一表七寸／ぎんひれ・きんひれ。	
あおふか		3	〔背側・尾側から〕三号、弐号。〔腹側・尾側から〕四号、壱号、三号、壱号、二号／甲、毎尾込み、日本産、百斤五十両、肉骨を去る／乙、毎尾込、百斤三十四両、肉骨付。	此甲乙二鰭は精粗を示すものにて甲図は肉付を切棄たるもの、乙図は肉付を着けたるものなり。価格の騰貴を望まば、必ず肉付を切棄るをよろしとす。鱶鰭　毎尾分にて拾斤と見る内訳。第一号弐斤　毎斤代四匁五分。第二号五斤　仝三匁。第三号　壱斤　仝弐匁。第四号弐斤　仝壱匁五分。　合毎百斤代二十九両　但毎尾分は銀弐両九匁の割。

つまくろふか 四枚揃鰭	肥前国平戸産	4	鯊鰭つまくろふか背鰭／つまくろふか尾鰭・壱尺壱寸・背骨末・二尺壱寸／つまくろふか胸鰭左・一尺・中央五寸二分／つまくろふか胸鰭右・一尺	明治十六年水産博覧会の時、広業商会出品。
青ふか背鰭		1		二個青

六　寒天の説

名称	産地名	図の数	形態	説明
角寒天		2		一名かくてん。
細寒天		2		一名ふさかんてん。
石花菜（てんくさ）。あらつち。	志摩産	1		
石花菜。なかまるすぢ。	伊豆産	1		
石花菜（ところてんくさ）。大ぶさ。	安房産	1		
石花菜。大むらさき。	肥前国東彼杵郡早岐村瀬戸産	1		
石花菜。うばくさ。	房州産	1		
仝。ひらくさ。		1		
ゐごくさ	越前産	1		

七　乾鰕の説

名称	産地名	図の数	形態	説明
扁形すりゑび		2		
すりゑび箱入		2		
さくらゑび		3		
沼海老	陸奥国土北郡高架村産	1		
桜蝦		3		
まるてすりゑひ	肥后玉名郡産	4	全形　大／中／小	
ほしゑび	柳河産	1	全形	
ひらてすりゑび	肥后玉名郡長須村産	2	全形　大／小	
たるゑひ	美濃多芸郡有尾村産	3		
大形すりゑび	肥后国玉名郡長須村産	1	全形	十八年十月河原田盛美求め携帯し来るもの。車鰕の煮乾にして皮を剥きたるもの。此大形すりゑびは肥后天草又は豊后の国にて産し明治十四年より初めて清国に輸出せり。十八年十月中の長崎の相庭百斤二拾四、五円なり。
乾車蝦皮付	筑前国山門郡の産	1	全形	明治十八年十月買求めたるものなり。
せいがあし	琉球産	1		
しらたゑび		1		
しばゑびのるい	尾州産	1		
てながゑび		1		
たゑび		3		

あをゑび	北海道根室産	1		
乾尺蝦	岡山県児島郡宇野津村	1		
さやまきゑび	紀州産	1		
しまゑび	北海道根室産	1		
沼海老	陸前国仙台青葉沼産	1		
干赤蝦	鹿児島県大隅国囎唹郡浜之市	1		
いせゑび		1		
大ゑび	越後国西浜産	1	一名たらばゑび	
まるゑび	土佐国幡多郡宿毛村産	1		
ちゑび	肥前国長崎産	1		
干鰕	出雲産	1		

八　乾貝並貝柱の説

名称	産地名	図の数	形態	説明
はまくりかい		1		
くしはまくり		1	自然形	小の方
くしはまくり		1	自然形	
ほしはまくり		1	自然形	
仝		2	自然形	小の方
あけまきかひ	筑前国山門郡産	2	自然形　外面／内面	二年生
まてかひ	筑前国産	2	二分の一。外面／内面	

ほしあけまき		2	自然形／同上	三年生
ほしまてかひ		4	二分の一	
しほふき		1	自然形	九州名うはかひ。
ほしうばかひ		2	自然生	
あさりかひ		1		
ほしあさり		2	自然形	
ほしほたてかい		1		縄に貫くもの三分一。
ほたてかい		1	三分一	
ほしかい		1	自然形	但し柱を去るもの。
はしら		4	側面／大／中／小	
ながかき	北海道釧路国厚岸産	1		
ほしながかき		5	一～五	
はしら		3	一～三	
いたぼかき		1		
ほしいたぼがき		2	小／大	
かき		1		
ほしがき		3	一～三	
ほつきかひ		1	二分の一	一名うはがひ。
ほしうはかひ		2	自然形　裏面／表面	
をほのかひ		1	二分の一	
ほしおほのかひ		1	自然形	
とりかひ		1	二分の一	

ほしとりか		2	自然形　裏面／表面	
いかひ		1	三分一	
ほしいかひ		2	自然形　大の一、側面。大の二、小形。	
ほしいかひ		1	自然形	
〔ほしいかひ〕		1	中形の一。自然形。	
〔ほしいかひ〕		1		
〔ほしいかひ〕		1	中形の二。自然形。	
たいらきかい		1	三分一	
ほしたいらきはしら		4	自然形　一～四	
いたやかい		1	二分一	
いたやかいはしら		4	自然形　一～四	
いたらかい		2	二分の一。	
いたらかいはしら		5	自然形　一～五	
ばかかい		1	三分二	
ばかがひはしら		2	一～二	

九　乾魚並に塩魚の説

名称	産地名	図の数	形態	説明
乾物各種の図				
田作		4	凡二分の一	
ひしこいりぼし		4	全形	
乾いわし		1	凡二分五の一	
しらすぼし		40程		

区分	名称	産地	数	縮尺・説明	備考
	めざしいわし		1	凡三分の一	
	あござしいわし		1	凡二分五の一	
其二	[魚赤]の乾物		1	全形長さ壱尺二寸。胴を割りて闊きところ七寸三分あり。	壱尾量目百〇五匁。東京魚市にて求むるもの。
	開乾鯛		1		長胴量。
	きびなこのひもの		1		
	塩乾鯛	筑前産	1		長さ胴量。
	棒たら		2	凡十分一	
	ひだら		1	凡十分の一	
	すけとうだら		1		
其三	いかなこのひもの		2	全形	
	開乾鯡		1	凡十分一。全形の長さ八寸六分。胴三寸八分。	背割にして鱗片僅かに残り、油多く塩気少し。
	鯡外割		2	凡四分一	北海道小樽港より求む。
	みかきにしん		1	凡四分一	
	丸乾鯡		1	凡三分一	
	大さばのひもの		1	凡五分一	
	小さばのひもの		2	凡三分一。表／裏	
其四	干鰈		1	凡五分の一	陸前仙台より求む。一枚の量八匁あり。
	出平鰈乾物	安芸広島産	1	凡五分一。大中小形あり。大は一枚の量十四匁□〔金カ〕あり。小は五匁あり。此ものは一枚六匁にして長さ尾鰭まで六寸あり。	東京にて此ものは袋鰈といふ。

区分	品名		数	図	備考
	菊鱶		1		
	くつそこかれい		1		
	水葉鱶		1	鎧形。凡四分一	東京芝神明前にて求む。廿五枚を一把とす。摂津其他にて捕り製したるものと同物なり。乾製したる形によりて□鱶笠鱶等の名あり。
其五	かますのひもの		1		
	ほしとびうを		1		
	あぢのひもの		1	凡三分一	
	あじのひらきぼし		1	凡三分一	
	さんまのひもの		1	凡三分一	
	かなかしらひもの		1	凡四分一	
	さよりひもの		1	凡五分一	
	ほしゑらぶうなぎ		2		
其六	さつまぶし		4	凡四分一。背／腹／〔各断面図〕	
	さつま小ぶし		4	凡三分一。背／腹／〔各断面図〕	
	さつまかめぶし		1		
	とさぶし		4	凡三分一。背／腹／〔各断面図〕	
	房州ぶし		4	凡四分一。背／腹／〔各断面図〕	
其七	伊豆節		4	凡三分の一。背／腹／〔各断面図〕	
	仙台ふし		4	凡四分の一。背／腹／〔各断面図〕	
	鮪ふし		4	凡四分の一。背／腹／〔各断面図〕	
	銚子ふし		4	凡三分の一。〔背／腹／各断面図〕	

区分	名称	数	注記
其八	阿波の小かつをふし	2	／〔断面図〕
	越前鯖ぶし	1	凡三分の一
	土佐清水小ぶし	2	凡三分の一。背／腹
	肥前五島ふし	2	凡三分の一。背／腹
乾魚原質鮮魚の図	いわし	1	凡二分一
	ひしこ	1	
	かなかしら	1	
	さんま	1	凡三分の一
	さば	1	凡三分の一
	とびのうを	1	凡五分の一
	たら	1	凡七分の一
	かつを	1	凡八分の一
	まくろ	1	凡十分の一
其二	さより	1	凡三分の一
	にしん	1	凡四分の一
	すけとうたら	1	凡七分の一
	かます	1	凡三分の一
	いかなこ	1	凡二分の一
	あぢ	1	
	まだい	1	凡六分の一
	かさご	1	
	かれひ	1	凡三分一

えらぶうなぎ		1	凡二十分の一	
またい		1	三分一	
いはし		1	二分一	
おほさば		1	三分一	
にしん		1	二分一	
しらす		1	自然形	
くささん		1	自然形	一名しゆく。
たちのうを		1	四分一	
さけ		1	四分一	

十　海藻の説

	名称	産地名	図の数	形態	説明
第一図	あまのり		6		海苔の形状相異なる図
第二図	とさかのり		1		
第三図	仝	相州産	1		
第四図	とさかのり	安房産	1		
第五図	又仝		1		漢名鶏冠草又紅菜。
第六図	ふのり	陸中南閉伊郡産	2		
第七図	小ふのり	琉球産	4		
第八図	さいみ	サントゥヲツス「シンジン」島産	1		原名未詳。
第九図	つのまた	琉球産	1		
第十図	おほばつのまた		1		

第十一図	くろかいさう		1		
	小判丸漉紫菜		1		
	大判丸漉紫菜		1		
	浅草海苔		2		
	浅草海苔箱詰		1		
	浅草海苔鑵詰		2		
	薩摩ふのり		1		抄きたるもの。
	大判ふのり		1		

注

(1)　奥青輔　一八四六―一八七。旧薩摩藩士。明治一八年（一八八五）に農商務省に水産局が設置された際の初代局長。『日清物産略誌――清国必需』（農商務省編、明治一八年）の編纂、「日本水産誌」編纂事業の企画等、農商務省水産局時代における日本水産業を、短期間ではあったが、総合的に牽引した。明治一九年、農商務大臣谷干城らとともに欧州の視察へ赴き、この出張中、ベルリンで病死した。

(2)　水産共進会　明治一九年三月二五日から四月二五日までの約一カ月間、水産業に関わる漁業者、製造者、および販売者の利益を図り、国力を培養する目的で、東京上野公園内にて開催された。第一回水産博覧会（明治一六年）ののち、関心は海外貿易、特に清国貿易に配慮がなされていた。共進会を主催した大日本水産会は、明治一五年に設立され、大集会や小集会を開催し、水産業の振興に関わる活動を行っていた。会頭は小松宮彰仁親王、初代幹事長は品川弥二郎であり、勧業、水産業に関わる官僚が多く会員であった。

(3)　田中元老員議官　田中芳男（一八三八―一九一六）。博物学者。伊藤圭介の門下で本草学を学ぶ。蕃書調所（のちに洋書調書）に出仕、パリ万国博覧会出張（慶応三年・一八六七）等の経験をもとに、内国勧業博覧会の開催を推進し、明治初期の殖産興業、科学知識の土台を創り上げることに大きく貢献した。明治一四年に農商務省農務局長、同一五年に博物館長、一六年に元老院議官等を歴任する。河原田盛美との間には親交があった。田中は、「日本水産誌」編纂事業の推進にあたって、担当者の一人である河原田盛美が『日本水産捕採誌』を著述する際の校閲も行っていた。

（4）　水産博覧会　明治一六年（一八八三）三月一日から六月八日まで一〇〇余日間、東京上野公園内で開催された。この開催によって、各地域における漁業技術の実態を踏まえ、優良な技術や知識を探り当て、それを改良、奨励することで、他地域に普及させることが意図された。博覧会は四区に分かれ、第一区第一類は漁具（受賞人および姓名、漁船、漁網、各種漁具、捕鯨器具、釣具、総論）、第一区第二類は河漁装置部、海漁装置部、漁場、網干場、漁舎、第三区は養殖之部、第四区は統計部であった。統計による把握も企図され、水産製造物等の市場開拓の意識も認められる。『水産博覧会報告 事務顛末之部』によれば、日本全国からの出品総数一万四五八一点（出品人員は一万五五七人）、来館者数約二二万五五〇〇余人で、天皇も行幸した。この成功を受けて、第二回水産博覧会が明治三〇年九月一日から一一月三〇日まで兵庫県神戸市で開催された。

（5）『嘉祐本草始著録』　『嘉祐本草』のことか。同書は北宋の嘉祐二年（一〇五七）に『開宝重定本草』に基づき、編纂された。

（6）　後醍醐天皇　「後醍醐天皇」の前に一文字分を空けて叙述されている。これは敬意を示すためであると思われるため、本文ではそのままとした。後出二七二頁、「景行天皇」も同様。

（7）　魯国人「セミノー」氏……良好となせり　サハリン西海岸においては、明治一〇年代より、ロシア商人セミョーノフが日本人の建物を利用し、中国人・朝鮮人を雇用して昆布を採取し、昆布を清国の芝罘（チーフー）へ輸送・販売していた。明治二三年から日本漁民と合併で鰊漁業、鱒漁業を開始し、鰊締粕は神戸へ、塩切鱒は函館へ搬送した。明治二五年には、日本人営業主がロシア商人・イギリス合併商人（ロシア商人セミョーノフとイギリス商人デンビーの合併）の仕込みを受け、日本人漁夫二〇〇余名を雇用して鰊漁と締粕の製造をした。サハリンにおける鰊漁、鮭・鱒漁業は、東西の海岸で盛期を迎え、本格化した（『函館市史（デジタル版）通説編第2巻』）。

（8）　徳川時代の旧記……あるが如し　「旧記」として何を参照したかは不詳。慶長八年（一六〇三）は徳川家康が征夷大将軍に任命され、江戸幕府が開かれた年である。室町時代以来の朱印船貿易と並行しながら、江戸時代には、慶長九年から糸割符制度によって貿易統制がなされ、以後、長崎においては、貨物市法（寛文一二年・一六七二）、および、それに代わる定高貿易法（貞享二年・一六八五）が実施され、正徳五年（一七一五）には新井白石により、海舶互市新例（長崎新令・正徳新令）が制定され、国際貿易額を制限するようになった。

（9）　広業商会　日本人商人が居留清商の金融支配を脱し、海外貿易を拡大することを目的に設立された明治時代の総合商社。明治一一年（一八七八）設立、同二三年閉鎖。東京本店、函館、長崎、神戸、大阪、横浜、上海、香港支店を設置した、内務省・大蔵省の用達貿易会社である。当初、清国輸出品の荷為替の取扱、委託販売、官品の販売の三点を業務とし、後、荷為替業務の国内での適用、荷為替の利用対象者に居留清国商も含めること、委託販売の国内適用、広業商会独自の買付等を認められている。松方財政の時期、国立銀行条例に準拠した横浜正金銀行（明治一三年）が、外国人を対象に入れた荷為替営業を開始し、多くの役割は代替され、広業商会は縮小・整理された。

（10）　直隷省　直隷ともいう。明代から清代にかけて、黄河下流の北部地域を指した行政区域である。現在の河北省にほぼ該当する。

（11）　開通社　明治五年九月に開拓使用達一〇名が清国への海産物の直輸出を開拓使に出願し、一一月に東京に出店した。函館においては、清国直輸商会という呼称をとり、明治六年五月に開業した。開拓使用達の共同事業という位置づけでもあり、保任社・運漕社・清国直輸商会という三つの経営が兼ねられていた。清国直輸商会は、清国支店として、上海に売り捌き機関を設置し、商号を「開通号」、支店名を「開通洋行」とした（洋行は号と同義）。開通洋行は明治一〇年四月に廃止し、母体の清国直輸商会は、その後北海道商会へと衣替えし、貿易業から撤退した（『函館市史（デジタル版）通説編第2巻』）。
（12）煎海鼠　文意から判断すると、未加工の「（生）海鼠」を指していると考えられる。
（13）商務局の販路図　『日本水産物海外販路図 附・説略』（農商務省商務局、一八八三年）のこと。
（14）担　後出二二三頁によれば、一担は一六貫九九匁六分九厘八四とされる。一貫は三・七五キログラムなので、一担は約六四キログラムである。
（15）山陰中納言の料理書　四条中納言藤原山陰（八二四―八八）が創始した料理作法についての書『四条流包丁書』（『群書類従』、巻第三六五）のこと。四条流は、藤原山陰が、光孝天皇の命により新たな庖丁式（料理作法）を定めたことに由来すると伝えられ、室町時代に『四条流包丁書』がまとめられた。
（16）『製品図説』　『日本製品図説』のこと。明治六年（一八七三）のウィーン万国博覧会、明治九年（一八七六）のフィラデルフィア万国博覧会等、開国後の国際情勢に沿って、『日本製品図説』（内務省蔵板）は、明治一〇年、高鋭一の編輯、山中市兵衛緒言、小田行蔵参訂、狩野雅信絵写で出版された。
（17）『料理物語』　江戸時代初期の料理書。寛永二〇年（一六四三）の跋がある。著者未詳。材料名、料理名、料理法が、末尾には万聞き書が記されている。料理作法書とは異なり、伝聞されてきた料理法がまとめられ、より庶民的な料理内容となっている。正保、慶安、寛文と繰り返し版を重ねた。
（18）『日用料理集』　『合類日用料理抄』（元禄二年・一六八九）のことか。同書は、秘伝、口伝、聞き書等から料理法にとどまらず、材料や取合せの適切さをも叙述している。
（19）『画工潜覧』　狩野派の絵師、大岡春卜（一六八〇―一七六三）の『画巧潜覧』（全六巻）のこと。元文五年（一七四〇）刊行。
（20）通商司　明治政府の経済官庁（一八六九―七一）。貿易事務管理機構として機能したほか、商業、金融、海運、物価調整、産業貿易関係法の立案など、幅広い業務も担った。

（21）酢と作して食し　原文では「天鰕あり。鰕あり酢と作して食し」とするが、意味がとれないため、後者の「鰕あり」を削除した。

（22）『食療正要』　松岡恕庵（一六六九―一七四六）著（四巻）、明和六年（一七六九）刊。著者の歿後、嗣子定菴が遺稿を校訂し、刊行した。京都で儒学を学んだ松岡恕庵は、後、稲生若水に師事して本草学を学び、幕府からの招聘で江戸医学館へ招かれ、和薬改会所で検査法、飢饉対策、本草学の発展等に寄与した。小野蘭山はその門弟の一人である。

（23）『支那貿易指導』　未詳。

（24）『臨海土物志』　『臨海水土異物志』の誤記であろう。同書は三国時代に沈瑩が撰した。

（25）『通商彙編』　外務省編『通商彙編』（明治一四―一九年・一八八一―一八八六）。明治二〇年以降、『通商報告』等と改題、編纂された。

（26）『掌中市鑑』　初版は青苔園著、高嶋春松画『海川諸魚掌中市鑒 全』、天保八年（一八三七）に刊行され、嘉永二年（一八四九）に『魚貝能毒品物図考』と改題刊行。図入りで、二〇〇種ほどの魚介類の食性、毒、形状、味の良し悪し等が記されている。

（27）『海魚考』……田中宣宗　　饒田喩義著『海魚考』、文化四年（一八〇七）自序。『天柱録』（楠本碩水〈写〉、一八九四）の識語によれば、饒田喩義（一七七二―一八三三）は、桜井闇斎に師事し、長崎聖廟の助教を務めた儒者。この二書のほか、『長崎名勝図絵』『西疇転筆学論』がある。田中宣宗は未詳。

（28）『飲膳摘要』　文化一四年（一八一七）刊。著者は小野蘭山（一七二九―一八一〇）、小野蕙畝（？―一八五二）。

（29）『魚鑑』　武井周作著『魚かゞみ』（上下巻、天保二年・一八三一）のこと。絵は一勇斎国芳（歌川国芳〈一七九七―一八六一〉）による。

(30)『漁産一班』　明治一七年（一八八四）に刊行された、大蔵省記録局編『漁産一斑』、博聞社刊。
(31)『魚鏡』　前注29の『魚かゞみ』に同じ。同書の「かゞみたい」の説明として、「漢名魴魚綱目に出づ」とある。マトウダイ目の魚とみられ、鯛ではないが、魚名の引用は正確でない。
(32)硬骨類中の喉鰾類鮭鱒科　硬骨魚類のサケ目に属することを指している。「鰾」は浮き袋、「喉鰾類」はそれが食道と連なっている魚類を指す。チョウザメ、サケ、アユなど、生物進化の系統上では原始的な種類が多く該当する。
(33)朝鮮人李樹廷橋　李樹廷（一八四三―八六）。全羅南道谷城出身。弘文館（朝鮮時代に宮中の文書を管理、王の諮問に応じる機関）の官吏を務め、王からの功労として、明治一五年（一八八二）に日本へ遊学中、農学者・キリスト教信者の津田仙の導きにより、キリスト教の活動を積極的に展開した。アメリカ・メソジスト監理派教会の宣教師から洗礼を受け、聖書の翻訳『新約馬可伝福音書諺解』（一八八五年）を行い、アメリカの海外宣教部へ韓国への宣教を依頼し、宣教師派遣を実現した。李樹廷の「蛇鱣説」（『農業雑誌』一八〇号、一八八三年）には、本文のとおり、朝鮮半島における永良部鰻の重要性が漢文で記され、李は水産博覧会（明治一六年）で永良部鰻を見たと述べ、実見できた永良部鰻について、朝鮮半島における鰻の意味づけになぞらえて記している。
(34)舞坂海苔（遠江）　原文では二行後にも「舞坂海苔（遠江）」という記載があるが、後者を削除した。
(35)海螵蛸　コウイカ科のイカの体内にある骨状のもの。海螵蛸、イカの甲、烏賊骨、Cuttlebone, cuttlefish bone などと称する。主に炭酸カルシウムから構成される貝殻の痕跡器官であるため、骨ではなく、貝殻の一部である。金属細工の鋳型や、漢方薬に使われる。
(36)内国博覧会出品　幕末から明治の初めにかけ、幕府や各藩、および政府は、国際情勢へ関心を寄せ、第二回パリ万国博覧会（慶応三年・一八六七）へ参加したり、ウィーン万国博覧会（明治六年・一八七三）

へ出品したりした。明治政府は、国内の生産物（物産）を一堂に集め、殖産興業を推し進めるために、博覧会の開催も企図した。博覧会は、明治時代に内国勧業博覧会という名称で五回開催された。第一回は明治一〇年（一八七七）、第二回は同一四年、第三回は同二三年（一八九〇）に、いずれも東京上野で開催され、第四回は同二八年に京都で、第五回は同三六年（一九〇三）に大阪で開かれた。煎海鼠の図は、第一回か第二回の内国博覧会で出品されたものであろう。

（37）独乙国動物学教授セレンカ氏　Emil Selenka（1842–1902）。ドイツの動物学者、人類学者。無脊椎動物や人類の研究を行い、東南アジアや南アメリカにおける探検調査で知られている。初期は海洋の無脊椎動物、とくに棘皮動物門の発生組織、分類の研究を進めた。「生海鼠の図」に掲げられた図は、セレンカの下記の論文の図版とよく似ている。Emil Selenka, Zur Entwickelung der holothurien (holothuria tubulosa und cucumaria doliolum). Ein Beitrag zur Keimblättertheorie. *Zeitschrift für wissenschaftliche Zoologie*. 27. 1876. pp. 155–178. pl. 9–13.

解説——河原田盛美と実業の世界

増田昭子
高江洲昌哉
中野　泰
中林広一

一　河原田盛美について

『沖縄物産志』『清国輸出日本水産図説』の著者である河原田盛美は天保一三年（一八四二）、岩代国南会津郡伊南村宮沢（現・福島県南会津町宮沢）の河原田弥七の長男として生まれた。幼少期から学問や和歌を習い、医書や武術、万葉集や古事記等の古学も学んだ。一六歳から下野、武・総州、伊勢を旅した。その後も奥州、越後、出羽諸国を遍歴し、現地の事物から学ぶ河原田盛美の学問と仕事の精神的基幹を養った。伊勢神宮参詣に際し知遇を得た荒木田守宣神卜により実名を盛美（もりはる）とした（河原田徳作『河原田盛美履歴』明治三二年・一八九九。以下『履歴』と表記する）。生地の南会津地方では「もりよし」と呼ばれた。幕末には関東、東海、伊勢、大和、四国、山陽道を経て京都に入り、中仙道を巡歴した。二三歳のとき「名主父の肩替勤め申付ら」れ、以後会津藩士として仕事をした。会津藩の檜枝岐村で上野国との国境守備、藩の内命で上野、下野、江戸、下総、常陸を巡回し、幕府閣僚、藩主と接見して時局の情報収集もしている。

幕末の戊辰戦争を会津藩士として闘った河原田盛美は、明治維新後は若松県で生産局御用掛、さらに通商掛に属して産業の育成を担った。それまでの河原田は、宮崎安貞『農業全書』を読み、本草学を学び、開墾、養蚕、麻布等々の改良に腐心した。とくに「蚕卵紙の改良を計画し三千枚を製して横浜に出し洋人に販売して大に信用を得たり」(『履歴』)などには、幕末に横浜の外国人商人と取引をする河原田の殖産への先見性をみることができる。遊学は、実際に地域の実情や人、景観に触れ、産物の有無・善し悪しなど広い世界を実見することであり、現実を知る眼力を養うものであり、その人の生涯の財産であった。河原田がすでに横浜の地で、蚕卵紙を輸出していたことはその表れである。

明治四年(一八七一)、近衛家家政に従事し、明治六年に明治政府大蔵省租税寮十二等に出仕する。若松県を辞し、近衛家、明治政府へ出仕の経緯は不明である。会津藩士であった河原田盛美が、戊辰戦争を敵味方として戦った薩長土肥中心の明治政府になぜ出仕できたのかと質問を受けるが、明治政府の人材登用の基本は、その担い手たる官僚を自国人登用においたところにあった。徴士制度を設け、門戸開放と能力主義を重んじて、人材の登用、育成に努めた。その姿勢は、幕末の条約締結等の外圧がもたらす国家への弊害を見据えていたからにほかならず、教育界や経済界等々にも浸透していた。もちろん、欧米から専門家を招聘し、教えを受け、多くの若者を欧米に留学させ、現実の世界を学ばせ、近代日本の各方面の担い手として育成した。また、能吏であった幕臣たちも政府の実務家として官僚に登用された。旧藩士も有用な人材は全国から集まり、その力を発揮し、明治政府を支えた。多くの会津藩士が明治政府に出仕しており、その一人が河原田で、明治政府の有用な人材として大蔵省に入ったと推測される（石井寛治『日本の産業革命』、清水唯一朗『近代日本の官僚』、門松秀樹『明治維新と幕臣』）。

当時、河原田盛美は、二院制国会開設建白書を提出し、『地方凡例録』を読み、地方制度の研究に取り組んでいる。佐藤信淵に学び、小野蘭山に学んで本草学を独習し、動植物の採集を志している。河原田盛美の志向した方向が本草学と農政学にあったことは明白である。明治政府の近代化政策の柱は大久保利通の「国の強弱は人民の貧富により、人民の貧富は物産の多寡にかかる」（石井『日本の産業革命』）にあり、民業の育成であった。そこに河原田の知識と技能を活かす道があったのである。

明治七年（一八七四）、内務省補地理寮十二等出仕になり、同年九月一三日に内務省琉球藩事務取調掛となり、翌八年五月一九日琉球藩在勤となり、以後は琉球、与論島、喜界島等の南島と関わる仕事に従事した。南島では夜光貝をはじめ、海産物、動植物を収集し、「南島産物の拡張を図る」ことに努めた。

このころから田中芳男の元で日本水産関連の仕事に専念し、『沖縄物産志』『清国輸出日本水産図説』をはじめ、多々水産書を著した。その間、水産博覧会審査官、水産局で島根県、石川県、静岡県、岩手県等々の水産巡回教師を務め、近代日本の水産業の発達に貢献した。生家を家督相続した弟が明治二三年（一八九〇）に亡くなったため、同二四年に南会津に帰り、以後は福島県会議員を務め、後述するように南会津の地域振興に力を注ぎ、地方実業家として生きた。

『履歴』等を利用した河原田盛美に関する先行研究としては鎌田永吉「河原田盛美・史料ノート」、

池田哲夫「水産翁河原田盛美について——その略歴と著作等」、齊藤郁子「河原田盛美の琉球研究——内務省琉球藩出張所と万博」などがある。

二　本書と河原田盛美

今回刊行の東洋文庫版『沖縄物産志——附・清国輸出日本水産図説』は、河原田盛美が明治七年、在勤を命じられた琉球で見聞した物産記録と、加えて清国への日本水産物輸出の書である。

本書が書かれた明治一〇年代の日本は、明治政府が日本国家として国を整え始めた時期で、もっとも肝要なことは、アジアのなかにあって欧米列強の外圧に屈せず、独自の国家を築くことにあった。そのために強固な法治国家を作り、海外資本の流入を避け、日本の官・民業を育成、発展させて国力を富ますことであった。殖産興業を第一とした富国を目指していた時代であった。このような時代の要請が、海外で行われる万国博覧会に日本の物産を出品し、国力を示し、輸出産業増進を図ることであった。まさにその要請に応えるべくして著作・刊行された二つの書なのである。

本書の特徴は、『沖縄物産志』と『清国輸出日本水産図説』の成り立ちが異なることである。前者は直筆原稿で、後者は版本である。そのため、表記も含め、多くの点でそれぞれ独自の校訂を行った。両者とも参考文献が多いが、書名の正確さと統一に欠ける。たとえば、『和名類聚抄』は「和名鈔」「和名抄」「倭名抄」などの記述があるので、あえて統一せず、原文を極力尊重した。

『沖縄物産志』は未完の書のため、加筆訂正箇所も多々ある。また、物産名だけの項目も多い反面、カライモ（サツマイモ）のようにきわめて詳細な叙述をしている項目もある。物品名だけの項目は後日加筆の予定であったろうし、詳述している物品は、河原田が深い関心をもった物品であろうと推測できる。さらに、現代では見られない事象の記述もある。河原田の沖縄滞在当時と、現在の違いは何に起因するか明らかでないので、今回は原文尊重を旨とした校訂を行った。

河原田は現地にあって、地元の人とともに動植物を収集、栽培、保存、図の作成を実際に行っている。本書の頁を繰り、本文を読み、図を見る興味が尽きないのはそのせいである。読む者に物品への知的好奇心と楽しさをもたらしてくれる。ことに、図は物品の全体図あり、アップ図あり、と物品の特徴を見せてくれる技法をもっている。

一方、『清国輸出日本水産図説』では、鯣、昆布、煎海鼠、鮑等々の近世以来の俵物（煎海鼠、乾鮑、鱶鰭）だけでなく、寒天や蝦や、こまごました魚の加工、食品の記述があり、改めて日本の海産物の豊かさを知るのである。魚醬の加工工程を読んでも、現在私たちの知る加工技術となんら変わることがない。先年ユネスコ世界遺産の指定を受けた「和食」の原点がここにある。本書をテキストにこの小さな魚たちを素材にした魚醬や塩辛、干物などを加工したら楽しい食の暮らしになる。本書は単なる食品素材の羅列ではなく、昆布の結わき方が産地を表していることを見ても分かるように、地域文化とその技術、また物品への認識総体の高さを示している良書といえよう。

三　『沖縄物産志』

在勤を命じられて琉球に滞在した頃の河原田は、米国（フィラデルフィア）博覧会へ沖縄関係の品物を出品するため、沖縄の物産に関する調査を行っている。もっとも家業への関わりや読書歴から考えると、物産に関する関心は琉球赴任前から高いものがあった。こうした河原田自身の知識や経験、勧業的使命感などの総合的産物として『沖縄物産志』を位置づけることができよう。また『履歴』から勘案すると、河原田は知識人として書物を刊行する意識が高く、こうした取り組みの初期段階として『沖縄物産志』を位置づけることはできると思うが、残念ながら『沖縄物産志』は完成し刊行するまでには至らなかった。ただし、『沖縄物産志』起稿のころは、『清国輸出日本水産図説』をはじめとする水産関係の書物（『水産小学』一八八二年）の刊行、また一八八六年から水産三部作といわれる書物の企画を始めているので、その本意は達しているといえよう。

明治一七年（一八八四）起稿の『沖縄物産志』は、紙縒（こよ）りで二つ穴ずつ二ヵ所綴じた和綴装丁版、用紙は一〇行×二の青色罫紙に墨書きである。第一冊の表紙に「明治十七年八月廿二日起稿着手」とあるので、琉球滞在時に執筆したものではなく、農商務省入省前後に書かれたようである。所蔵する国文学研究資料館では『沖縄物産志』を五冊としているが、今回の刊行に際して検討の結果、第五冊はメモ書き的なものであること、表題に「琉球物産志」とあるので、『沖縄物産志』とは別途の『履歴』にある『琉球物産志』と推測されるため、割愛した。

『沖縄物産志』は未完の作品である。掲載品名に関する説明文も空欄もあるが、今回あえて、翻刻して公刊したのは、第一に、琉球王国時代の記録類から明治中後期までの統計書・刊行物に至る、琉球／沖縄（以下、沖縄と記す）の物産知識を知る上での中継地点の書としての時代的特性をもっている。第二に、未完であるが故に有している物産知識を深めるための基礎情報を提示している。第三に、明治官僚・知識人の思想と叙述形態を探ることができる、という三点の理由による。

『沖縄物産志』の特徴は、和漢の書物からの引用と、部分的に河原田の沖縄滞在時代のエピソードを記すという二つの要素からなっている。つまり、沖縄の物産を沖縄に関する歴史書を繙いてまとめるやり方と、沖縄の産物情報を自身の体験を通して記述するやり方の二つのスタイルで叙述されている。したがって『沖縄物産志』は、明治期の河原田個人が沖縄において何を見て、何を認識したか、という体験的な私的物産誌ともいえる。比較の一例として『中山伝信録』の樹木と『沖縄物産志』の樹木の品目と記述に注目してみると、一致点があるのは数品目にすぎない。同品目でも関心の向け方も違うのか叙述に違いがある。『中山伝信録』に載らないで、『沖縄物産志』では説明文があるのは二七品目にのぼる。取り上げた品目の多さも考えると、沖縄特有の樹木もあるので河原田独自の知識習得や沖縄の物産への関心があったと思われる。ここに先述の特徴第二の視点の面白さがある。

ちなみに樹木の評価についてみてみると、『琉球備忘録』では蘇鉄について「該島ノ山田荒野ニ無用ノ蘇鉄ヲ植ルヨリハ（紵(お)を植えたほうが―解説者挿入）幾多ノ益ナラン」（『沖縄県史14』）と無用物と評価しているが、『沖縄物産志』では「山岡、原野等畑に開発す可らざるの地には悉く植て凶荒の予備」というように、沖縄の実情に近づいた評価をしており、単純に資料の焼き直しでまとめたわけではなく、継続的に知識を更新した上で執筆している。『履歴』には明治一三年（一八八〇）に「新田義男氏ト数月琉球ニ赴キ」とあり、沖縄を再訪していることが分かる。『沖縄物産志』には、この明治一三年の経験を記したツゲやシャコ貝が記されている。

また、『沖縄物産志』は沖縄食物史の資料として重要な記録がかなり残されている。たとえば、ふだん沖縄で何気なく目にするゴーヤーチャンプルーについても「其実、青き時採りて切り、豆腐と共に油熱りとし」と記述され、「赤麹にて赤く染め」た落花生を酒の肴にして食すとか、ヤマモモの塩漬けなどが紹介されている。今日では奄美の伝統食として知られている鶏飯も取り上げられている。

河原田盛美が史上知られているのは、琉球における官僚としての役割と「水産翁」と呼ばれたように、近代水産業に貢献した点である。いみじくも、今回の東洋文庫本は河原田の活躍した二面を表す著作を取り上げることになったが、そこに異なる河原田の思想的位相が見えてくる。『琉球備忘録』には「盛美着藩以来兼テ勧業ノ事ニ顧念シ調査熟考スルニ亜細亜洲中ノ一孤島ニシテ物産ヲ殖セシムルニ容易ナルモノ数多アリ……一時ニ着手ス可ラス能ク其緩急順序ヲ酌量シ漸次ニ施行ス可シ」、または「勧学勧業ハ両翼ニシテ両ナカラ急務タリ」（『沖縄県史14』）と述べているように、若い時代から勧業的物産への関心が高く、佐藤信淵や小野蘭山に学んだ河原田は、『沖縄物産志』では博物学者伊藤圭介と書簡（河原田家所蔵）でタイマイについてやり取りをするほど重視しているが、『清国輸出日本水産図説』では、商品実現までに難渋したようで、その記載がない。

『沖縄物産志』には、河原田の著書以外の資料に見受けられない記述が散見される。たとえば、カライモの箇所に「常食の外に焼酎（イモセウチウと云ふ）に作ることあるも、僅々たるものなり」と、沖縄でもイモ焼酎を造っていたという記述、また、上布の箇所には「沖縄、大島、等にて製し、宮古島に輸出す」と原料地と加工地が分かれていたという記述があるので、今後の検証が待たれる。

四 『清国輸出日本水産図説』

河原田盛美は、明治一六年（一八八三）第一回水産博覧会を挟んで三種の水産書をまとめた。『漁家永続法』（明治一五年）は、積立て式の救助講を設けることで漁家の永続策を説いており、『水産小学』（同年）は、漁村の小学生徒へ文字の学習とともに水産学の大要を知らしめようとしている。本書『清国輸出日本水産図説』は、明治一九年（一八八六）に、農商務省初代の水産局長であった奥青輔の命により、河原田が編纂したものである（ここでは国立国会図書館所蔵本から掲載をした。同図書館には、別に『日本水産図説』が所蔵されている。この書は白井文庫旧蔵であるが、一六三丁で構成され、同図書館の注記では一八八〇年とされている。出版年のズレは検証が必要であるが、「鯣の説」については、「同氏ノ鯣図解ニ詳カナレハ此ニ之ヲ略ス」とされ、「昆布の説」中の「明治六年十五年マテ十ヶ年清国昆布輸入調」の数値が省略されている点から判断して、白井光太郎による写本と考えられる）。

編纂主旨は「本邦の水産物中現今清国に輸出する処の水産動植物」の「改良進歩を目的とし、将来日清両国の貿易を旺盛ならしめんとする」ことであった。明治政府による漁業関係の法整備が長期にわたっている間、各種の博覧会が開催され勧業の振興に意が注がれていた時代である。

本書の構成は、上巻は、鯣、昆布、煎海鼠、乾鮑、中巻は、鱶鰭、寒天、乾鰕、乾貝並（ならび）乾貝柱、下巻は乾魚並に塩魚、海藻で構成され、末尾に「水産物輸出諸表」と各種の図（本文庫版では省略）が付されている。各項目の記述形式は、「名称、沿革、種類、採収、製造、産地、産額、需用、輸出、販路及び将来の目的等」に関わる要旨である。昆布を例に挙げると、名称を考証し、日本の昆布の種類を九つに整理し、産出額、移植法、採取漁具、乾燥・結束等の製法、調理法、清国輸出の経緯、中国における食べ方、市場や商品等級、販路、輸出趨勢等を叙述する。中国の文献を参照しながら、日本の水産物の名称を考証する形式には本草学の影響が窺われるが、本書は単なる博物学的な本草書ではない。本書の対象は、魚介類一般ではなく、近世以来、中国向け輸出品目であった俵物や諸色（鯣、昆布、寒天、鰹節等）を中心とする水産加工品である。清国向け水産加工品の生産の改善と貿易振興を目的とする実業的な内容を有し、同時代の類書（農商務省編『日清物産略誌――清国必需』『清国水産弁解』『漢口貿易水産製品図説』等）に比してもはるかに総合的な書物となっている。

本書の三つの特徴を指摘しよう。第一に、膨大な情報収集の方法の特徴についてである。たとえば、本書の図の元となる水産物標本について、図の説明からは、鯥の乾物「東京魚市にて求むるもの」（乾魚並に塩魚）、鯡外割「北海道小樽港より求む」（同上）など、水産物流通の結節点（魚市や港）を利用し、情報が得られている。河原田自身も製法、産地名、輸出経緯、相場等を聞き取っている（乾蝦等）。これらの情報は、領事館や広業商会支店等を通じてであったり、各地の共進会等へ出席した際に得たりもされていた。こうした官僚機構に基づく効率的な分業体制は、それまでの河原田の著書には認められない特徴であり、作図や作表においても力を発揮している。

第二に、随所で図や振り仮名に示されている啓蒙的な工夫である。たとえば、鱶鰭の図では、名称、産地名、大きさ、説明に加え、縮尺の寸法、重量等が記載されている。本書の図は「実物を購求して写生」、あるいは「在来の写生図を縮写」したものだというが、たとえば、鱶鰭の図には水産博覧会に出品された物品の図も含まれている。この点は、特定の絵師が、実物の標本か、既存の写生図を模写してきた本草書とは異なっている。加えて、同種の水産物の図はまとめて掲載されている。これまでにも、遊泳する複数の魚を一枚（幅）の絵に描くものや、同じ種の貝を複数並列する形で描くことはあった。鱶鰭などの例外もあるが、鯣などにおいては、いずれも同じ方向に描かれている。本草書や魚譜のように、生きた如く生物を描くことを第一としながらも、生命をもたない、売買の対象としての水産物（商品）を網羅的に見開きの頁へ整然と示す点に特徴がある。いわゆる水産物版商品カタログの嚆矢である。さらに、各水産物の図の冒頭等には各種の生物本体も図示されている。個別の動植物の形態と組み合わせて加工品、およびその地域的偏差を俯瞰して理解することができる工夫である。啓蒙を重視する河原田の考え方が、本書ではとくに図にその効果が顕著である。まさに、「水産図説」にふさわしい。

第三に、魚介類の配列の仕方に特徴がある。幕末の編纂である高木春山著『本草図説』は、冒頭を鯉から叙述している。本草学を背景とし、鱗のある魚、鱗のない魚などといった形態分類が継承されている。だが、明治一六年（一八八三）出版の白野夏雲編『麑海魚譜』ではスズキ科のハタ類から叙述されている。シーボルト『ファウナ・ヤポニカ』魚類学編に従ったためで、魚類の生物学的な分類序列に則ったものである。河原田は、畔田翠山『水族志』（文政一〇年・一八二七序）の再刊（明治一七年）に協力しているし、本草学に造詣が深い。だが、本書のように、鰑を冒頭に置く本草書は寡聞にして知らない。といっても、本書は生物学的分類に従っているわけでもない。乾鮑や寒天をおのおの乾貝や海藻と別に配置している。その配列の理由は「他の雑品と同視」すべきではなく、「輸出類の大なるものを先きにする」ためである。輸出額の大きな水産物は、諸色などの水産物と切り離し、高く評価するという実業的な価値観に則っているのである。本書が水産物の産地、価格等を図や表とともに網羅している所以もここにある。

農商務省は本書刊行と同年の明治一九年に「日本水産誌」三部作を企画した。①『日本水産捕採誌』

②『日本水産製品誌』③『日本有用水産誌』である。「日本水産誌」の編纂事業は、各地各様の漁法や水産製品の名称、知識、加工法を、標準的な基準や分類に基づき、体系的に整序したものとして高く評価されている。河原田が担当した②の『日本水産製品誌』と『清国輸出日本水産図説』とを対比してみると、両者の間には相違がある。一方の②の構成は、食料、肥料、工用、薬用といった枠組み内に動物、植物、鉱物等の有機物、無機物の区別や、乾、燻等といった加工法を類別した体系的なものであるが（大正初期に完成した『日本水産製品誌』の構成は、食料門の動物部と植物部の二部門に縮小された）、『清国輸出日本水産図説』における配列法は、本草学の影響を残しながらも、実業的な観点に則っている。この点で、『清国輸出日本水産図説』は明治以前の枠組みから充分に脱し切れていない前近代的な産物だとみることも可能であろう。

だが、②の『日本水産製品誌』は、『清国輸出日本水産図説』に記載された水産製品の多くを記載している。膨大な情報を図表とともに整然と示した本書は「日本水産誌」編纂へ重要な土台の一つを提供したものと考えられる。実際、次の節で示すように、対アジア貿易は明治二〇年代後半から大きな伸びをみせている。水産の近代化を進める上で、『清国輸出日本水産図説』は清国貿易の伸長へ大きく貢献したと思われるのである。本書には、たしかに水産物の知識体系における前近代から近代への移行過程が反映されているだろう。だがその移行過程は近代化＝欧米化という単純な図式ではなく、清国と実業にたいへんこだわったものであったことをわれわれに気づかせてくれる。欧州に赴き学ぶ経験をもたなかった河原田が本書を記したことは実に興味深い。『漁家永続法』においては家の永続を説きながら、『清国輸出日本水産図説』においては、需要者の信用を得て「以て其利を永遠に伝へ、国家の経済を助け」（乾鮑の項）ようと説く河原田の主張の背景に、どのような国家観や社会観があるのか、それらはいかに時代とともに変化するのか、今後の検討が待たれるところである。

五　明治時代における水産貿易

ここでは『沖縄物産志』『清国輸出日本水産図説』が記された時代背景、あるいは社会的要請を述べる。明治期日本が取り組んだ産業振興や海外貿易の推進が近代日本の重要な柱であった。その前提として江戸期の海外貿易についてみておきたい。

一般的に江戸期の対外関係としては徳川幕府の鎖国政策や長崎の出島・唐人街等が連想されるように、交流・貿易の対象を極度に限定するイメージがもたれているが、近年の研究によれば、実際には日本と海外諸国を結び付けるルートは「四つの口」と称される交渉口が存在しており、長崎に加えて蝦夷・対馬・琉球の各地を通じた人・物・情報のやり取りがなされていた。

そこでは松前藩―アイヌ・山丹（蝦夷ルート）・対馬藩―李氏朝鮮（対馬ルート）・薩摩藩―琉球王国（琉球ルート）といった形で各地の民族集団や藩・国家が介在しているが、これらのルートの行き着く先に中国（当時は清国）が控えていた。むろん、「四つの口」に携わる人々には長崎のオランダ商人のようにヨーロッパ向けの商売を営む者もおり、また蝦夷・対馬・琉球を通じた物資のすべてが清国に流れていったわけではなく、各ルートで行われる商取引には清国の消費者を意識した中継貿易という側面を否定できず、この関係は当時の取引額・取引量にも反映される。当然日清両国を結び付ける流通制度や商人間のコネクションは確立されていたわけで、以上の事実は当時徳川幕府と清国との間には経済的に緊密な関係性が築かれていたことを窺わせる（荒野泰典・石井正敏・村井章介編『日本の対外関係』）。

明治期の日本の海外交易はこうした関係性の延長線上にある。江戸末期の開港以降も清国だけが主要な貿易相手であったわけではない。とくに明治初期においては輸出入額の地域別比率も欧米によって七割近くを占められ、アジアの存在感は影をひそめる。とはいえ、それも明治二〇年代後半から三〇年代にかけては対アジアの輸出入額は大きな伸びを見せることとなる。

こうした変化の背景にはいくつかの要因が挙げられる。第一に、国内における輸入代替産業の発達がある。従来輸入に頼っていた綿製品や砂糖といった輸入品は綿紡績業や製糖業の発達によって国産品に取って代わられた。そのため欧米からの輸入額・輸入量は相対的に比率を下げる（梅村又次・山本有造編『日本経済史』）。

第二に、日本の貿易構造のアジア市場への傾斜が挙げられよう。これは日本の工業化の進展に伴った現象であり、官民ともに貿易に関与する人々が清国を中心としたアジア各地をそうした産品の供給先として重視し、依存していったことを意味する。代表的な商品としては綿製品や石炭・マッチなどがあるが、これらの商品は、輸入先の各地ではそれらを生産するだけの資本・技術が整っていない、品質では欧米の製品に劣るものの廉価での販売を可能にするといった条件が功を奏して膨大な量の製品が輸出されていく。

こうした日本のアジア重視の姿勢が継続した結果、その貿易構造は明治初期とは大きく様変わりし、大正期には対アジアの輸出入額の比率がヨーロッパを上回り、五割以上を占めるに至る（浜下武志・

川勝平太編『アジア交易圏と日本工業化 1500–1900』)。

以上に示した江戸から大正に至る日本―中国間、あるいは日本―アジア間貿易の展開には少なからず連続性が見出される。それは、幕末期の五港開港以降、華僑系商人が見せた欧米人以上に積極的な進出、あるいは日本の商社が華僑ネットワークを活用しつつ行った綿製品の中国輸出等のトピックなどを通じても首肯されうるものであるが(籠谷直人『アジア国際通商秩序と近代日本』)、河原田が『沖縄物産志』を起稿し、『清国輸出日本水産図説』を公刊した明治一〇年代はまさに日本が清国を中心としたアジア市場に引き込まれつつあった時期に当たる。

河原田盛美・明治期の日本・清国、この三者のつながりを彼の著作に即した形でもう少し具体的にみておこう。三者の結節点となる要素は広く言えば産業振興であり、より限定するならば海産物である。明治前期の日本において国力向上に資する産業の模索・育成は避けては通れない課題であり、直接・間接さまざまな形で政治家・官僚がこれに携わる。その活動は海外での情報収集・マーケティングや生産面における技術指導、商社・商人に対する情報提供・啓蒙活動など多岐にわたるが(角山栄『「通商国家」日本の情報戦略』)、官僚として明治政府の末端に連なる河原田もまたこれらの活動に従事していた。

本書には河原田のそうした姿勢を窺わせる記述が随所に見受けられる。たとえば『沖縄物産志』では、タイマイ・ヤゴ貝の項にこれらを新規の産業とすべく試行錯誤しつつも、思うようには事が進まない河原田の苦悩を読み取ることが可能である。『清国輸出日本水産図説』も読み進めれば、各種海産物をいかに良品として輸出できるか細心の注意が払われていることに気づかされる。折に触れて充分な乾燥と腐敗の防止を訴え、下等品の混入をきつく戒めるのは「販路先の信用に専ら注意すべし」（昆布の項）との思いが強いことによるものである。

　こうした細心の注意こそが上記の結節点を体現するものであるが、日清間の海産物取引については以下の諸点についても留意しておく必要があろう。

　一点目は、江戸期には俵物以外の海産物加工品も大量に輸出されていたこと。たとえば、昆布やテングサ・トサカノリといった海藻は俵物に対して諸色に組み込まれ、清国向けの輸出品に加えられていた。これらは俵物に比べれば高級品ではないためさほど人々の目は引かない産品かもしれないが、取引量としては俵物を上回り、その重要性は決して軽んじることはできない。

　二点目は、江戸から明治へと時代は移り変わっても、各海産物の取引は続けられ、むしろ取引量・額ともに飛躍的な伸びを見せたこと。その活動は江戸期とは比べ物にならないほどに活発となり、とくに明治前期においては日本の対アジア貿易における主力商品であった（浜下・川勝編『アジア交易圏と日本工業化　1500-1900』）。

　また、日本側も海産物の生産・取引のみに携わっているわけではなく、清国向けの新商品の開発にも力を注いでいた。これが三点目である。こうした動きは一九世紀末頃より盛んになってくるが、北海道を中心とした各地では鱈（たら）・鰊（にしん）・鰈（かれい）・鰯（いわし）等の海産物を清国向けの乾物・塩漬の加工品とすべく地道な商品開発が進められる。この時期外務省通商局や農商務省水産局や各地の水産試験場が刊行した数多くの商品開発・マーケティングの成果報告書は新たな産業の開拓がいかに重視されていたかを物語っている。

『清国輸出日本水産図説』の附録である水産物清国販路図はそうした成果が一枚の図絵に凝縮されたものと考えてよい。次頁に付した本図は河原田盛美家所蔵のもので、日本地図と凡例部分の破損が激しいが、そこには清国へと送られていった水産物の種類、流通ルート、輸出先が示されている。名前の挙がる水産物は鯣、鮑、昆布、寒天、煎海鼠、乾塩魚、乾貝類、鱶鰭と多様であり、またその販路も華北（河北・山東・山西・陝西）、華中（浙江・江蘇・安徽・江西・湖北・湖南・四川）、華南（福建・広東・海南）と実に広くカバーしていることが窺われるが、これも明治期日本の産業振興やマーケティングに注ぎ込まれた多大なる労力を背景とするものである。

ただ、本図の成立を促したのはそうした日本側の対応だけではなく、同時に巨大な清国市場の存在も前提としていたことは言を俟たない。当時人口が四億に達していた清国は、都市部も農村部も大量の労働者を抱えていたが、日本産の海産物の消費は主としてこれらの人々によって担われていた。鱶鰭や鮑といった高級品もさることながら、河原田が『清国輸出日本水産図説』で取り上げる鯣や昆布、上記した鱈や鰊といった産品もまた都市部の労働者や農業労働者の間で日常的に食されており、膨大な需要が見込める有望な商品であったといえる。

『清国輸出日本水産図説』は、明治期日本の産業振興と海産物と海産物生産の現場、清国における商品の運輸・販売・消費の実態、これらの諸要素に端を発する要請の書であった。

六　南会津における地方実業家河原田盛美

河原田は家督相続をした弟の死により、農商務省を辞職し、明治二四年（一八九一）に南会津に帰郷

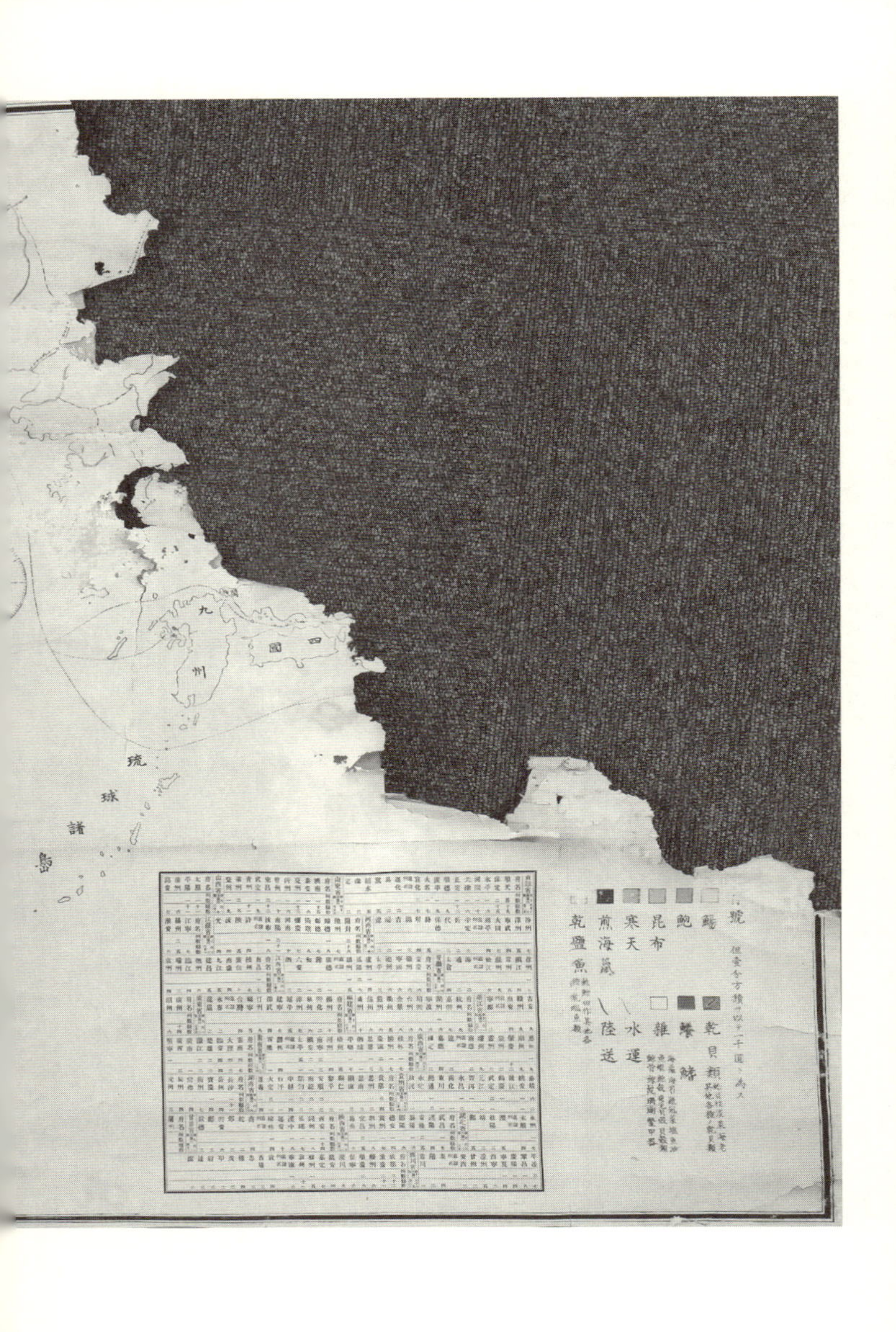
九
州
四
國
琉
球
諸
島
號
鯣
鮑
昆布
寒天
煎海鼠
乾鱟魚
乾貝類
鱶鰭
雜
水運
陸送

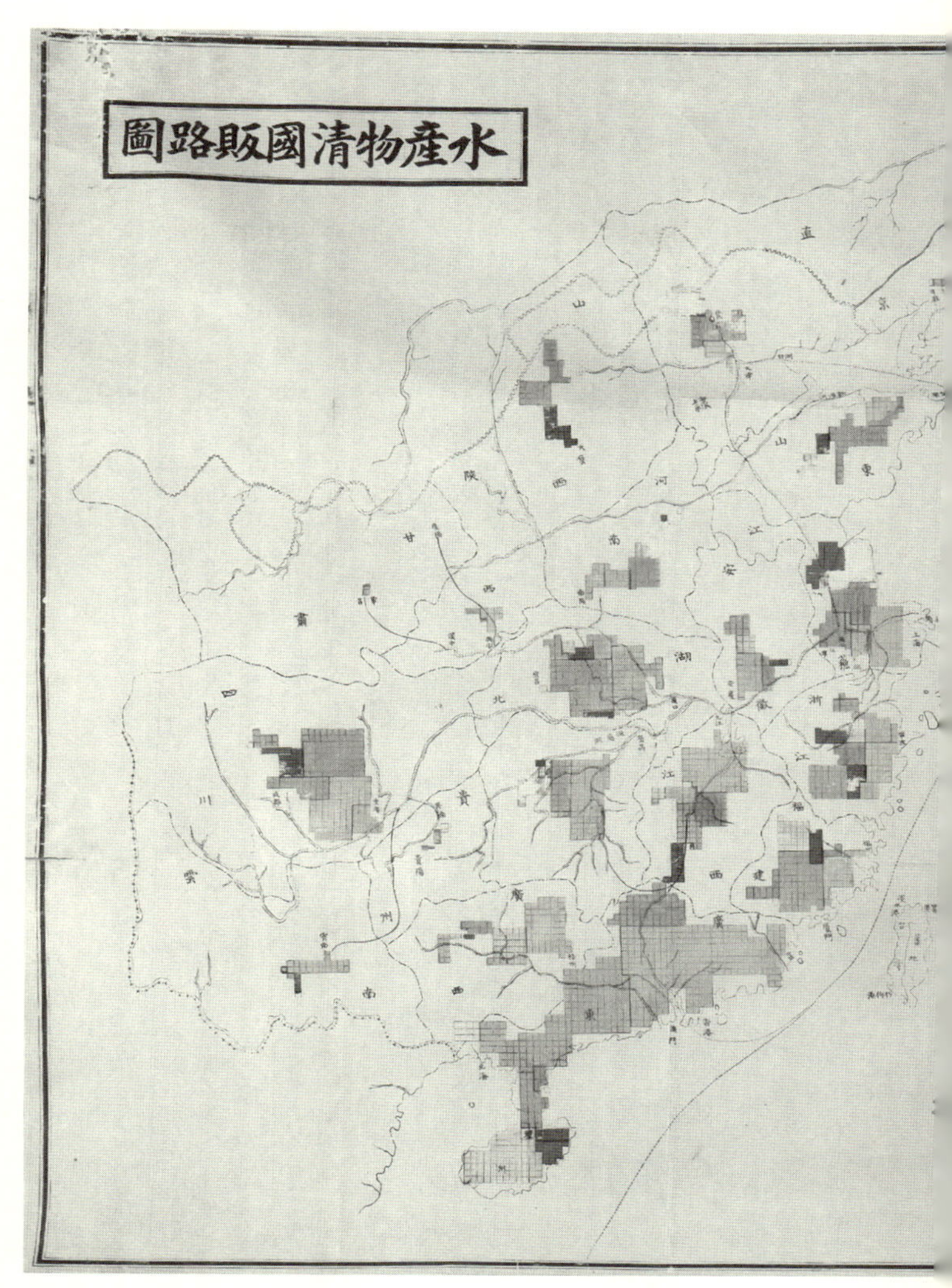

水産物清国販路図（『清国輸出日本水産図説』附録、河原田盛美家蔵）

した。ここでは南会津における河原田の事績から三点を述べる(『東山日記』『履歴』による)。

河原田盛美は郷里の南会津で新作物の導入や林業の育成に努めた。行李柳、吉野杉、リンゴ、梨、イチゴ、梅、清国葱、苗代で鯉の養殖・産卵、養鶏などに取り組んだ。麻栽培と養蚕にも力を入れていた。河原田家では近所の女性を雇い、生糸足踏器械を使って生糸を取っていたが、近所の農家ではまだ手作業で糸取りをしていたようで、五軒の農家に「生糸足踏器械補助願」の書類作りを指導している。郡農書記官の足踏器械の検査もあり、南会津郡も製糸生産指導に当たっていた。

南会津では地域物産を活かすために交通運輸の便を整備することが肝要であった。河原田は奥会津全体の交通運輸を関東につなぐ野岩越鉄道の敷設を明治二六年(一八九三)に地域の有志と図り、創立委員長に就任、政府からも有望線と認定され、技師の派遣、実地測量まで進んでいたが、日清戦争勃発のため、鉄道等の事業計画の凍結で鉄道敷設は中止になった。一方、河原田は中央政府や福島県の補助の嘆願、郡債の発行などに東奔西走し、明治四一年(一九〇八)駒止峠改修を完成させた。「窮民救済ノ実ヲ挙ゲ、運輸交通の障害を除キ、郡民多年ノ宿望ヲ完ウスルヲ得タリ」として将来の福利増進を鑑みて、南会津郡役所から表彰された。

南会津地方の殖産興業発展のために、明治二九年(一八九六)に南会津郡田島町と同郡伊南村の有志によって田島銀行が設立された。河原田は発起人になり、設立後には取締役兼支配人を務めた。「野岩鉄道と田島銀行は不可分の関係にあった」(『田島町史』)という。この二つの事業は近代の殖産興業の基盤作りの一端で、河原田はその両方に関わっていた。

明治政府の地方産業振興対策の一つに農工銀行(地方興業銀行)がある。農政官僚前田正名の提唱した農家経済活性化の地方金融策で、長期低利融資を目的にしていた。河原田は、明治四三年（一九一〇）一月に、農工銀行の活用を近隣農家に勧め、書類の作成、提出を指導した。農家の希望借入金額は一二〇〇円であったが、農工銀行からの貸出し金額は四〇〇円と低く、河原田は「何の理由や」と怒りを彼の『東山日記』に記している。

河原田は福島県会議員になり、副議長も務めたが、その間の明治三七年（一九〇四）に生家のある宮沢集落で火事の類焼を受けた。母屋や数棟の蔵が焼失し、沖縄などから持ち帰った南島の海産物、植物標本類も焼失した。そのため現存する資料はわずかである。なお、国立東京博物館に南島関係の資料を以下に示すとおり献納している。明治一六年「赤鉄土　弐合」「急須　壱個」「海鼠　五個」、明治一七年「琉球壺屋村製土瓶　壱個」。

河原田盛美は多くの人脈をもち、会合し、書簡でやり取りしていた。仕事上の水産関係官僚の田中芳男、織田完之、松原新之助、下啓助等々、農政官僚前田正名、博物学者伊藤圭介などとも交流していた。姻戚関係も含め、その人たちは北海道、関東、中国、九州、海外には上海、朝鮮等々に在住し、頻繁に書簡のやり取りをしている。

毎日配達された新聞は『時事新報』『福島新聞』『民友新聞』『横浜日報』『渋沢商報』『会津新聞』などで、適宜配達された雑誌類は『大日本水産会報』『大日本農会報』『大日本山林会報』『横浜商品会報』『実業雑誌』など、農業、水産、林業、養蚕、貿易等々に関するものが多数あり、膨大な情報収集を行っていた。地方で殖産興業を実践するために、広く世界の動きに精通する努力をなしていた。地理的にも広範囲にわたる多くの人との交流は、情報の源泉でもあった。

河原田が帰郷した明治二四年の奥付をもつ『菊作手引草』（国文学研究資料館所蔵）は、「此書ハ余十七歳ノ夏書置タルモノニテ文庫ヨリ見出シタリ」、「若松ニアルキンマツバト云フ黄菊ハ食シテ苦味ナク」「余ガ庭園ニモ幼年ノ頃ニハ多クアリシガ」と記している。現在も南会津地方では秋になると在来の食用菊を食べる。この加筆にみられるように、河原田は料理にも関心が高く、『沖縄物産志』のヤゴ貝の項では「明治十三年数個を生乾、煮乾の二製となし、東京に持来し、自ら試食し、客にも供したるに佳良なりしなり」、「支那人に示せしに、極めて支那人は欲するならんと云り」と殖産と絡めた料理への関心を示している。風呂吹き大根の料理法を書いた新聞記事の切り抜きや宴会料理の献立まで残している。料理好きという明治人の男性は珍しいと思うのだが、河原田の料理好きは本草学や水産業の仕事に少なからぬ影響を与えている。食への興味、調理への興味が食素材への善し悪し、生もの・乾すもの等の加工状態や味の塩梅等への気配りにつながるのである。とくに、水産業は河原田のこの気質が活かされた仕事であったといえよう。

河原田盛美の生涯は、一、幼少期から青年時代の人間形成期、二、本草学的な取り組みから始まった『沖縄物産志』、三、近代日本の水産業育成期、四、地方の殖産興業期の四つの時期に分けられよう。本書は二と三の時期の河原田の仕事を紹介したものである。一は『河原田盛美履歴』から、四は『東山日記』から追った。二の『沖縄物産志』では、現地で現物に接して人の暮らしに役立つ事物への関心を養い、三の近代水産業では、精密な加工技術による物産が輸出産業になり、二、三の時期に身につけた物産の知識と技術の集大成を、過疎地の南会津地方の殖産興業において実施した、というのが河原田の生涯の仕事だったといえよう。その生涯に流れている思想は、「人の暮らしが成り立つために、何が必要か」という命題であった。明治一五年刊行の『漁家永続法』は日々の暮らしからわずかな貯蓄をし、飢饉や災害に備える方策を教え、家の永続を図る書である。同僚の織田完之は『農家永続救助講法』を上梓し、奥三河の地元民によって農村で実施された。類する書に佐藤信淵の父信季の『漁村維持法』がある。教えを乞うた伊藤圭介にも『救荒植物便覧』の書がある。天保一三年生まれの河原田は天保飢饉の状況を伝え聞いていたであろう。現実の人の暮らしを起点に事物を見ていく姿勢をもった当時の知識人が多くおり、河原田盛美はこうした幕末、明治の知識人の系譜を引き、またそれを実践した地方実業家であった。

編者あとがき

私が河原田盛美のことを知ったのは、福島県南会津郡伊南村（現・南会津町）の村史編纂の調査に参加した平成一二年ころであった。その調査で、当時の河原田家の当主隆磨・キヨご夫妻には何度も話を伺い、資料も拝見した。そして、そこに沖縄関係の資料が数多くあったことに驚いた。もともと私が調査をしていた沖縄県の文化財の関係者や沖縄県公文書館の職員に相談する一方で、河原田の『琉球在勤書類』『沖縄物産志』（いずれも国文学研究資料館所蔵）に接した。その時から『沖縄物産志』の公刊を考えていたが、出版の話が始まったのは平成二四年であった。縁あって平凡社の直井祐二さんと出会い、同社の東洋文庫からの出版が企画された。高江洲昌哉、中野泰、中林広一の三人と河原田研究会を立ち上げ、南会津町宮沢の河原田の生家で関係資料を見た。

明治初期に奥会津の人が沖縄に行ったという事実でさえ驚異なのに、琉球藩から沖縄県に変えるべく、「琉球処分」を担う松田道之らとともに明治政府の重責ある仕事をしていた、という歴史に接した私は、「誰も知らない歴史」にふれたように思った。同時に、戊辰戦争で負けた会津の人がなぜ明治政府の官僚として琉球まで行くことができたのだろうと思った。当時、私は沖縄の宮古諸島や石垣島などの八重山諸島を、農業や食の暮らしを知りたくて歩いていた。自分で歩いて知った宮古島や八重山地方の農産物や樹木、食べる野草などと重なる『沖縄物産志』の記述は、半分は聞き知った物産、半分は未知の物産なので興味津々。どうにかしてこの著述を活かすことはできないか、と考えたのである。

河原田の親戚の河原田徳作が明治三二年（一八九九）に出版した『河原田盛美履歴』によると河原田の編・著作は一〇〇冊以上あり、水産関係の著書も多くあるという。資料のなかには水産物の拓本や図、地図などがあり、明治時代の水産官僚の仕事がいかに壮大であったかを知らせてくれた。そこで『沖縄物産志』と地理的にも、刊行年も近く、日本の水産業の一端を記す『清国輸出日本水産図説』とを合わせて刊行することになった。

私の河原田への好奇心はいくつかある。①先述した会津藩士の河原田が、なぜ明治初期の大久保利通政権の官僚となることができたのか、②冬季には二メートル以上の積雪のある山村出身の河原田が、なぜ亜熱帯の琉球藩へ任官したのか、③山村出身の河原田は海村・海の漁業は詳しくないはずなのに、なぜ近代日本の水産業にかかわることになったのか、④河原田は亜熱帯の沖縄で何を得たのか、の四点である。①については解説で書いた。②と③は、その任に就く経緯が不明で、現在でも判明していない。しかし、この二つの河原田の任は結果からみて、適任であったといえよう。

『沖縄物産志』にみるように、寒国育ちの河原田はその好奇心と生来的な知的探究心で、会津や関東で体験して蓄積した知育とは別物である南国の動植物、祭や人の暮らしの文化を吸収したのである。河原田は異文化をたちまちのうちに自身に取り込める人だったのではないか。生来的に身に付いた自文化と異文化との差異の意味を把握することに長けていたからこそ、南国の自然、動植物、人の暮らしに敏感に感応したのである。南会津は雪国の豊かな水に恵まれ、ブナやナラの木などの林相でおおわれた落葉広葉樹の環境にあるが、沖縄のフクギやシイノキなどの照葉樹林に興味をもち、人の暮らしに役立つ木々を克明に記しているのはとても印象的である。自文化で発見できなかった樹木のあり様を河原田は感じ取っていたに違いない。

また、山国育ちの河原田の暮らしにみる水産物は、漁村に近い村や都市で食される生魚など（異質な食文化）と違って、「魚」といえば常に干物、塩物で、あとは川魚とその加工品であった。つまり南会津は、海の魚は保存食としての加工品でしか接することができない地域であった。清国に運ばれ、そこから内陸の地域にさらに運輸される水産加工品は、ある意味で河原田にとって馴染みのある食品であった。清国輸出の日本水産加工品は、実は自文化、すなわち同質文化であったのである。本書にはそういう異質と同質の食文化が息づいているのである。

河原田は、おそらく自文化（同質文化）と異文化（異質文化）とを行ったり来たりしていたに違いない。実は、河原田の故郷である南会津は私の故郷でもある。その意味で、河原田は私の興味を大いに満たす明治の人であった。雪国の山村育ちの河原田は、暖国の沖縄で何を見、何を得てきたのであろうか。それを明らかにするのが今後の課題である。

本書の企画については、隆磨・キヨご夫妻が亡くなられたので、継嗣者ご夫妻の娘石田正子さんに調査と出版の許可をお願いした。私と石田さんとの連絡の労を取ってくれた馬場訓子さん、調査に当たっては、河原田宗興さんや河原田家の親戚の方々に大変お世話になった。石田正子さんをはじめ、多くの人の協力によって出版された本であることを記し、感謝の意を表します。また、平凡社の直井祐二さんに多くのお世話をいただいたことを感謝申し上げます。

二〇一五年一月三十一日

増田昭子

増田昭子（ますだしょうこ）
1942年生まれ。早稲田大学教育学部社会科卒業。民俗学。元立教大学兼任講師。著書に『在来作物を受け継ぐ人々　種子は万人のもの』（農山漁村文化協会、2013年、主に同書で第48回柳田賞受賞）など。

高江洲昌哉（たかえすまさや）
1972年生まれ。神奈川大学大学院歴史民俗資料学研究科博士課程修了。日本近代史。神奈川大学等兼任講師。著書に『近代日本の地方統治と「島嶼」』（ゆまに書房、2009年）など。

中野　泰（なかのやすし）
1968年生まれ。新潟大学大学院現代社会文化研究科博士課程修了。国際社会文化論。筑波大学人文社会系准教授。著書に『近代日本の青年宿――年齢と競争原理の民俗』（吉川弘文館、2005年）など。

中林広一（なかばやしひろかず）
1975年生まれ。立教大学大学院文学研究科博士課程修了。中国社会史。2015年4月より神奈川大学外国語学部国際文化交流学科助教。著書に『中国日常食史の研究』（汲古書院、2012年）など。

沖縄物産志
――附・清国輸出日本水産図説　　東洋文庫859

2015年3月10日　初版第1刷発行

編　者　増田昭子
発行者　西田裕一
印刷　創栄図書印刷株式会社
製本　大口製本印刷株式会社

発行所　電話編集 03-3230-6579　営業 03-3230-6572　振替 00180-0-29639
〒101-0051 東京都千代田区神田神保町3-29
株式会社 平凡社
平凡社ホームページ　http://www.heibonsha.co.jp/

ISBN 978-4-582-80859-9
NDC 分類番号602.199　全書判（17.5 cm）　総ページ380

《東洋文庫の関連書》

- 26 長崎海軍伝習所の日々〈日本滞在記抄〉　カッテンディーケ著　水田信利訳
- 27 東遊雑記〈奥羽・松前巡見私記〉　古川古松軒著　大藤時彦解説
- 54 68 82 99 119 菅江真澄遊覧記　全五巻　菅江真澄著　内田武志・宮本常一編訳
- 55 デルスウ・ウザーラ〈沿海州探検行〉　アルセーニエフ著　長谷川四郎訳
- 124 長崎日記・下田日記　川路聖謨著　藤井貞文・川田貞夫校注
- 212 沖縄童謡集　島袋全發著　外間守善解説
- 227 232 をなり神の島　全二巻　伊波普猷著　外間守善解説
- 296 312 340 378 395 本朝食鑑　全五巻　人見必大著　島田勇雄訳注
- 391 南洋探検実記　鈴木経勲著　森久男解説
- 398 ジーボルト最後の日本旅行　A・ジーボルト著　斎藤信訳
- 411 428 南嶋探験〈琉球漫遊記〉　全二巻　笹森儀助著　東喜望校注
- 429 パークス伝〈日本駐在の日々〉　E・V・ディキンズ著　高梨健吉訳
- 431 432 南島雑話〈幕末奄美民俗誌〉　全二巻　名越左源太著　國分直一・恵良宏校注
- 447 451 456 458 462 466 471 476 481 487 494 498 505 510 516 521 527 532 和漢三才図会　全一八巻　寺島良安著　島田勇雄・竹島淳夫・樋口元巳訳注
- 473 478 大日本産業事蹟　全二巻　大林雄也著　丹羽邦男解題
- 484 東韃(とうだつ)地方紀行 他　間宮林蔵述　村上貞助編　洞富雄・谷澤尚一編注
- 531 536 540 552 本草綱目啓蒙　全四巻　小野蘭山著
- 555 558 560 東洋紀行　全三巻　G・クライトナー著　大林太良監修　小谷裕幸・森田明訳
- 597 小シーボルト蝦夷見聞記　H・vonシーボルト著　原田信男・H・スパンシチ・J・クライナー訳注
- 605 610 617 623 629 633 640 646 五雑組　全八巻　謝肇淛著　岩城秀夫訳